工业和信息化部"十二五"规划教材

21世纪高等教育计算机规划教材

计算机逻辑设计

Foundation of Computer Logic Design

余立功　主编

潘志兰 王玲 朱耀琴 王平立　副主编

U0191604

人民邮电出版社

北　京

图书在版编目（ＣＩＰ）数据

计算机逻辑设计 / 余立功主编. -- 北京 ： 人民邮
电出版社，2015.8（2024.1重印）
21世纪高等教育计算机规划教材
ISBN 978-7-115-38241-2

Ⅰ．①计… Ⅱ．①余… Ⅲ．①电子计算机－逻辑设计
－高等学校－教材 Ⅳ．①TP302.2

中国版本图书馆CIP数据核字(2015)第028942号

内 容 提 要

本书主要介绍计算机逻辑分析和设计的基本理论和方法，包括开关理论基础、逻辑器件、组合逻辑的
分析与设计方法、时序逻辑的分析与设计方法。全书淡化了具体芯片的功能，而强化了逻辑设计对于硬件
构成的作用。通过对 EDA 环境及语言的介绍，读者能方便地对计算机逻辑设计进行实践操作。全书共分为
9 章，内容包括：开关理论基础、逻辑电路器件、逻辑函数优化、组合逻辑的分析与设计、时序逻辑构件、
时序逻辑的分析与设计、综合逻辑设计、逻辑设计的 VHDL 语言、逻辑设计环境及实例。

本书结合了作者多年的教学实践经验，吸取了国内外有关名著、资料的精华，目标明确，重点突出，
与计算机专业相关课程衔接紧密。本书含有大量例题与习题，适合读者边学边练。

本书可作为普通院校计算机及相关专业的计算机逻辑基础（原数字电路）等课程的教材，也可作为相
关行业从业人员的参考用书。

◆ 主　　编　　余立功
　　副 主 编　　潘志兰　王　玲　朱耀琴　王平立
　　责任编辑　　许金霞
　　责任印制　　沈　蓉　彭志环
◆ 人民邮电出版社出版发行　　北京市丰台区成寿寺路 11 号
　　邮编　100164　电子邮件　315@ptpress.com.cn
　　网址　http://www.ptpress.com.cn
　　北京科印技术咨询服务有限公司数码印刷分部印刷
◆ 开本：787×1092　1/16
　　印张：19　　　　　　　　　2015 年 8 月第 1 版
　　字数：499 千字　　　　　　2024 年 1 月北京第 7 次印刷

定价：45.00 元
读者服务热线：(010)81055256　印装质量热线：(010)81055316
反盗版热线：(010)81055315
广告经营许可证：京东市监广登字20170147号

前言

　　"计算机逻辑设计"是计算机硬件课程群中的基础课程，也是计算机及相关专业的一门核心主干课程，作为"计算机组成原理""计算机系统结构""微机系统与接口"等课程的先导课起到了重要作用。目前该课程教学大多采用电子信息工程类"数字逻辑电路"课程的教材进行教学。为了适应计算机及相关专业对逻辑设计思想的要求，我们结合多年的教学实践经验，在教学大纲和原使用教材的基础上，重新组织了教材结构，调整了教学内容，强化了计算机逻辑的分析与设计，将 EDA 环境及广泛使用的 VHDL 语言作为实验指导篇章充实到教材中，加强了与计算机及相关专业后续课程的衔接，使本书内容针对计算机及相关专业的教学更具有针对性和实用性。

　　全书共分 9 章：第 1 章为开关逻辑理论，介绍了计算机硬件设计概述及开关逻辑运算和规则；第 2 章介绍了计算机逻辑器件的实现，为逻辑的分析与设计提供了物理基础；第 3 章重点强调逻辑函数的化简方法；第 4 章讨论了组合逻辑的分析与设计及一些常用的组合逻辑构件；第 5 章介绍了时序逻辑的构件；第 6 章重点讨论了时序逻辑的分析与设计方法；第 7 章给出一些与计算机组成相关的综合性计算机逻辑设计实例；第 8 章、第 9 章主要叙述了硬件描述语言（VHDL）的语法、设计方法及相关 EDA 环境 Quartus II 的使用环境，通过实例指导读者进行计算机逻辑设计的实践。

　　本书强调对计算机逻辑的分析与设计的训练，通过对各种器件、构件原理的介绍，以及 EDA 环境及设计语言的介绍，可以使读者建立起计算机逻辑工作的概念，为之后学习计算机组成原理和计算机系统设计打好基础。

　　本书吸取了大量国内外有关名著、资料之精华，目标明确，重点突出，注重实用性和先进性。书中每章都含有例题与习题，既便于课堂教学，又利于读者自学。

　　本书的第 1 章由王玲、王平立编写，并提供了部分章节的例题，第 2～7 章由余立功编写，第 8 章、第 9 章由潘志兰编写，朱耀琴整理和编写了书中的习题。全书由余立功统稿。张功萱教授、武港山教授、邵通教授审阅了本书并提出了许多宝贵意见。

　　由于时间仓促以及水平有限，书中难免出现错误和不妥的地方，望批评指正。

编　者

2014 年 9 月

目 录

第1章
开关理论基础

随着信息时代的到来，集成电子设备已经广泛地用于人们的生活中，计算机、手机等各种电子设备在人们的生活中已经不可或缺。这些设备渗透到国民经济及人民生活的所有领域，并产生愈来愈深刻的影响。现代技术已能在芯片上集成数以千万计的晶体管实现某些功能，称为集成电路。由于规模庞大，逻辑电路的复杂性必须由高度结构化的设计技术来解决。所有这类产品广义上都归为数字硬件。使用"数字的"这个形容词源于计算机中表达信息的方式。开关理论则是这一表达方式的理论基础。

1.1　硬件技术概述

20 世纪 60 年代，逻辑电路都是由体积较大的元件，如晶体管和电阻所构成的。集成电路的出现使得晶体管，甚至整个电路可以被集成到单个芯片上。起初这些电路只有几个晶体管，叫做小规模集成电路（SSI）。随着技术的进步，集成的晶体管数量越来越多。包含 10 ~ 100 门的芯片，称为中规模集成电路（MSI）。包含 100 ~ 10000 门的芯片，称为大规模集成电路（LSI）。20 世纪 90 年代初，已经可以制造出包含几百万个晶体管的微处理器，而到 90 年代末，已能制造出包含千万个晶体管的芯片。如今的芯片已可集成上亿个晶体管。所以不管它们的规模究竟有多大，都称作超大规模集成电路（VLSI）。

Intel 公司前总裁戈登·摩尔（Gordon Moore）先生发现，集成电路技术正在以单个芯片上集成晶体管的数量两年就翻一番的惊人速度发展着。这种现象俗称摩尔定律。半导体工业协会（SIA）提出了一份称为"SIA 路标"（SIA Roadmap）的技术发展趋势评估报告，它预测了集成电路芯片上所能安装的晶体管的最小尺寸，如表 1.1 所示。

表 1.1　　　　　　　　　　　　　　　　SIA 路标示例

	年份					
	1999	2001	2003	2006	2009	2012
晶体管门长度（μm）	0.14	0.12	0.10	0.07	0.05	0.035
晶体管门数目（million）	14	16	24	40	64	100
芯片面积（mm^2）	800	850	900	1000	1100	1300

硬件设计者的工作从一开始设计搭建的元器件，转变为设计能在单个芯片上实现的电路，或者更有可能的是设计安装在一块印制电路板（PCB）上由多个芯片实现的电路。通常，一些逻辑

电路可以用现存的商业芯片实现。这就简化了设计任务，缩短了开发最终产品的时间。

芯片主要有 3 种：标准芯片、可编程逻辑器件和定制芯片。

1. 标准芯片

标准芯片上集成了常用逻辑电路，每个标准芯片都包含有少量的电路（通常不到 100 个晶体管），能执行简单的功能，它们通常在功能和规格上均符合公认的标准。为了构筑逻辑电路，设计者选择能完成所需功能的芯片，然后确定这些芯片应如何连接，以实现更大规模的逻辑电路。标准芯片的缺点就是每个芯片的功能是固定的，无法更改。20 世纪 80 年代初，设计逻辑电路时选用标准芯片很流行。然而，随着集成电路技术的进步，在印刷线路板（PCB）上有限的宝贵空间里，使用功能很少的芯片就显得效率低下了。

2. 可编程逻辑器件

可编程逻辑器件（Programming Logic Device，PLD）具有通用化的结构，包括一个可编程开关集合，允许用户以多种方式修改芯片内部的电路。设计者可以通过适当选择开关的配置来实现在特定应用中所需的功能，可在更大范围内实现不同的逻辑。大多数型号的可编程逻辑器件（PLD）都可以进行多次编程。设计者可以购买到各种不同规格（大小）的可编程逻辑器件来实现标准芯片无法实现的复杂的大型逻辑电路。可编程逻辑器件（PLD）如今应用非常广泛。由大量微型逻辑电路元件构成、上亿个晶体管的现场可编程门阵列（FPGA）就是一种先进的可编程逻辑器件。

3. 用户定制设计的芯片

在某些情况下，PLD 也许不能达到预期的性能或成本目标。在这种情况下，可能需要从头开始设计芯片。也就是说，先设计芯片上的逻辑电路，再选择适当的技术来制造芯片。最后，芯片在拥有制造设备的公司进行生产。这个过程就是定制设计或半定制设计，这类芯片也称为定制芯片或半定制芯片。此类芯片是专为特殊应用所生产的，有时也被称为专用集成电路（ASIC）。定制芯片最大的优点在于可以针对特定任务做最优化设计，因此常常能够达到更高的性能；而且定制芯片中有可能比其他类型芯片集成更多的逻辑电路。虽然这种芯片的生产成本很高，但是如果用在销售量大的产品中，将成本平均分摊至每个芯片，则每个芯片的成本可能低于功能相同的现货供应芯片。此外，如果可以用单个芯片来替代多个芯片，则最终产品的印刷线路板（PCB）所需的芯片装配空间将可以进一步减低，从而降低了产品成本。

因此，现代硬件设计的核心问题演变为芯片设计，采用"自顶向下"的方法把电路分割成小块，然后分别设计每个块。先定义每个块的逻辑，选择实现该逻辑的芯片；采用电子设计自动化（Electronic Design Automation，EDA）软件进行运行仿真，发现问题后，对电路做必要的改动。成功地完成各个块的设计之后，定义块间的连接，并对整个电路进行仿真并修正错误。如果错误是由于电路块间的连接不当而造成的，则需要重定义连接。如果逻辑块本身有误，则重新设计有误的块。如果在大电路分割成小模块时工作没有做好，则重新进行功能分割。在软件中功能仿真的成功意味着所设计的电路将会正确地执行其全部功能。下一步就是决定怎么在印刷电路板（PCB）上实现它。每个芯片在版上的物理位置以及芯片间的连线方案都需要预先定好。这一步被称为 PCB 的物理设计。这个任务同样可以依靠电子设计自动化（EDA）工具自动完成。物理设计步骤下 EDA 工具将能保证必要的功能行为不会由于在电路板上安装芯片、连接电路而遭到破坏。然而，就算功能行为正确，所实现的电路仍然可能比预想中的电路运行速度慢，导致性能不能充分发挥。这种情况的发生是由于在 PCB 上布线的时候必须用到金属箔线路，这对于电信号来说相当于存在电阻和电容，可能会对运行速度造成显著的影响。为了把只考虑电路功能的仿真与也考虑时序的仿真区别开来，通常习惯使用"功能仿真"和"时序仿真"这两个术语。时序仿真可以揭示潜在的运行性能问题，如果速度性能与设计期望要求还有差距，可以用 EDA 工具在印制电路板（PCB）物理设计上进行改动，以期解决。完成设计过程后，设计的电路就等着进行物理实现了。图 1.1 描述了逻辑电路芯片的设计步骤。

现代芯片设计主要依靠电子设计自动化（EDA）工具。EDA 工具不仅使设计者有可能设计出难以置信的复杂电路，而且使设计工作总体上大为简化。EDA 工具能自动执行许多任务，包括布线、仿真模拟。

尽管可以通过 EDA 工具自动执行优化逻辑电路的任务以适应特定设计目标，但设计者仍然需要给出逻辑电路的最初描述。如果设计者描述的电路先天不足，那么最终产品的质量也好不了。今天的 EDA 工具直接运用了数学理论和规则来设计和巧妙地处理逻辑电路。如果不掌握基础理论，使用 EDA 工具的用户就不可能了解工具究竟在做什么。EDA 工具提供了多种可选的处理步骤，供用户在设计过程中调用。设计者通过检查 EDA 工具产生的最终电路是否满足所需目标来选择要使用的选项。而设计者决定在某种情况下该不该选用某选项的唯一途径，就是了解选中那个选项后 EDA 工具将在原来的基础上再做些什么，这就意味着设计者必须熟悉底层基础理论。

基于计算机的工具并不能代替人类的灵感和创新。只有在一位彻底了解逻辑电路本质的设计者手中，基于计算机的工具才能设计出高质量的逻辑电路。

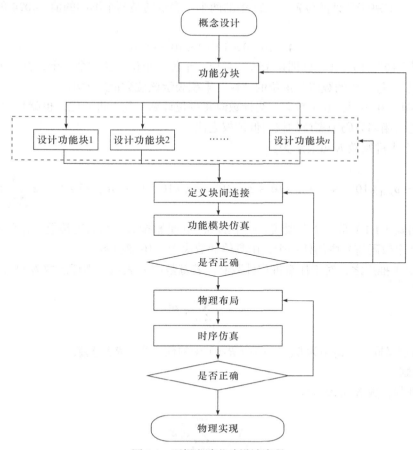

图 1.1　逻辑电路芯片设计流程

1.2 数制与编码

"数制"是指进位计数制，表示数时，多位数码每一位的构成以及从低位到高位的进位规则称为进位计数制。进位计数制中可能用到的数码个数称为进位制的基数。在某一进位制的数中，每一位的大小都对应着该位上的数码乘上一个固定的数，这个固定的数就是这一位的权数，称为位权。

常用数制有二进制、八进制、十进制、十二进制、十六进制、六十进制等。

1.2.1 进制与二进制

1. 十进制

以常见的十进制计数为例，该进制的特点如下。

① 用 10 个符号（0、1、2、3、4、5、6、7、8、9）表示数。这些符号叫做数码。

② 每个单独的数码表示 0～9 中的一个数值。但在一个数中，每个数码表示的数值不仅取决于数码本身，还取决于所处的位置。4024 中的两个 4 表示的是两个不同的值，4024 可写成下列多项式的形式：

$$4 \times 10^3 + 0 \times 10^2 + 2 \times 10^1 + 4 \times 10^0$$

上式中的 10^3、10^2、10^1、10^0 分别是千位、百位、十位、个位。这"个、十、百、千……"在数学上称为"权"。每一位的数码与该位的"权"乘积表示该位数值的大小。

③ 十进制有 0～9 共 10 个数码。当计数时每一位计到十往上进一位，也就是"逢十进一"。所以基数就是两相邻数码中高位的权与低位权之比。

④ 任一个十进制数 N 可表示为：

$$N = \pm[a_{n-1} \times 10^{n-1} + \cdots + a_1 \times 10^1 + a_0 \times 10^0 + a_{-1} \times 10^{-1} + \cdots + a_{-m} \times 10^{-m}] = \pm \sum_{i=n-1}^{-m} a_i 10^i \quad (1.1)$$

不难看出式（1.1）是一个多项式。式中的 m、n 是幂指数，均为正整数；a_i 称为系数，可以是 0～9 这 10 个数码符号中的任一个，由具体的数决定。10 是基数。

对式（1.1）推广之，对于任意进位计数制，若基数用 R 表示，则任意数 N 可表示为：

$$N = \pm \sum_{i=n-1}^{-m} a_i R^i \quad (1.2)$$

式中 m、n 的意义同上，a_i 则为 0、1……（R-1）中的任一个，R 是基数。

2. 二进制

对于二进制，数 N 可表示为：

$$N = \pm \sum_{i=n-1}^{-m} a_i 2^i \quad (1.3)$$

基数是 2，而数码符号只有 0 和 1 两个，进位为"逢二进一"。

3. 八进制

对于八进制，数 N 可表示为：

$$N = \pm \sum_{i=n-1}^{-m} a_i 8^i \qquad (1.4)$$

基数是 8，可用 8 个数码符号：0、1、2、3、4、5、6、7，进位为"逢八进一"。

4. 十六进制

对于十六进制，数 N 可表示为：

$$N = \pm \sum_{i=n-1}^{-m} a_i 16^i \qquad (1.5)$$

基数是 16，可用 16 个数码符号：0、1、2、3、4、5、6、7、8、9、A、B、C、D、E、F，进位为"逢十六进一"。

5. 二进制优点

计算机采用二进制的主要优点如下。

① 二进制数只有 0、1 两个状态，易于实现。例如，电位的高、低，脉冲的有、无，指示灯的亮、暗，磁性方向的正反等，都可以表示 1、0。这种对立的两种状态区别鲜明，容易识别。而十进制有 10 个状态，要用某种器件表示 10 种状态显然是难以实现的。

② 二进制的运算规则简单。对于每一位数码来说，每种运算只有 4 种规则。

加法运算规则：0 + 0 = 0；0 + 1 = 1；1 + 0 = 1；1 + 1 = 10。

减法运算规则：0-0 = 0；0-1 = 1（产生借位）；1-0 = 1；1-1 = 0。

乘法运算规则：0×0 = 0；0×1 = 0；1×0 = 0；1×1 = 1。

除法运算规则：二进制数除法的计算方法与十进制数除法类似，也由减法、上商等操作分步完成。

③ 二进制信息的存储和传输可靠。由于用具有两个稳定状态的物理元件表示二进制，两个稳态很容易识别和区分，所以工作可靠。

④ 二进制节省设备。从数学上推导，采用 e（约为 2.7）进位数制实现时最节省设备，据此，采用三进制是最省设备的，其次是二进制。但三进制比二进制实现困难很多，所以计算机广泛采用二进制。

⑤ 二进制可以用逻辑代数作为逻辑分析与设计的工具。逻辑代数是研究一个命题的真与假、是与非的一对矛盾的数学工具，因此可以把二进制"0"和"1"作为一对矛盾来看待，使用逻辑代数进行逻辑分析和设计。

二进制数书写起来长，读起来不方便，人们不熟悉，不易懂，于是提出了八进制和十六进制。计算机硬件能够直接识别和处理的仍然是二进制数。虽然计算机对外的功能是非常复杂的，但是构成计算机内部的逻辑电路都是以电位的高低表示 1、0 的。因此计算机中的任何信息都是以二进制形式表示的。

1.2.2 进制间数值的相互转换

日常生活中最常用的是十进制，计算机中使用的是二进制，为了读写方便，有时还采用了八进制、十六进制等，下面就介绍各种数制相互之间的转换。

当两个有理数相等时，其整数部分和小数部分一定分别相等，这是不同进制数之间转换的依据。

1. 二进制数转换成十进制数

二进制数转换为十进制数的方法比较简单，只要将被转换的数按式（1.3）展开，并计算出结果即可：

$$（111011.101）_2 = 1×2^5+1×2^4+1×2^3+0×2^2+1×2^1+1×2^0+1×2^{-1}+0×2^{-2}+1×2^{-3}$$
$$= （59.625）_{10}$$

2. 十进制整数转换成二进制整数

十进制整数转换二进制整数，采用连续除 2 记录余数的方法。设 N 为要转换的十进制整数，当它已经转换成 n 位二进制时，可写出下列等式。

$$N = a_{n-1}×2^{n-1} + a_{n-2}×2^{n-2} + \cdots + a_1×2^1 + a_0×2^0$$

把等式两边都除以 2，得到商和余数：

$$N/2 = \{a_{n-1}×2^{n-2} + a_{n-2}×2^{n-3} + \cdots + a_1×2^0\} + a_0$$

显然上式中括弧内是商 Q_1，余数正是所要求的二进制数的最低位 a_0，然后把商 Q_1 除以 2，得到：

$$Q_1/2 = \{a_{n-1}×2^{n-3} + a_{n-2}×2^{n-4} + \cdots + a_2×2^0\} + a_1$$

这次得到的余数是二进制数的次低位 a_1。按此步骤，一直进行到商数为 0 为止。

【例 1.1】 把十进制数 59 转换为二进制数。

解：为了清楚起见，把计算步骤列成下述图示。

$$0←1←\ 3←\ 7←\ 14←\ 29←59 \qquad 商数$$
$$÷2↓\ ÷2↓\ ÷2↓\ ÷2↓\ ÷2↓\ ÷2↓$$
$$1\quad\ 1\quad\ 1\quad\ 0\quad\ 1\quad\ 1 \qquad 余数$$
$$a_5\quad a_4\quad a_3\quad a_2\quad a_1\quad a_0$$

把各余数排成 $a_5a_4a_3a_2a_1a_0 = 111011$ 即为 59 的二进制数。但必须注意的是这里先算出来的是低位，而后算出来的是高位。

同样，也可以采取提取 2 的幂的方法。这种方法是前述用按权展开法将二进制数转换为十进制数运算过程的逆过程，即将十进制数分解为 2 的幂之和，然后从该和式求得对应的二进制数。

$$（59）_{10} = 32 + 16 + 8 + 2 + 1$$
$$= 2^5 + 2^4 + 2^3 + 2^1 + 2^0$$
$$= 1×2^5 + 1×2^4 + 1×2^3 + 0×2^2 + 1×2^1 + 1×2^0$$
$$= （111011）_2$$

对于熟悉 2 的各次幂的读者来说，显然这种方法更加简便。

3. 十进制小数转换成二进制小数

十进制小数转换成二进制小数采用连续乘 2 而记录其乘积中整数的方法。设 N 是一个十进制小数，它对应的二进制数共有 m 位，则：

$$N = a_{-1}×2^{-1} + a_{-2}×2^{-2} + \cdots\cdots + a_{-m+1}×2^{-m+1} + a_{-m}×2^{-m}$$

把等式两边都乘以 2，得到整数部分和小数部分 F_1：

$$2N = a_{-1} + \{a_{-2} \times 2^{-1} + \cdots\cdots + a_{-m+1} \times 2^{-m+2} + a_{-m} \times 2^{-m+1}\}$$

显然上式中括弧内是小数部分 F_1，整数部分正是所要求的二进制数的最高位 a_{-1}，然后把小数部分 F_1 乘以 2，得到：

$$2F_1 = a_{-2} + \{a_{-3} \times 2^{-1} + \cdots\cdots + a_{-m+1} \times 2^{-m+3} + a_{-m} \times 2^{-m+2}\}$$

这次得到的整数部分是二进制数的次高位 a_{-2}。依次类推，就逐次得到 $a_{-1}a_{-2}a_{-3}a_{-4}a_{-5}$ 的值，这就是所求的二进制数。

【例 1.2】 把十进制 0.625 转换为二进制数。

解：为了清楚起见，把计算步骤列成下述图示。

$$0.625 \quad \rightarrow \quad 0.25 \quad \rightarrow \quad 0.5 \rightarrow \quad 0$$
$$\downarrow \times 2 \qquad \downarrow \times 2 \qquad \downarrow \times 2$$
整数 $\quad$ 1 $\qquad$ 0 $\qquad$ 1

所以 0.625 的二进制小数为 0.101。

值得注意的是，在十进制小数转换成二进制小数时，整个计算过程可能无限制地进行下去，即积的小数部分始终不为 0，此时可根据需要取若干位作为近似值，必要时对舍去部分采用类似十进制四舍五入的零舍一入的规则。

4. 十进制混合小数转换成二进制数

混合小数由整数和纯小数复合而成。转换时将整数部分和纯小数部分分别按上述进行转换，然后再将它们组合起来即可。

【例 1.3】 把十进制数 59.625 转换成二进制数。

解：先将 59 用"除 2 取余"法转换成二进制数，得到 111011，再将 0.625 用"乘 2 取整"法转换成二进制数，得到 0.101，最后把两个二进制数组合起来，得到结果 111011.101 就是 59.625 的二进制数，即（59.625）$_{10}$ =（111011.101）$_2$。

5. 二进制数与八进制数之间的转换

3 位二进制数恰有 8 种组合（000、001…111）。因此，二进制数转换为八进制时，可以小数点开始向左和右分别把整数和小数部分每 3 位分成一组。最高位和最低位的那 2 组如果不足 3 位，要用 0 补足 3 位。整数部分最高位的一组把 0 加在左边。小数部分最低位的一组把 0 加在右边。然后用一个等值的八进制数代换每一组的 3 位二进制数。现举例说明如下。

设有一个二进制数 1101001.0100111，要转换成八进制数，可以将它从小数点开始分别向左和向右分为 3 位一组。

$$\underline{001} \quad \underline{101} \quad \underline{001} \quad . \quad \underline{010} \quad \underline{011} \quad \underline{100}$$
$$1 \qquad 5 \qquad 1 \quad . \quad 2 \qquad 3 \qquad 4$$

每一组的 3 位二进制数转换成八进制数，得 151.234。

特别要注意最右边的一组要用 0 补足 3 位，否则会发生错误。在上例中，最右边一组只有 1，如不加 00 就错了。

如果要把八进制转换为二进制数，只要用 3 位二进制数来代替每一位八进制数就可以了。

例如，八进制数 406.274 转换为二进制数：$\underline{100}\,\underline{000}\,\underline{110}\,.\,\underline{010}\,\underline{111}\,\underline{100}$。

6. 二进制数与十六进制数之间的转换

4 位二进制数能得到 16 种组合。因此，4 位二进制数可直接转换为十六进制数。一个二进制数的整数部分要转换为十六进制数时，可从小数点开始向左按 4 位分成若干组，最高位一组不足 4 位时在左边加 0 补齐。二进制数的小数部分可以从小数点开始向右按 4 位一组分成若干组，最右一组如果不足 4 位，要用 0 补足 4 位。然后把每一组的 4 位二进制数转换为十六进制数。

例如，二进制数 10010100101.1110011101 可用以下方法转换为十六进制数：

$$0100 \quad 1010 \quad 0101 \quad . \quad 1110 \quad 0111 \quad 0100$$
$$4 \qquad A \qquad 5 \qquad . \qquad E \qquad 7 \qquad 4$$

因此　$(10010100101.1110011101)_2 = (4A5.E74)_{16}$

把十六进制数转换为二进制数是上述过程的逆过程，只要把十六进制数的每一位转换为对应的二进制数即可。

例如，$(2F7E.A70C)_{16} = (10\ 1111\ 0111\ 1110\ .\ 1010\ 0111\ 0000\ 1100)_2$。

7. 任意进制数之间的转换

一个 R 进制数转换为十进制数可以利用式（1.1）计算。而一个十进制数转换为 R 进制还是要分成整数部分和小数部分分别转换，其方法是整数部分用"除 R 取余"，而小数部分用"乘 R 取整"来计算。

表 1.2 列出了常用的十、二、八、十六进制数的转换。书写时为了区别数制，可在数的右下角注明数制，如（1011）$_2$、（32）$_8$、（7B）$_{16}$，下标表示它们的进制，也可在数字后面加字母来区别，如以 B（Binary）表示为二进制数，以字母 O（Octal）表示为八进制数，以字母 D（Decimal）或不加字母表示为十进制数，用字母 H（Hexadecimal）表示为十六进制数。例如，1011B 表示的是二进制数，127H 表示的是十六进制数。

表 1.2　　　　　　　　　　常用的十、二、八、十六进制数的转换

十进制数	二进制数	八进制数	十六进制数
0	0000	0	0
1	0001	1	1
2	0010	2	2
3	0011	3	3
4	0100	4	4
5	0101	5	5
6	0110	6	6
7	0111	7	7
8	1000	10	8
9	1001	11	9
10	1010	12	A
11	1011	13	B
12	1100	14	C
13	1101	15	D
14	1110	16	E
15	1111	17	F

1.2.3　二—十进制码

由于人们日常使用的是十进制，而机器内使用的是二进制，所以，需要将十进制数表示成二进制数。

用 4 位二进制代码来表示一位十进制数码，这样的代码称为二—十进制码，或 BCD 码。

4 位二进制有 16 种不同的组合，可以在这 16 种代码中任选 10 种表示十进制数的 10 个不同符号，选择方法很多。选择方法不同，就能得到不同的编码形式。

常见的 BCD 码有 8421 码、5421 码、2421 码、余 3 码等，见表 1.3。

表 1.3　　　　　　　　　　　　　　常用 BCD 码

十进制数	8421 码	5421 码	余 3 码
0	0000	0000	0011
1	0001	0001	0100
2	0010	0010	0101
3	0011	0011	0110
4	0100	0100	0111
5	0101	1000	1000
6	0110	1001	1001
7	0111	1010	1010
8	1000	1011	1011
9	1001	1100	1100

1. 8421 码

一位十进制数字用 4 位二进制编码来表示可以有多种方法，但常用的是 8421 码。4 位二进制数表示 16 种状态，只取前 10 种状态来表示 0～9，从左到右每位二进制数的权为 8、4、2、1，因此称为 8421 码。

8421 码有 10 个不同的码，0000、0001、0010、0011、0100、0101、0110、0111、1000、1001，且它是逢"十"进位的，所以是十进制，但它的每位是用二进制编码来表示的，因此称为二进制编码的十进制（Binary Coded Decimal）。BCD 码十分直观，可以很容易实现与十进制的转换，在商业上有它特殊的意义。

例如，（0010 1000 0101 1001 . 0111 0100）8421BCD 可以方便地认出是十进制 2859.74。

2. 5421 码

5421BCD 码的前 5 个码与 8421BCD 码相同，后 5 个码在前 5 个码的基础上加 1000 构成，这样的码，前 5 个码和后 5 个码的低 3 位一一对应相同，仅高位不同。

例如，5421 码 1011 代表 5+0+2+1 = 8。

3. 余 3 码

余 3 码是无权 BCD 码，每位数码无确定的位权，由 8421 码加 0011 得到。

1.2.4　数的编码

1. 无符号整数编码

对于一个 n 位编码 $b_{n-1}b_{n-2}...b_1b_0$，如果其是一个无符号整数，则正如二进制最原始的样子，所有的位都代表了数的大小。所有 n 位都是有意义的。因此最高位就是无符号整数的最左侧的位 b_{n-1}。

2. 有符号整数编码

十进制中将"+"或"-"标在最高有效位的左侧来表示数的正负。而在二进制中，数的符号是由其最左侧的位来决定的。通常，正数的最左侧位为 0，负数为 1。因此，有符号数的最左侧位代表了它的符号，而余下的位代表了它的大小。仍以 n 位编码 $b_{n-1}b_{n-2}...b_1b_0$ 为例，其最高位 b_{n-1} 表示符号，实际代表数值的位数为 n-1，最高位是 b_{n-2}。

如图 1.2 所示，图 1.2（a）表示无符号数，图 1.2（b）表示有符号数。

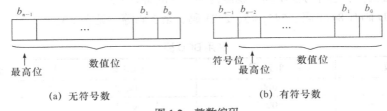

(a) 无符号数　　　　　　　　　　(b) 有符号数

图 1.2　整数编码

对于有符号数而言，负数可以用 3 种不同方式来表达：原码、反码和补码。

（1）原码

原码仅仅用符号位为 "0" 或 "1" 来表示数的正负。例如，4 位二进制数正负 5，可以分别用+5 = 0101 和−5 = 1101 来表示。这种表示法很容易理解。然而，原码对 0 的表示不唯一，并不十分适用于计算机的应用。

（2）反码

反码表示中，一个 n 位负数 K 的反码是通过 2^n-1 减去与 K 绝对值相等的正数 P 得到的，即 $K = (2^n-1)-P$。例如，若 $n = 4$，则有 $K = (2^4-1)-P = (15)_{10}-P = (1111)_2-P$。

如果想把+5 转换成负数，有−5 = 1111−0101 = 1010。相似地，+3 = 0011，−3 = 1111−0011 = 1100。很明显，负数反码可以简单地将其绝对值原码的每一位（包括符号位）取反得到。尽管反码比较容易得到，但它仍然解决不了 0 的表示不唯一的问题。

（3）补码

补码表示法中，一个 n 位负数 K 的补码是通过 2^n 减去与 K 绝对值相等的正数 P 得到的，即 $K = 2^n-P$。还是用 4 位数的例子来加以说明：−5 = 10000−0101 = 1011，−3 = 10000−0011 = 1101。可以发现如果 K_1 表示 P 的反码，K_2 表示 P 的补码，即 $K_1 = (2^n-1)-P$，$K_2 = 2^n-P$，则有 $K_2 = K_1+1$。于是，求某个数的补码的方法可以是先求出该数的反码，然后再加 1。例如，求−6的补码，则可知 $P = 0110$，那么求反码，得到 1001，再加 1，可得 $K = 1010$。

表 1.4 列出了在 3 种不同的有符号数表示法下 4 位二进制数所有 16 种编码解释。可以发现在"原码"和"反码"两种表示法中都有两个 0 存在，表示范围是-7～+7。而在"补码"表示法中只有一个 0，表示范围是−8～+7。

若 n 位数 $B = b_{n-1}b_{n-2}...b_1b_0$ 是用补码表示法表示的，则它的值是：

$$V(B) = (-b_{n-1} \times 2^{n-1}) + b_{n-2} \times 2^{n-2} + ... + b_1 \times 2^1 + b_o \times 2^0 \tag{1.6}$$

所以最大的负数 100…00 的值是-2^{n-1}，最大的正数 011…11 的值是 $2^{n-1}-1$。

表 1.4　　　　　　　　　　　　　　　　　　　4 位有符号数的表示

$b_3b_2b_1b_0$	原码	反码	补码
0111	+7	+7	+7
0110	+6	+6	+6
0101	+5	+5	+5
0100	+4	+4	+4
0011	+3	+3	+3
0010	+2	+2	+2
0001	+1	+1	+1
0000	+0	+0	+0
1000	−0	−7	-8
1001	−1	−6	−7
1010	−2	−5	−6
1011	−3	−4	−5
1100	−4	−3	−4
1101	−5	−2	−3
1110	−6	−1	−2
1111	−7	−0	−1

3．定点数编码

定点数由整数和小数两部分组成，可以用数位表示法把它写为：

$$B = b_{n-1}\, b_{n-2} \cdots b_{k+1}\, b_k\, b_{k-1}\, b_{k-2} \cdots b_0$$

该数的值为：

$$V(B) = \sum_{i=0}^{n-1} b_i 2^{i-k} \qquad\qquad (1.7)$$

小数点的位置被固定在某处，因此称做定点数。若没有明确地指定小数点的位置，则假定在最低位的右边，此时定点数变为整数。处理定点数的逻辑与处理整数的逻辑本质上是相同的。不单独对其进行讨论。

4．浮点数编码

浮点数的表示形式为：$M \times R^E$。M（Mantissa）代表尾数，R 代表基数，E（Exponent）代表指数，或称阶码。浮点数通常用格式化的形式表示，即小数点放在第一个非 0 数字的右边。例如，5.234×10^{43} 或 6.31×10^{-28}。

IEEE 在二进制浮点数标准中规定了单精度（32 位）浮点数和双精度浮点数（64 位）的格式，如图 1.3 所示。

（1）单精度浮点数的格式

图 1.3（a）描述了单精度浮点数的格式。最左边的 1 位是符号位（S），0 表示正数，1 表示负数。尾数域（M）23 位，指数域（E）8 位，基数（R）是 2。因为浮点数既要能表示很大的数，又要表示很小的数，所以指数可以是正数，也可以是负数。位宽 7 位的有符号数的数值范围是−128～+127，IEEE 标准不用普通的有符号数表示指数，而是把实际的指数值 E 加上 127 后记为 E，因此：

$$E_{(实)} = E - 127$$

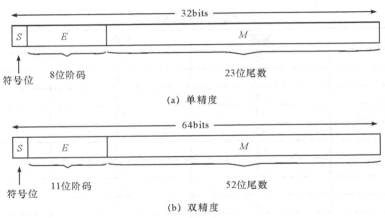

图 1.3 浮点数的 IEEE 标准

以此种方式表示的 E 是一个正数，E 的数值范围为 $0\sim255$。用 $E=0$ 代表精确为 0，用 $E=255$ 代表无穷大，因此 E 取 $1\sim254$ 用于表示一整数，即一般数的指数范围在 $-126\sim127$ 之间。上述表示法有利于浮点数的加法和减法运算，因为加法、减法运算的第一步是比较指数的大小，以便确定尾数是否需要移位以及加、减有效位。

尾数域位宽 23 位，IEEE 标准要求尾数取规格化形式，即尾数的最高位必须等于 1，因此尾数部分的最高位就可以不必明确地在尾数域中表示出来。于是，如果 M 是尾数域中的位向量，则尾数的实际值应当是 $1.M$。也就是说，尾数域 23 位，但能表示 24 位的尾数值。对于图 1.3（a）所示的浮点数格式，它所表示的数值为：

$$Value = \pm1.M\times2^{E-127}$$

在这种表示方式下，尾数的精度大约是 7 位十进制数，指数区的范围在 2^{-126} 到 2^{127} 之间，大约相当于 $10^{\pm38}$。

（2）双精度浮点数的格式

图 1.3（b）所描绘的是双精度的浮点数的格式，其位宽是 64 位，指数域和尾数域都增加了位宽，所表示的数在范围和精度上都有很大提高。指数域位宽 11 位，采用了移 1023 格式，同单精度，即：

$$E_{(实)} = E-1023$$

E 的数值范围为 $0\sim2047$。用 $E=0$ 代表精确 0，用 $E=2047$ 代表无穷大，因此 E 取 $1\sim2046$ 用于表示一般数，即表示数的指数范围为 $-1022\sim1023$ 之间。尾数域位宽 52 位，因此 IEEE 标准要求尾数取格式化形式，尾数的实际值应当是 $1.M$。对于图 1.3（b）所示的浮点数格式，它所表示的数值是：

$$Value = \pm1.M\times2^{E-1023}$$

用上述表示方式，尾数的精度大约是 16 位十进制数，指数区的范围大约在 $10^{-308}\sim10^{308}$ 之间。

1.2.5 其他编码

1. 格雷码

格雷码是一种循环码，其特点是任何相邻的两个码字，仅有一位代码不同，其他各位均相同。格雷码和二进制码之间的关系如下。

设二进制码为 $B_nB_{n-1}\cdots B_1B_0$，格雷码为 $R_nR_{n-1}\cdots R_1R_0$，

则
$$R_n = B_n$$
$$R_i = B_{i+1} \oplus B_i \qquad i \neq n$$

其中，$\oplus$ 为异或运算符，其运算规则为：若两运算数相同，结果为 "0"；两运算数不同，结果为 "1"。格雷码和二进制码之间的关系对照见表 1.5。

表 1.5　　　　　　　　　　　格雷码和二进制码之间的关系

十进制数	二进制码	格雷码	十进制数	二进制码	格雷码
	$B_3B_2B_1B_0$	$R_3R_2R_1R_0$		$B_3B_2B_1B_0$	$R_3R_2R_1R_0$
0	0000	0000	8	1000	1100
1	0001	0001	9	1001	1101
2	0010	0011	10	1010	1111
3	0011	0010	11	1011	1110
4	0100	0110	12	1100	1010
5	0101	0111	13	1101	1011
6	0110	0101	14	1110	1001
7	0111	0100	15	1111	1000

2. ASCII 码

ASCII 码是数字系统中用于表示字母、数字以及控制字符的最常用的标准代码，表 1.6 列出了这个标准代码的编码表。ASCII 码中大写和小写字母的编码按照字母 A～Z 升序排列，因此在检索字母或字词时，可以对其相应的 ASCII 码做简单的算术比较。对于十进制数字 0～9，采用高 3 位相同（$b_6b_5b_4 = 011$），低 4 位（$b_{3\text{-}0}$）采用了二进制的编码方式的编码，这种编码的操作数用于算术运算不太方便。因此在做算术运算时常把 ASCII 字符编码的数字转化为二进制形式。

计算机系统中最常用的是字节，字节的位宽是 8 位。把 ASCII 码填入一个字节通常采用以下两种方法。第一种方法是将字节的最高位（b_7）设置为 0，第二种方法是将最高位设置成其他 7 位的奇偶校验，即用最高位来表明后面 7 位中 1 的个数是奇数，还是偶数。

表 1.6　　　　　　　　　　　ASCII 码表

ASCII 值	控制字符	ASCII 值	控制字符	ASCII 值	控制字符	ASCII 值	控制字符
0	NUT	32	（space）	64	@	96	、
1	SOH	33	!	65	A	97	a
2	STX	34	"	66	B	98	b
3	ETX	35	#	67	C	99	c
4	EOT	36	$	68	D	100	d
5	ENQ	37	%	69	E	101	e
6	ACK	38	&	70	F	102	f
7	BEL	39	,	71	G	103	g
8	BS	40	(	72	H	104	h
9	HT	41	)	73	I	105	i
10	LF	42	*	74	J	106	j
11	VT	43	+	75	K	107	k
12	FF	44	,	76	L	108	l

ASCII 值	控制字符	ASCII 值	控制字符	ASCII 值	控制字符	ASCII 值	控制字符
13	CR	45	-	77	M	109	m
14	SO	46	.	78	N	110	n
15	SI	47	/	79	O	111	o
16	DLE	48	0	80	P	112	p
17	DCI	49	1	81	Q	113	q
18	DC2	50	2	82	R	114	r
19	DC3	51	3	83	X	115	s
20	DC4	52	4	84	T	116	t
21	NAK	53	5	85	U	117	u
22	SYN	54	6	86	V	118	v
23	TB	55	7	87	W	119	w
24	CAN	56	8	88	X	120	x
25	EM	57	9	89	Y	121	y
26	SUB	58	:	90	Z	122	z
27	ESC	59	;	91	[	123	{
28	FS	60	<	92	/	124	|
29	GS	61	=	93	]	125	}
30	RS	62	>	94	^	126	~
31	US	63	?	95	—	127	DEL

1.3　开关逻辑理论

二进制由于其简易性，在数字系统应用中占据统治地位。最简单的二进制元件是具有两个状态的开关。电路无论多么复杂，它们都由若干种简单的基本开关电路组成。这些基本电路的工作具有下列基本特点。从电路内部看，电子器件（如晶体管）不是工作在导通状态，就是工作在截止状态，即电路工作在开关状态；从电路的输入和输出来看，或是电平的高低，或是脉冲的有无；就整体而言，输入和输出量之间的关系是一种因果关系。所以，这种开关电路称为逻辑电路，即用电路表示数字逻辑。逻辑代数是研究逻辑电路的数学工具。它的基本概念是由英国数学家乔治·布尔（George Boole）在 1847 年提出的，也称为布尔代数。

1.3.1　基本逻辑运算

逻辑代数和普通代数相同的地方在于都使用字母 A、B、C、…、x、y 等表示变量，但变量的含义及取值范围却是不同的。逻辑代数中的变量不表示数值，只表示两种对立的状态，如脉冲的有和无、开关的接通和断开、命题的正确和错误等。因此，这些变量的取值只能是 0 或 1，这种变量称为逻辑变量。

此外，逻辑代数中变量的运算和普通代数也有不同的地方。在逻辑代数中只有 3 种基本的逻辑运算，即"与"、"或"、"非"。

1. 与逻辑运算

如图 1.4 所示，开关 A、B 串联控制灯 F。显然，只有当开关 A 和 B 均合上，灯 F 才会亮。两个开关中只要有一个断开，灯 F 不亮。这里开关 A、B 的"闭合、断开"和灯 F"亮、不亮"之间的因果关系也就是"与"逻辑关系。"与"的含义在此例中就是开关 A、B"闭合"这两个条件同时具备的意思。

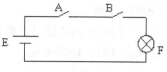

图 1.4　串联开关电路

通过以上举例分析，可以用文字来叙述"与"逻辑的一般定义，即只有决定一件事的全部条件都具备时，这件事才成立，如果有一个（或者一个以上）条件不具备，则这件事不成立，这样的因果关系称为"与"逻辑关系。

"与"逻辑运算也叫逻辑乘。两变量 A、B 的逻辑乘用代数表达式可表示为

$$F = A \cdot B \tag{1.8}$$

式（1.8）称为"与"逻辑函数表达式（简称逻辑函数式，或称逻辑式、函数式）。式中"A · B"读作"A 与 B"或"A 乘 B"。"·"表示"与"运算符号（有些文献中用符号"∧"或者"∩"表示），它仅表示"与"的逻辑功能，无数量相乘之意，书写时可把"·"省掉。

图 1.4 中每个开关状态只有两种，闭合或断开。灯的状态也只有两种，亮或灭。两个开关所有可能的组合状态和灯的状态之间的因果关系见表 1.7。若规定开关合上为 1，开关断开为 0，灯亮为 1，灯灭为 0，则可将表 1.7 转换成表 1.8 的形式。通常把表 1.8 形式称为真值表。所谓真值表，它是用表格形式全面、直观地描述了所有输入变量（前提条件）取值的各种可能组合和对应的输出变量（结果）值之间的逻辑关系。所以，真值表是描述逻辑关系的重要工具。显然，对于具有 n 个输入变量的逻辑函数，其真值表应有 2^n 个函数值。

表 1.7　　　　　　　　　　　　串联开关电路状态表

开关 A 状态	开关 B 状态	灯 F 状态
断	断	灭
断	合	灭
合	断	灭
合	合	亮

对 n 个输入变量的情况，其取值的各种可能组合数为 2^n，体现在真值表上则有 2^n 行，每行排列顺序可按二进制数的正常顺序排列。

表 1.8　　　　　　　　　　　　"与"逻辑真值表

A	B	F = AB
0	0	0
0	1	0
1	0	0
1	1	1

由真值表 1.8 可知"与"逻辑运算的规则为

$$\left.\begin{array}{l} 0 \cdot 0 = 0 \\ 0 \cdot 1 = 0 \\ 1 \cdot 0 = 0 \\ 1 \cdot 1 = 1 \end{array}\right\} \tag{1.9}$$

式（1.9）这组逻辑乘的运算规则是从逻辑推理而来的，故称为公理，是逻辑代数的基础。

实现"与"逻辑关系的逻辑电路称为"与"门。"与"门有多个输入端，一个输出端，其逻辑符号如图1.5所示。

"与"门的逻辑功能可以概括为"全1出1，有0出0"。意即只有全部输入均为1时输出才为1，输入有0时，输出为0。

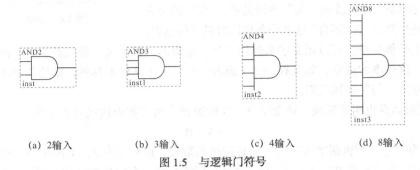

| (a) 2输入 | (b) 3输入 | (c) 4输入 | (d) 8输入 |

图1.5　与逻辑门符号

2. 或逻辑运算

如图1.6所示，开关A、B并联控制灯F。显然，只要有一个开关合上，灯F就亮。只有两个开关都断开时，灯F才不亮。这里开关A、B的"闭合、断开"和灯F"亮、不亮"之间的因果关系是"或"逻辑关系。

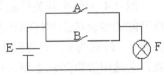

图1.6　并联开关电路

通过以上举例分析，可以用文字来叙述"或"逻辑的一般定义，即在决定一件事的各种条件中，只要有一个（或一个以上）条件具备时，这件事就成立，只有所有条件都不具备时，这件事才不成立。这样的因果关系称为"或"逻辑关系。

"或"逻辑运算也叫逻辑加。两变量A、B的逻辑加用代数表达式可表示为：

$$F = A + B \tag{1.10}$$

式（1.10）中"A + B"读作"A或B"或"A加B"。"+"表示"或"运算符号（有些文献中用符号"∨"或"∪"表示），它仅表示"或"的逻辑功能，无数量累加之意。

图1.6所示的两个开关所有可能的组合状态和灯的状态之间的因果关系见表1.9，与其对应的真值表见表1.10。

表1.9　　　　　　　　　　　　　　　并联开关电路状态表

开关A状态	开关B状态	灯F状态
断	断	灭
断	合	亮
合	断	亮
合	合	亮

表1.10　　　　　　　　　　　　　　　"或"逻辑真值表

A	B	$F = A + B$
0	0	0
0	1	1
1	0	1
1	1	1

由表1.10真值表可知"或"逻辑运算的规则为

$$0+0=0 \\ 0+1=1 \\ 1+0=1 \\ 1+1=1$$

（1.11）

式（1.11）这组逻辑加的运算规则，是又一组公理，也是逻辑代数的基础。需要特别注意的是，这里 $1+1=1$ 表示逻辑加，不是数量的累加。从逻辑判断来看，说明对"或"逻辑来说，具备多个前提条件与具体一个前提条件，所得结论是一样的。

实现"或"逻辑关系的逻辑电路称为"或"门。"或"门有多个输入端，一个输出端，其逻辑符号如图 1.7 所示。

"或"门的逻辑功能可以概括为"有 1 出 1，全 0 出 0"。

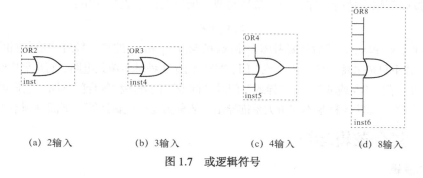

(a) 2输入   (b) 3输入   (c) 4输入   (d) 8输入

图 1.7 或逻辑符号

3. 非逻辑运算

"非"逻辑，如图 1.8 所示。当开关 A 合上时，则灯 F 不亮；而当开关 A 断开时，则灯 F 亮。这种电路称为反控开关电路。这里开关 A 的"闭合、断开"与灯 F 的"亮、不亮"之间的因果关系即为"非"逻辑关系。

用文字叙述"非"逻辑的一般含义，即假定事件 F 成立与否和条件 A 的具备与否有关。若 A 具备，则 F 不成立；若 A 不具备，则 F 成立。F 和 A 之间的这种因果关系被称为"非"逻辑关系。

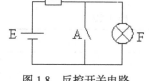

图 1.8 反控开关电路

"非"逻辑运算也叫逻辑否定。用代数表达式可表示为：

$$F = \overline{A}$$

（1.12）

式（1.12）中"$\overline{A}$"读作"A 非"，变量 A 上面的短横线表示"非"运算符号。A 叫做原变量，$\overline{A}$ 叫做反变量，$\overline{A}$ 和 A 是一个变量的两种形式。

图 1.8 所示的"非"逻辑电路的真值表见表 1.11。

由表 1.11 所示的真值表可知，"非"逻辑运算的规则为：

$$\overline{0} = 1 \\ \overline{1} = 0$$

（1.13）

表 1.11   "非"逻辑真值表

A	$F = \overline{A}$
0	1
1	0

式（1.13）这组"非"运算规则也是一组公理，它和式（1.9）、式（1.11）一样都是逻辑代数的基础。

实现"非"逻辑关系的逻辑电路称为"非"门（又称为反相器）。"非"门只有一个输入端，一个输出端，其逻辑符号如图1.9所示。

图1.9　"非"门逻辑符号

以上介绍的逻辑代数中的3种基本逻辑运算，即"与"、"或"、"非"，也是人们在逻辑推理时常用的3种基本逻辑关系。和这3种基本逻辑关系相对应的门电路，也是最基本的逻辑电路。和3种门电路相对应的代数表达式，也是逻辑代数中最简单的逻辑函数式。

用与、或、非3种基本操作能构造无限个逻辑表达式。括号经常被用来规定运算执行的顺序，然而为了避免过多地使用括号，定义了基本运算的优先级别。换言之，当不加括号时，逻辑表达式中的运算按以下顺序执行：非，与，最后是或。所以在以下表达式中：

$$x_1 x_2 + \overline{x}_1 \overline{x}_2$$

首先要计算 $\overline{x}_1$ 和 $\overline{x}_2$，然后就要考虑 x_1 和 x_2 的与及 $\overline{x}_1$ 和 $\overline{x}_2$ 的与，最后才是它们的或运算。在实际使用中，并不只是采用"与"门、"或"门、"非"门这3种基本单元电路，而是更广泛地采用"与非"门、"或非"门、"与或非"门、"异或"门及"同或"门等多种复合门电路。它们的逻辑关系可以由"与"、"或"、"非"3种基本逻辑关系推导出，故称为复合逻辑运算，下面分别予以介绍。

1.3.2　复合逻辑运算

1. 与非逻辑

"与非"逻辑是由"与"逻辑和"非"逻辑组合而成的。其逻辑函数式为：

$$F = \overline{AB} \qquad （假定是两个输入变量）$$

"与非"逻辑的真值表见表1.12，其逻辑功能可概括为"有0出1，全1出0"。

表1.12　　　　　　　　　　　　　　"与非"逻辑真值表

A	B	$F = \overline{AB}$
0	0	1
0	1	1
1	0	1
1	1	0

实现"与非"逻辑的逻辑电路称为"与非"门，其逻辑符号如图1.10所示。和"与"门逻辑符号相比。"与非"门输出端上多一个小圆圈，其含义就是"非"。

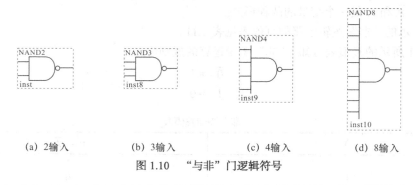

(a) 2输入　　　(b) 3输入　　　(c) 4输入　　　(d) 8输入

图1.10　"与非"门逻辑符号

2. 或非逻辑

"或非"逻辑是由"或"逻辑和"非"逻辑组合而成的，其逻辑函数式为：

$$F = \overline{A + B} \qquad （假定是两个输入变量）$$

"或非"逻辑的真值表见表 1.13。其逻辑功能可概括为"全 0 出 1，有 1 出 0"。

表 1.13 "与非"逻辑真值表

A	B	$F = \overline{A + B}$
0	0	1
0	1	0
1	0	0
1	1	0

实现"或非"逻辑的逻辑电路称为"或非"门，其逻辑符号如图 1.11 所示。

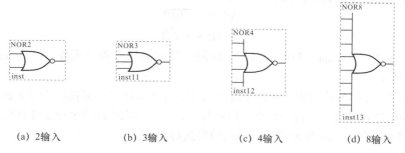

(a) 2输入　　　　(b) 3输入　　　　(c) 4输入　　　　(d) 8输入

图 1.11 "或非"门逻辑符号

3. 与或非逻辑

"与或非"逻辑是"与"、"或"、"非"3 种逻辑的组合，其逻辑函数式为：

$$F = \overline{AB + CD} \qquad （假定有两组"与"输入）$$

"与或非"逻辑的运算次序是：组内先"与"，然后组间相"或"，最后再"非"。其逻辑功能可概括为"每组有 0 出 1，某组全 1 出 0"。不难导出其真值表。

4. 异或逻辑

两个变量的异或逻辑函数式为：

$$F = A\overline{B} + \overline{A}B = (\overline{A} + \overline{B})(A + B) = A \oplus B$$

式中"$\oplus$"表示异或运算符号。

异或逻辑的真值表见表 1.14。其逻辑功能可概括为"相异出 1，相同出 0"，这也是"异或"的含义所在。

表 1.14 异或逻辑真值表

A	B	$F = A \oplus B$
0	0	0
0	1	1
1	0	1
1	1	0

实现"异或"逻辑的逻辑电路称为"异或"门，其逻辑符号如图 1.12（a）所示。

5. 同或逻辑

两个变量的同或逻辑函数式为：

$$F = AB + \overline{A}\overline{B} = (A + \overline{B})(\overline{A} + B) = A \odot B$$

式中"⊙"表示同或运算符号。

同或逻辑的真值表见表 1.15。其逻辑功能可概括为"相同出 1，相异出 0"，故又名为"一致"逻辑或"符合"逻辑。

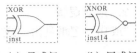

（a）异或门　（b）同或门

图 1.12　异或门和同或门逻辑符号

表 1.15　　　　　　　　　　　　　　　同或逻辑真值表

A	B	$F = A \odot B$
0	0	1
0	1	0
1	0	0
1	1	1

从异或逻辑和同或逻辑的真值表可以看出，两者互为反函数，即

$$A \oplus B = \overline{A \odot B}$$
$$A \odot B = \overline{A \oplus B}$$

所以在实际生产中，通常只有异或门，而同或门就用异或非门代替。同或门的逻辑符号如图 1.12（b）所示。

为便于查阅，将门的几种表示法列于表 1.16 中，在表 1.16 中，原部标为过去我国使用的电路符号标准，国标是我国常用的符号标准。这些符号，在当前出版的许多书籍中还能见到。本书结合 QuartusII 进行介绍，采用国际标准的电路符号进行描述。

表 1.16　　　　　　　　　　　　　　　门电路的几种表示法

输入 A B ＼ 输出	与（AND）$Y = A \cdot B$	或（OR）$Y = A + B$	与非（NAND）$Y = \overline{A \cdot B}$	或非（NOR）$Y = \overline{A + B}$	异或（EXOR）$Y = A \oplus B$	异或非（EXNOR）$Y = \overline{A \oplus B}$	非（NOT）$Y = \overline{A}$
0　0	0	0	1	1	0	1	1
0　1	0	1	1	0	1	0	1
1　0	0	1	1	0	1	0	0
1　1	1	1	0	0	0	1	0

电路符号							
国标	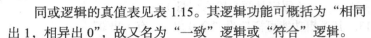						
原部标							
国际流行							

1.3.3　基本定律和规则

逻辑函数和普通代数一样，也有相等的问题。判断两个函数相等，可依照下面的规则。

设有两个函数 $F_1 = f_1(A_1, A_2, \ldots, A_n)$ 和 $F_2 = f_2(A_1, A_2, \ldots, A_n)$，如果对于 $A_1, A_2, \ldots, A_n$ 的任何一组取值（共 2^n 组），F_1 和 F_2 的值均相等，则可以说函数 F_1 和 F_2 相等，记作 $F_1 = F_2$。

换言之，如果 F_1 和 F_2 两函数的真值表相同，则 $F_1 = F_2$。反之，如果 $F_1 = F_2$，那么这两个函数的真值表一定相同。

【例 1.4】　设两个函数：

$$F_1 = A + BC$$
$$F_2 = (A + B)(A + C)$$

求证：$F_1 = F_2$

解：这两个函数都具有 3 个变量，有 $2^3 = 8$ 组逻辑取值，可以列出 F_1 和 F_2 的真值表，见表 1.17。由表 1.17 可见：对应于 A、B、C 的每组取值，函数 F_1 的值和 F_2 的值均相等，所以 $F_1 = F_2$。

表 1.17　　　　　　　　　　　　　　　　F_1 和 F_2 的真值表

A	B	C	F_1	F_2
0	0	0	0	0
0	0	1	0	0
0	1	0	0	0
0	1	1	1	1
1	0	0	1	1
1	0	1	1	1
1	1	0	1	1
1	1	1	1	1

1. 基本定律

① 0—1 律　　　　　$A \cdot 0 = 0$;　　　　　　　$A + 1 = 1$

② 自等律　　　　　$A \cdot 1 = A$;　　　　　　　$A + 0 = A$

③ 重迭律　　　　　$A \cdot A = A$;　　　　　　　$A + A = A$

④ 互补律　　　　　$A \cdot \overline{A} = 0$;　　　　　　　$A + \overline{A} = 1$

⑤ 交换律　　　　　$A \cdot B = B \cdot A$;　　　　　　$A + B = B + A$

⑥ 结合律　　　　　$A(BC) = (AB)C$;　　　　　$A + (B + C) = (A + B) + C$

⑦ 分配律　　　　　$A(B + C) = AB + AC$;　　$A + BC = (A + B)(A + C)$

⑧ 反演律　　　　　$\overline{A + B} = \overline{A} \cdot \overline{B}$;　　　　　$\overline{AB} = \overline{A} + \overline{B}$

⑨ 还原律　　　　　$\overline{\overline{A}} = A$

以上逻辑代数的基本定律的正确性，可由前述的 3 种基本逻辑运算规则推得，也可像例 1.4 那样用真值表加以验证。以基本定律为基础，可以导出逻辑代数的其他公式。这将在后面介绍。

反演律也叫德·摩根（De.Morgan）定理，是一个非常有用的定律。

2. 逻辑代数的 3 条规则

逻辑代数有 3 条重要规则，即代入规则、反演规则和对偶规则。

（1）代入规则

任何一个含有变量 x 的等式，如果将所有出现 x 的位置，都代之以一个逻辑函数式 F，则等式仍然成立。这个规则称为代入规则。

由于任何一个逻辑函数和任何一个变量一样，只有 0 或 1 两种取值，显然，以上规则是成立的。

【例 1.5】　已知等式 $\overline{A + B} = \overline{A} \cdot \overline{B}$，有函数 $F = B + C$，若用 F 代入此等式中的 B，则有：

$$\overline{A + (B + C)} = \overline{A} \cdot \overline{B + C}$$
$$\overline{A + B + C} = \overline{A} \cdot \overline{B} \cdot \overline{C}$$

据此可以证明 n 变量的德·摩根定理的成立。

（2）反演规则

设 F 为任意的逻辑表达式，若将 F 中所有的运算符、常量及变量做如下变换：

·	+	0	1	原变量	反变量
↓	↓	↓	↓	↓	↓
+	·	1	0	反变量	原变量

则所得新的逻辑表达式即为 F 的反函数，记为 F。这个规律称为反演规则。

反演规则实际上是前述反演律的推广。这里不加以严格证明了。

反演规则为直接求取 $\overline{F}$ 提供了方便。

【例1.6】 已知 $F = A\overline{B}+\overline{A}B$，求 $\overline{F}$。

解：利用反演规则可得

$$\overline{F} = (\overline{A}+B)(A+\overline{B})$$

应用反演规则时，应注意原式的运算优先次序是先与后或，因此，把 F 中的与项变成 $\overline{F}$ 中的或项时，应加括号。如果写成：

$$\overline{F} = \overline{A}+BA+\overline{B}$$

这显然是错误的。

【例1.7】 已知 $F = \overline{A+B+\overline{C}+\overline{D+\overline{E}}}$，求 $\overline{F}$。

解：直接应用反演规则可得：

$$\overline{F} = \overline{A}\cdot\overline{B}\cdot C\cdot\overline{\overline{D}\cdot E}$$

此例是有多层"非"号的情况，在直接运用反演规则求 $\overline{F}$ 时，对不属于单个变量上的"非"号保留不变。

（3）对偶规则

首先介绍对偶式的概念。所谓"对偶式"是这样定义的，设 F 为任意的逻辑表达式，若将 F 中所有的运算符号和常量做如下变换：

·	+	0	1	
↓	↓	↓	↓	但变量不变
+	·	1	0	

则所得新的逻辑表达式即为 F 的对偶式，记为 F′，

例如，若 $F = A\overline{B}+C\overline{D}$，则 $F' = (A+\overline{B})(C+\overline{D})$，

若 $F = \overline{A+B+\overline{C}+\overline{D+\overline{E}}}$，$F' = \overline{A\cdot B\cdot\overline{C}\cdot\overline{D\cdot\overline{E}}}$。

实际上对偶是相互的，即 F 和 F′互为对偶式。求对偶式时需要注意：

① 保持原式运算的优先次序。

② 原式中的长短"非"号一律不变。

③ 单变量的对偶式，仍为其自身，如 F = A，F′= A。

④ 一般情况下，$F' \neq \overline{F}$，在某些特殊情况下，才有 $F' = \overline{F}$，例如，异或表达式 $F = A\overline{B}+\overline{A}B$，$F' = (A+\overline{B})(\overline{A}+B)$，而 $\overline{F} = (\overline{A}+B)(A+\overline{B})$，故 $F' = \overline{F}$。

若有两个逻辑表达式 F 和 G 相等，则各自的对偶式 F′和 G′也相等，这就是对偶规则。

对偶规则实际上是反演规则和代入规则的应用。因为 F = G，所以 $\overline{F} = \overline{G}$。而 F 和 F′以及 G

和 G′的区别仅在于求反函数时要改变变量，而求对偶式时，变量不变。若分别将 F 和 G 中的所有的变量都代之以它们的"非"，则得 F′和 G′。根据代入规则，既然 $\overline{F} = \overline{G}$，则有 F′ = G′。

回顾前述的基本定律，可以发现，每个定律的两个等式都互为对偶式。所以，有了对偶规则，使得要证明和记忆的公式数量减少了一半。有时为了证明两个逻辑表达式相等，也可以通过证明它们的对偶式相等来完成。因为在有些情况下，证明它们的对偶式相等更加容易。

例如，已知 A(B + C) = AB + AC，则根据对偶规则必有 A + BC = (A + B)(A + C)。

3. 常用公式

运用基本定律和 3 条规则，可以得到更多的公式。现列出经常用到的几个公式如下。

① 消去律

$$AB + A\overline{B} = A$$

证明：

$$AB + A\overline{B} = A(B + \overline{B}) = A$$

该公式说明两个乘积项相加时，若它们只有一个因子不同（如一项中有 B，另一项中有 $\overline{B}$），而其余因子完全相同，则这两项可以合并成一项，且能消去那个不同的因子（即 B 和 $\overline{B}$）。

由对偶规则可得：

$$(A + B)(A + \overline{B}) = A$$

② 吸收律 1

$$A + AB = A$$

证明：

$$A + AB = A(1 + B) = A \cdot 1 = A$$

该公式说明两个乘积项相加时，若其中一项是另一项的因子，则另一项是多余的。

由对偶规则可得：

$$A(A + B) = A$$

③ 吸收律 2

$$A + \overline{A}B = A + B$$

证明：

$$A + \overline{A}B = (A + \overline{A})(A + B) = A + B$$

该公式说明两乘积项相加时，若其中一项是另一项的因子，则此因子是多余的。

由对偶规则可得：

$$A(\overline{A} + B) = AB$$

④ 包含律

$$AB + \overline{A}C + BC = AB + \overline{A}C$$

证明：

$$AB + \overline{A}C + BC = AB + \overline{A}C + (A + \overline{A})BC$$

$$= AB + \overline{A}C + ABC + \overline{A}BC$$

$$= AB(1 + C) + \overline{A}C(1 + B)$$

$$=AB+\overline{A}C$$

该公式说明 3 个乘积项相加时,其中两个乘积项中,一项含有原变量 A,另一项含有反变量 $\overline{A}$,而这两项的其余因子都是第三个乘积的因子,则第三个乘积是多余的。

该公式可以推广为:

$$AB+\overline{A}C+BCDE=AB+\overline{A}C$$

由对偶规则可得:

$$(A+B)(\overline{A}+C)(B+C+D+E)=(A+B)(\overline{A}+C)$$

⑤ 关于异或(同或)逻辑运算

二输入变量的"异或"和"同或"互为反函数,是仅对偶数个变量而言的,如

$$A\oplus B\oplus C\oplus D=\overline{A\odot B\odot C\odot D}$$

而对奇数个变量,则"异或"等于"同或",如:

$$A\oplus B\oplus C=A\odot B\odot C$$

另外,"异或"和"同或"具有如下性质。

"异或"　　　　　　　　　　"同或"

$A\oplus 0=A$ 　　　　　　　　$A\odot 1=A$

$A\oplus 1=\overline{A}$ 　　　　　　　　$A\odot 0=\overline{A}$

$A\oplus A=0$ 　　　　　　　　$A\odot A=1$

$A\oplus A\oplus A=A$ 　　　　　$A\odot A\odot A=A$

$A\oplus \overline{A}=1$ 　　　　　　　　$A\odot \overline{A}=0$

$A\oplus B=B\oplus A$ 　　　　　$A\odot B=B\odot A$

$A\oplus(B\oplus C)=(A\oplus B)\oplus C$ 　　$A\odot(B\odot C)=(A\odot B)\odot C$

$A\cdot(B\oplus C)=AB\oplus AC$ 　　　$A+(B\odot C)=(A+B)\odot(A+C)$

借助以上介绍的逻辑代数中的基本定律、3 个规则和常用公式,可以对复杂的逻辑表达式进行推导、变换和简化,这在分析和设计逻辑电路时是非常有利的。但这些公式反映的是对逻辑变量进行的逻辑运算,而不是对数进行的数值运算。因此,在运行过程中务必注意逻辑代数和普通代数的区别,不能简单地套用普通代数的运算规则。在逻辑代数中,不存在指数、系数、减法和除法。逻辑等式两边相同的项不能随便消去。

例如:

$A+A=A$ 　　　　　　不能得到　　　$A+A=2A$

$A\cdot A=A$ 　　　　　　不能得到　　　$A\cdot A=A^2$

$A+\overline{A}=1$ 　　　　　　不能得到　　　$A=1-\overline{A}$

$A\overline{B}+\overline{A}B+AB=A+B+AB$ 　　不能得到　　　$A\overline{B}+\overline{A}B=A+B$

$A(A+B)=A$ 　　　　　不能得到　　　$A+B=1$

对于所有公式,要正确理解其含义,避免引起误解。

例如,$A+\overline{A}C=A+C$,这是吸收律第二种公式。运用代入规则可推广为 $AB+\overline{AB}C=AB+C$,如果认为 $AB+\overline{A}\overline{B}C=AB+C$ 显然是错误的。这是误认为 $\overline{AB}$ 等于 $\overline{A}\overline{B}$ 了。

另外,逻辑代数的运算顺序和书写方式有下列规定。

① 逻辑代数的运算顺序和普通代数一样,应该先算括号里的内容,然后算逻辑乘,最后算逻

辑加。

② 逻辑式求反时可以不再加括号。例如：

$\overline{(A+B\cdot C)}+\overline{(D+E)}$ 可以写成 $\overline{A+B\cdot C}+\overline{D+E}$ 。

1.3.4　逻辑函数的标准形式

利用逻辑代数的基本公式，可以把任何一个逻辑函数展开成"与或"式和"或与"式。其中"与或"式又叫"积之和"式，而"或与"式又叫"和之积"式。

"与或"式是指一个函数表达式中包含有若干个"与"项，其中每个"与"项可由一个或多个原变量或反变量组成。这些"与"项的"或"就表示了一个函数。例如，一个 4 变量函数为：

$$F（A,B,C,D) = A+\overline{B}C+\overline{A}\overline{B}\overline{C}D$$

其中 A、$\overline{B}C$、$\overline{A}\overline{B}\overline{C}D$ 均为"与"项。函数 F 就是一个"与或"式。

"或与"式是指一个函数表达式中包含有若干个"或"项，其中每个"或"项可由一个或多个原变量或反变量组成。这些"或"项的"与"就表示了一个函数。例如，一个 3 变量函数为：

$$F(A，B，C) = (A+B)(\overline{A}+C)(\overline{A}+\overline{B}+\overline{C})$$
$$=(A+B+C\overline{C})(\overline{A}+C)(\overline{A}+\overline{B}+\overline{C})$$
$$=(A+B+C)(A+B+\overline{C})(\overline{A}+C)(\overline{A}+\overline{B}+\overline{C})$$

可见，最后一个式子和第一个式子同为"或与"式，但表示形式不相同。

1. 最小项之和形式

（1）最小项概念和特点

最小项是一种特殊的乘积项（"与"项）。

例如，两个变量 A、B，它们可以构成许多乘积项，但有 4 个乘积项特别值得注意，即 $\overline{A}\overline{B}$、$\overline{A}B$、$A\overline{B}$、AB。这 4 个乘积项就是 2 变量 A、B 构成的 4 个最小项。

从这个例子可以看出最小项的特点。

① n 个变量构成的每个最小项，一定是包含 n 个因子的乘积项。

② 在各个最小项中，每个变量必须以原变量或反变量形式作为因子出现一次，而且仅出现一次。

根据上述特点，容易写出 3 变量 A、B、C 的所有最小项为 $\overline{A}\overline{B}\overline{C}$、$\overline{A}\overline{B}C$、$\overline{A}B\overline{C}$、$\overline{A}BC$、$A\overline{B}\overline{C}$、$A\overline{B}C$、$AB\overline{C}$、$ABC$，共 8 项。不难看出，$n$ 个变量最多可构成 2^n 个最小项。

（2）最小项编号

为了便于书写和识别，通常对最小项进行编号，记为 m_i。这里 m 表示最小项，i 是代号，且 $i = 0，1，2，…，2^n-1$，n 为变量个数。例如，3 个变量 A、B、C 构成的 8 个最小项之一 $A\overline{B}C$，只有当 $A = 1$，$B = 0$，$C = 1$ 时，才使 $A\overline{B}C= 1$。若把 ABC 的取值 101 看成二进制数，那么与之等值的二进制数就是 5，则把 $A\overline{B}C$ 这个最小项记为 m_5。按照类似的方法便可得出三变量最小项的编号表见表 1.18。

由最小项的代数形式求其编号还有一个简单的方法，即最小项中的变量若是以原变量形式出现的，则记为 1；若以反变量形式出现，则记为 0。把这些 1 和 0 的有序排列（按最小项中变量排列的顺序）看成二进制数，则与之等值的十进制数即为该最小项编号 m_i 的下标 i。例如，上例中的 ABC= m_5 是这样得到的：

$$A\overline{B}C = m_5$$

↓

101

表 1.18　　　　　　　　　　　　　　三变量最小项编号表

最小项	使最小项为 1 的变量取值			对应的十进制数	编号
	A	B	C		
$\overline{A}\overline{B}\overline{C}$	0	0	0	0	m_0
$\overline{A}\overline{B}C$	0	0	1	1	m_1
$\overline{A}B\overline{C}$	0	1	0	2	m_2
$\overline{A}BC$	0	1	1	3	m_3
$A\overline{B}\overline{C}$	1	0	0	4	m_4
$A\overline{B}C$	1	0	1	5	m_5
$AB\overline{C}$	1	1	0	6	m_6
ABC	1	1	1	7	m_7

反之，有最小项的编号也可写出相应最小项的代数形式。不过需要注意的是，在提到最小项时，首先要说明变量的数目以及变量排列的顺序。

例如，三变量 A、B、C 构成最小项 m_0 和 m_3，分别为 $\overline{A}\overline{B}\overline{C}$ 和 $\overline{A}BC$。

（3）最小项性质

现以三变量为例，说明最小项的性质，三变量 A、B、C 构成的全部最小项的真值表见表 1.19。

表 1.19　　　　　　　　　　　　　　三变量全部最小项真值表

A B C	m_0 $\overline{A}\overline{B}\overline{C}$	m_1 $\overline{A}\overline{B}C$	m_2 $\overline{A}B\overline{C}$	m_3 $\overline{A}BC$	m_4 $A\overline{B}\overline{C}$	m_5 $A\overline{B}C$	m_6 $AB\overline{C}$	m_7 ABC
0 0 0	1	0	0	0	0	0	0	0
0 0 1	0	1	0	0	0	0	0	0
0 1 0	0	0	1	0	0	0	0	0
0 1 1	0	0	0	1	0	0	0	0
1 0 0	0	0	0	0	1	0	0	0
1 0 1	0	0	0	0	0	1	0	0
1 1 0	0	0	0	0	0	0	1	0
1 1 1	0	0	0	0	0	0	0	1

由表 1.19 最小项真值表可以看出最小项具有以下的主要性质。

① 每个最小项只有对应的一组变量取值能使其值为 1。例如，最小项 $\overline{A}B\overline{C}$（$m_2$）只和 "010" 这组取值对应，即只有当 $\overline{A}B\overline{C}$ 取值为 010 时，最小项 $\overline{A}B\overline{C}$ 才为 1。变量取其他各组值时，最小项 $\overline{A}B\overline{C}$ 的值皆为 0。正因为这种 "与" 函数真值表中 1 的个数最少，所以 "最小项" 由此得名。

② n 个变量的全体最小项之和恒为 1，即

$$\sum_{i=0}^{2^n-1} m_i = 1$$

从表 1.19 中看出，变量的每组取值总有一个相应的最小项为 1，所以全部最小项之和必为 1。

③ n 个变量的任意两个不同的最小项之积恒为 0，即

$$\prod_{i=0}^{2^n-1} M_i = 0$$

从表 1.21 中看出，变量的每组取值总有一个相应的最大项为 0，所以全部最大项之积必为 0。

③ n 个变量的任意两个不同的最大项之和恒为 1，即

$$M_i + M_j = 1 \quad (i \neq j)$$

这是因为变量的每组取值，对于任何两个不同的最大项不能同时为 0。

④ 相邻的两个最大项之积可以合并成一项（等于相同因子之和），并消去一个因子。
例如：

$$(A+B+C)(A+B+\overline{C}) = A + B$$

如果一个逻辑函数式是和之积形式（或与式），而且其中每个和项（或项）都是最大项，则称该函数式为最大项之积的形式（也称标准的和之积形式，或称标准的或与式）。
例如：

$$F(A,B,C) = (A+B+C)(A+\overline{B}+C)(\overline{A}+B+C)$$

就是一个最大项之积的形式。

为简明起见，上式还可写作：

$$F(A,B,C) = M_0 \cdot M_2 \cdot M_4$$
$$= \prod M(0,2,4)$$
$$= \prod(0,2,4)$$

任何一种逻辑函数式也都可以展开为最大项之积的形式，而且是唯一的。

【例 1.9】 试将 $F(A,B,C) = (\overline{A}+C)(B+\overline{C})$ 展开为最大项之积的形式。

解：

$$F(A,B,C) = (\overline{A}+C)(B+\overline{C})$$
$$= (\overline{A}+B\overline{B}+C)(A\overline{A}+B+\overline{C})$$
$$= (\overline{A}+B+C)(\overline{A}+\overline{B}+C)(A+B+\overline{C})(\overline{A}+B+\overline{C}) \quad (利用分配律)$$
$$= M_4 \cdot M_6 \cdot M_1 \cdot M_5$$
$$= \prod M(1,4,5,6)$$

3. 最小项之和的形式与最大项之积的形式的关系

由表 1.18 最小项编号表和表 1.20 最大项编号表可以发现，在相同变量取值的情况下，编号下标相同的最小项和最大项互为反函数，即：

$$m_i = \overline{M_i}$$
$$M_i = \overline{m_i} \quad (1.14)$$

例如：

$$m_0 = \overline{A}\,\overline{B}\,\overline{C} = \overline{A+B+C} = \overline{M_0}$$

$$M_0 = A+B+C = \overline{\overline{A}\,\overline{B}\,\overline{C}} = \overline{m_0}$$

由最小项性质可知：

$$\sum_{i=0}^{2^n-1} m_i = 1$$

而 $\qquad\qquad$ $F(A_1, A_2, \ldots, A_n) + \overline{F}(A_1, A_2, \ldots, A_n) = 1$

故 $\qquad\qquad$ $F(A_1, A_2, \ldots, A_n) + \overline{F}(A_1, A_2, \ldots, A_n) = \sum_{i=0}^{2^n-1} m_i$

以三变量函数为例，最多有 $2^3 = 8$ 个最小项：m_0，m_1，$\ldots$，m_7。

若知 $\qquad\qquad$ $F(A,B,C) = m_1 + m_3 + m_4 + m_6 + m_7$

则得 $\qquad\qquad$ $\overline{F}(A,B,C) = m_0 + m_2 + m_5$

故 $\qquad\qquad$ $F(A,B,C) = \overline{m_0 + m_2 + m_5}$

$\qquad\qquad\qquad\qquad = \overline{m_0} \cdot \overline{m_2} \cdot \overline{m_5}$

$\qquad\qquad\qquad\qquad = M_0 \cdot M_2 \cdot M_5$

对于任意变量的逻辑函数式都存在上式类似的关系。由此可以得出结论，若已知函数的最小项之和的形式，则可直接写出该函数的最大项之积的形式。这些最大项的编号就是在 0，1，$\ldots$，(2^n-1) 这 2^n 个编号中，原式各最小项编号之外的编号。反之，若已知函数的最大项之积的形式，也可直接写出该函数的最小项之和的形式。这些最小项的编号，也就是最大项编号之外的编号。

【例 1.10】 试将 $F(A,B,C) = AB\overline{C}+BC$ 化为最大项之积的形式。

解：

$$F(A,B,C) = AB\overline{C}+BC$$
$$= AB\overline{C}+(A+\overline{A})BC$$
$$= AB\overline{C}+ABC+\overline{A}BC$$
$$= m_6 + m_7 + m_3$$
$$= M_0 \cdot M_1 \cdot M_2 \cdot M_4 \cdot M_5$$
$$= (A+B+C)(A+B+\overline{C})(A+\overline{B}+C)(\overline{A}+B+C)(\overline{A}+B+\overline{C})$$

4. 真值表与逻辑函数式

前面曾经提出，真值表和逻辑函数式都是表示逻辑函数的方法。下面介绍这两种表示方法之间的内在联系以及它们之间的相互转换。

由前述最小项性质知，最小项只和变量的一组取值对应，意即只有这组变量的取值才能使该最小项为 1。设 a_1，a_2，$\ldots$，a_n 是变量 A_1，A_2，$\ldots A_n$ 的一组取值，逻辑函数 $F(A_1, A_2, \ldots, A_n)$ 是一个最小项之和的形式，m_i 是该函数的一个最小项，则使 $m_i = 1$ 的一组变量取值 a_1，a_2，$\ldots$，a_n，必定有 $F(a_1, a_2, \ldots, a_n) = m_i + 0 = 1 + 0$。反之，如果变量的一组取值 a_1，a_2，$\ldots$，a_n 使函数 $F(a_1, a_2, \ldots, a_n) = 1$，则和 a_1，a_2，$\ldots$，a_n 的对应项 m_i 必定是 F 的一个最小项。由此可以比较方便地实现逻辑函数式与真值表之间的相互转换。

（1）由逻辑函数式列出真值表

【例 1.11】 已知逻辑函数式 $F = A\overline{B} + \overline{A}B$，试列出其真值表。

解：原式是二变量函数，而且是最小项之和的形式。使最小项 $\overline{A}B$ 和 $A\overline{B}$ 的值为 1 的变量取值分别为 01 和 10，即是说，当 AB = 01 和 10 时，有 F = 1，而当 AB 取其他各组值时，F = 0，故可列出真值表见表 1.22。

表 1.22　　　　　　　　　　　　　　　例 1.11 真值表

A	B	F
0	0	0
0	1	1
1	0	1
1	1	0

【例 1.12】　试列出逻辑函数式 F = AB + BC 的真值表。

解：这是一个三变量函数，而且是一个非标准与或式。如果将它展开成标准的与或式，即最小项之和的形式，固然可以很方便地列出真值表，但毕竟繁琐。由原式知，只要 AB = 1 或 BC = 1，就有 F = 1。要使 AB = 1，只要 A、B 同时为 1（不管 C 如何）即可。而要使 BC = 1，只要 B、C 同时为 1（不管 A 如何）即可。因此在真值表中，只要找出 A、B 取值同时为 1 的行，以及 B、C 取值同时为 1 的行，并将对应的 F 填 1，除此以外，F 填 0 即可。最后所得真值表见表 1.23。

表 1.23　　　　　　　　　　　　　　　例 1.12 真值表

A	B	C	F
0	0	0	0
0	0	1	0
0	1	0	0
0	1	1	1
1	0	0	0
1	0	1	0
1	1	0	1
1	1	1	1

（2）由真值表写出逻辑函数式

【例 1.13】　已知逻辑函数 F 的真值表见表 1.24，试写出其逻辑函数式。

表 1.24　　　　　　　　　　　　　　　例 1.13 真值表

A	B	C	F
0	0	0	0
0	0	1	0
0	1	0	1
0	1	1	0
1	0	0	1
1	0	1	0
1	1	0	1
1	1	1	1

解：先从真值表找出 F = 1 各行变量取值，它们是：

$$010, \quad 100, \quad 110, \quad 111$$

将这些变量取值中的 1 写成原变量，0 写成反变量，则得对应的最小项为：

$$\overline{A}B\overline{C}, \quad A\overline{B}\overline{C}, \quad AB\overline{C}, \quad ABC$$

再将这些最小项相加，即得所求函数 F 的最小项之和形式为：

$$F = \overline{A}B\overline{C} + A\overline{B}\overline{C} + AB\overline{C} + ABC$$

从以上举例可以看出，对于一个逻辑函数的与或式和真值表的关系，可以通过函数的最小项之和的形式来联系。最小项之和的形式中各个最小项与真值表中 F=1 的各行变量取值一一对应。具体说，将真值表中 F=1 的变量取值 0 代以反变量，变量取值 1 代以原变量，便得到最小项之和形式中的各个最小项。

类似地，对于一个逻辑函数的或与式和真值表的关系，可以通过函数的最大项之积的形式来联系。最大项之积的形式中各个最大项将与真值表中 F=0 的各行变量取值一一对应，其对应关系正好与上述相反，即 0 对应原变量，1 对应反变量。这里就不再一一举例了。

最后需要指出，对同一个逻辑函数的真值表，既可以用最小项之和的形式来表示，也可以用最大项之积的形式来表示。它们描述的逻辑功能是相同的，可以根据不同的情况来选择这两种表示形式。一般地说，当真值表中 F=1 的行数少时，可选用最小项之和的形式，F=0 的行数少时，可选用最大项之积的形式。因为这意味着所得逻辑函数式简单，从而可能使相应的逻辑电路简单。

1.3.5　逻辑函数的等价转换

同一个逻辑函数，可以用不同类型的表达式表示，"与或"表达式是最基本的，其他类型的表达式与之等价，可以相互转换。例如：

$$
\begin{aligned}
F(A,B,C) &= A\bar{B}+\bar{A}C &\quad &\text{与或式}\\
&= (A+C)(\bar{A}+\bar{B}) &\quad &\text{或与式}\\
&= \overline{\overline{A\bar{B}}\cdot\overline{\bar{A}C}} &\quad &\text{与非与非式}\\
&= \overline{\overline{A+C}+\overline{\bar{A}+\bar{B}}} &\quad &\text{或非或非式}\\
&= \overline{\overline{AB}+\overline{\bar{A}C}} &\quad &\text{与或非式}
\end{aligned}
$$

接下来以上式为例，说明等价函数的转换。

1. 或与式

由与或式运用两次求对偶或两次求反可得或与式。

（1）两次求对偶

例如，对与或式 $F=A\bar{B}+\bar{A}C$，求其对偶式 F' 的与或式为：

$$F'=(A+\bar{B})(\bar{A}+C)=AC+\bar{A}\bar{B}+\bar{B}C=AC+\bar{A}\bar{B}$$

F' 的对偶式是：$F=(F')'=(A+C)(\bar{A}+\bar{B})$

（2）两次求反

例如，对与或式 $F=A\bar{B}+\bar{A}C$，求其反函数 $\bar{F}$ 为：

$$\bar{F}=\overline{A\bar{B}+\bar{A}C}=\overline{A\bar{B}}\,\overline{\bar{A}C}=(\bar{A}+B)(A+\bar{C})=AB+\bar{A}\bar{C}+B\bar{C}=AB+\bar{A}\bar{C}$$

$$F=\overline{\bar{F}}=\overline{AB+\bar{A}\bar{C}}=\overline{AB}\,\overline{\bar{A}\bar{C}}=(\bar{A}+\bar{B})(A+C)$$

2. 与非与非式

由与或式经过两次求反，即可得到与非与非式。

例如，$F=A\bar{B}+\bar{A}C$，对其两次求反函数为：

$$F=\overline{\bar{F}}=\overline{\overline{A\bar{B}+\bar{A}C}}=\overline{\overline{A\bar{B}}\,\overline{\bar{A}C}}$$

3. 或非或非式

由或与式经过两次求反，即可得到或非或非式。

例如：

$$F=A\overline{B}+\overline{A}C=(\overline{A}+\overline{B})(A+C)=\overline{\overline{(\overline{A}+\overline{B})(A+C)}}=\overline{\overline{\overline{A}+\overline{B}}+\overline{A+C}}$$

4. 与或非式

先求出 F 的反函数 $\overline{F}$ 的与或式，然后再写成 F 的与或非式。

例如，对于 $F=A\overline{B}+\overline{A}C$：

$$\overline{F}=\overline{A\overline{B}+\overline{A}C}=\overline{A\overline{B}}\cdot\overline{\overline{A}C}=(\overline{A}+B)(A+\overline{C})=AB+\overline{A}\overline{C}+B\overline{C}=AB+\overline{A}\overline{C}$$

则可知：$F=\overline{AB+\overline{A}\overline{C}}$

1.4　小　　结

作为导论，本章介绍了硬件技术的发展概述，介绍了当代硬件设计的核心在于芯片设计，描述了设计过程，介绍了基于二进制的各种编码；作为逻辑设计的基础，从开关电路出发，介绍了基本逻辑运算和复合逻辑运算，这些都是逻辑设计的基础，介绍了布尔代数的基本定律和规则，以及逻辑函数的标准形式，展示了电路设计可以使用逻辑门来实现，也可以用布尔代数来描述，因为实际逻辑电路经常是大规模的。在下一章中，将简单介绍构建逻辑电路的电子技术。这些材料将帮助读者理解逻辑电路设计师所必须面对的电路实际问题。

习　　题

1. 完成下列数的不同数制间转换。

（1）$(46.125)_{10}=($ 　　$)_2=($ 　　$)_8=($ 　　$)_{16}=($ 　　$)_{5421\,码}$

（2）$(13.A)_{16}=($ 　　$)_2=($ 　　$)_{10}=($ 　　$)_{余3\,码}$

（3）$(10011.1)_2=($ 　　$)_8=($ 　　$)_{10}=($ 　　$)_{8421\,码}$

2. 将下列 3 位 BCD 码转换为十进制数。

（1）$(101100110110)_{余3\,码}=($ 　　$)_{10}$

（2）$(10010011)_{8421\,码}=($ 　　$)_{10}$

（3）$(10010011)_{5421\,码}=($ 　　$)_{10}$

3. 写出下列数的 8 位二进制数的原码、反码、补码。

（1）$(-35)_{10}$ 　　　　　　　（2）$(+35)_{10}$ 　　　　　　　（3）$(-110101)_2$

（4）$(+110101)_2$ 　　　　　　（5）$(-17)_8$

4. 设十进制数 $x=(+124.625)\times2^{-10}$，写出 x 对应的二进制定点小数表示形式。

若机器的浮点数表示格式为：

20	19	18	15	14	0
数符	阶符	阶码	尾	数	

其中阶码和尾数的基数均为 2。

（1）写出阶码和尾数均采用原码表示时的机器数形式。

（2）写出阶码和尾数均采用补码表示时的机器数形式。

5. 写出下列十六进制的 IEEE 单精度浮点数代码所代表的十进制数值。

（1）$(42E48000)_H$ （2）$(3F880000)_H$

6. 将下列二进制码转换为格雷码。

（1）011101   （2）1000110

7. 分别求下列函数的对偶函数 F′ 和反函数 $\overline{F}$。

（1）$F=AB+\overline{CD}$

（2）$F=(A+\overline{B})\ \overline{C}+\overline{D}$

（3）$F=A\ \overline{B+\overline{C}}+\overline{AD}$

（4）$F=AB+(\overline{A}+C)(C+\overline{D}E)$

8. 将下列函数展成最小项之和 $\sum m(\ )$、最大项之积 $\prod M(\ )$ 的标准形式。

（1）$Y=\overline{A}\cdot B+B\cdot\overline{C}$

（2）$Y=B+\overline{A}C$

（3）$F=\overline{(A\overline{B}+C)\cdot\overline{BC}}$

9. 求下列函数化为与非与非式（允许使用反变量）。

（1）$F=AB+\overline{A}\ \overline{B}$

（2）$F=A\overline{B}C+B\overline{C}$

（3）$F=\overline{A}\overline{B}C+B\overline{C}+AC$

10. 将下列逻辑函数化为或非或非式（允许使用反变量）。

（1）$F(A,B,C)=(A+C)(\overline{A}+B+\overline{C})(\overline{A}+\overline{B}+C)$

（2）$F(A,B,C)=\overline{A}BC+\overline{A}B\overline{C}+A\overline{B}C+ABC$

（3）$F(A,B,C,D)=\sum m(0,2,3,8,9,10,11,13)$

11. 将下列逻辑函数式化为与或非形式。

（1）$F=A\overline{B}+\overline{A}\ B$ （2）$F=\sum m(1,2,4,6,9,11,12,14)$

第2章
逻辑电路元器件

　　逻辑电路可以用晶体管实现，本章将探讨逻辑电路器件实现的技术问题，是构建逻辑函数的物理基础。

　　在二进制中，取值只允许为 1 和 0。在电路中，这些信号既可以用电路中的电平表示，也可以用电流的强度表示。本书采用最简单和最流行的表示方法，即用电平来表示逻辑变量的值。用电平表示逻辑值的最直接的方法是定义阈值，以阈值区分高低电平，从而区分逻辑 1 和逻辑 0。

　　为了实现阈值的概念，定义了高电平和低电平的范围如图 2.1 所示。图 2.1 中，最低的电位叫做 V_{SS}，最高的电位叫做 V_{DD}，它们是电路中实际存在的电压。

进一步假设 V_{SS} 是 0V，即电路中的地，记作 Gnd，而 V_{DD} 代表电源电压。电源电压 V_{DD} 的值通常在 5 V 和 1.5V 之间，本章使用 V_{DD} = 5 V。如图 2.1 所示，电平值在 Gnd 和 $V_{0,max}$ 之间时表示低电平，符号 $V_{0,max}$ 低电平中的最高电平，小于它的电平被视作 "低"。与此相似，在 $V_{1,min}$ 和 V_{DD} 之间的电平值为高电平，符号 $V_{1,min}$ 高电平的最低电平，即高于它的电平被视作 "高"。$V_{0,max}$ 和 $V_{1,min}$ 的精确值取决于所采用的技术，其典型值是：$V_{0,max}$ 是 V_{DD} 的 40%，而 $V_{1,min}$ 是 V_{DD} 的 60%。电平值在 $V_{0,max}$ 和 $V_{1,min}$ 之间的逻辑值没有定义，逻辑电路中的信号一般不处在这个电平范围，只有在信号由一个状态向另一个状态转换时才经过这个范围。

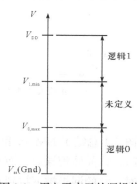

图 2.1　用电平表示的逻辑值

2.1　晶体管开关原理

　　可以把晶体管看作一个简单的开关。如图 2.2（a）所示，当信号 x 的值为低时开关断开，当 x 的值为高时开关接通。常见的二极管即可实现上述功能。目前最流行的用于实现简单开关的晶体管是金属氧化物场效应晶体管（MOS）。MOS 有两种类型：N 沟道晶体管（NMOS）和 P 沟道晶体管（PMOS）。

　　图 2.2（b）所示为 NMOS 晶体管的图形符号，它有 4 个接线端，分别称为：源、漏、栅和衬底。在逻辑电路中，衬底端和地相连。图 2.2（c）显示了 NMOS 晶体管的简化图形符号，它把衬底端省略了。源极和漏极在物理上没有什么区别，通常根据加在晶体管上的电平来区分源极和漏

极，电平较低的一端被认为是源极。

图 2.2　把 NMOS 晶体管用做开关

晶体管的状态由栅极电压 V_G 控制。如果 V_G 是低电平，则 NMOS 晶体管的源极和漏极之间没有连接，称该晶体管处于断开状态；如果 V_G 是高电平，则 NMOS 晶体管的源极和漏极相互连接，相当于一个接通的开关。后续章节中将介绍如何计算晶体管导通时源极与漏极之间的电阻，现在先假设该电阻值为 0。

PMOS 晶体管的行为特性和 NMOS 晶体管的行为特性相反。PMOS 晶体管可被用来实现图 2.3（a）所示的开关，当控制信号 x 低电平时开关导通，当 x 是高电平时开关断开。PMOS 晶体管的图形符号如图 2.3（b）所示。在逻辑电路中，PMOS 的衬底永远与 V_{DD} 相连，由此导出如图 2.3（c）所示的简化符号。当 V_G 是高电平时，PMOS 晶体管不导通，相当于一个断开的开关；当 V_G 是低电平时，晶体管导通，相当于一个接通的开关，把源极和漏极连接起来。在 PMOS 晶体管中，源极是电平较高的节点。

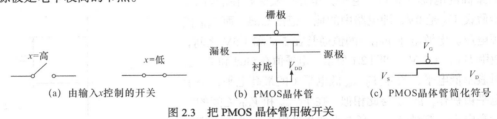

图 2.3　把 PMOS 晶体管用做开关

图 2.4 总结了 NMOS 和 PMOS 晶体管在逻辑电路中的典型用法。当 NMOS 晶体管的栅极高电平时，该晶体管导通；而当 PMOS 晶体管的栅极低电平时，该晶体管导通。当 NMOS 晶体管导通时，它的漏极被下拉到 Gnd；当 PMOS 晶体管导通时，它的漏极被上拉到 V_{DD}。由于晶体管的工作原理，NMOS 不能把晶体管的漏极电平完全上拉到 V_{DD}。与此相似，PMOS 晶体管的漏极电平也不能完全下拉到 Gnd。

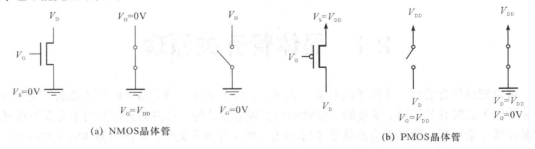

图 2.4　逻辑电路中的 NMOS 和 PMOS 晶体管

图 2.5 说明了 NMOS 晶体管的结构。在硅衬底上制造出一些区域，负电荷区域叫 n 型，正电荷区域叫 p 型。该晶体管的源极和漏极都用 n 型硅材料，而基片衬底用 p 型硅材料。金属线用于

实现与源极和漏极的电气连接。

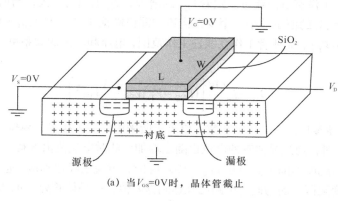

(a) 当 $V_{GS}=0$ V时，晶体管截止

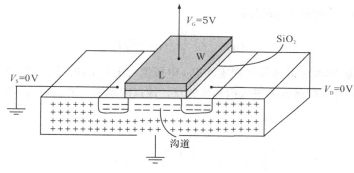

(b) 当 $V_{GS}=5$ V时，晶体管导通

图 2.5　NMOS 晶体管的物理结构

　　一开始，MOS 的栅极是用金属制造的，现在则用多晶硅制造。多晶硅和金属一样是一种导体，但多晶硅之所以比金属好，是因为在 MOS 的制造过程中，它所占用的面积极小，且制造性能优良。栅极在电气上通过一层二氧化硅（SiO_2）与晶体管的其他部分绝缘，晶体管的运行状态受到施加到晶体管各极的电压所形成电场的控制。

　　如图 2.5 所示，加在晶体管源极、栅极和漏极上的电压分别标记为：V_S、V_G 和 V_D。考虑如图 2.5（a）所示的第一种情况，源极和栅极全都连接到地，即 $V_S = V_G = 0$ V。n 型的源极和 n 型的栅极互相之间由 p 型衬底隔开。衬底和源极之间的结与衬底和漏极之间的 p-n 结背靠背形成了非常高的电阻（约 10^{12} 欧姆），阻止了电流的流动。这种情况称作晶体管处于断开或截止状态。

　　令 V_{GS} 表示栅极和源极之间的电压。若 V_{GS} 大于某个阈值电压 V_T（大约是 V_{DD}0.2 倍正电压），则晶体管就从截止（断开的开关）转变成导通（闭合的开关）。

　　图 2.5（b）展示了当 $V_{GS} > V_T$ 情况下的晶体管状态。栅极连接到 V_{DD}，使得 $V_{GS} = 5$V。栅极上的正电压吸引存在于（n 型）源极以及晶体管其他区域中的自由电子趋向于栅极。这些电子不能穿越栅极下的绝缘层，因而在衬底上位于源极和漏极之间的区域聚集起来，该区域被称作沟道。由于电子聚集在沟道区，使该区域由 p 型转变为 n 型，从而将源极和漏极有效地连接起来。沟道的尺寸由栅极的长度和宽度决定。沟道的长度 L 是位于源极和漏极之间的栅极的长度，沟道的宽度 W 则是栅极的宽度。

　　因为玻璃层将栅极和衬底绝缘，没有电流能流过晶体管的栅极。电流 I_D 可以从漏极流到源极。

对于一个固定的 V_{GS} 电压值，$V_{GS} > V_T$，电流 I_D 的值取决于沟道两侧，即漏-源之间所施加的电压 V_{DS}。若 $V_{DS} = 0V$，则没有电流流过。随着 V_{DS} 的增大，I_D 也随之增大，与所施加的电压 V_{DS} 大致成线性关系，只要 V_D 的值足够小，至少在沟道的漏极端提供 V_T，即 $V_{GD} > V_T$。在这个电压范围里：$0 < V_{DS} < (V_{GS} - V_T)$，晶体管工作在线性工作范围，电压和电流的关系可近似地用等式（2.1）表示。

$$I_D = k_n' \frac{W}{L}\left[(V_{GS} - V_T)V_{DS} - \frac{1}{2}V_{DS}{}^2\right] \tag{2.1}$$

符号 k_n' 叫做过程跨导参数，它是一个常数，取决于所采用的工艺技术，单位为 A/V^2。

随着 V_D 的增大时，通过晶体管的电流也随之增加，此时电流值由方程（2.1）给定，但电流增加到一定值后，情况就不同了。当在 $V_{DS} = V_{DS} - V_T$ 时，电流已经达到最大值。对于更大的 V_{DS}，晶体管不再工作在变阻区。因为此时电路已经达到饱和值，称晶体管处在饱和区。此时，电流与电压 V_{DS} 无关，I_D 由下面的表达式给定。

$$I_D = \frac{1}{2}k_n' \frac{W}{L}(V_{GS} - V_T)^2 \tag{2.2}$$

图 2.6 所示的是 NMOS 晶体管在固定的 V_{GS} 电压值大于 V_T 的情况下，电流和电压的关系。图 2.6 指出了晶体管离开变阻区开始进入饱和区的点，该点出现在：$V_{DS} = V_{GS} - V_T$。

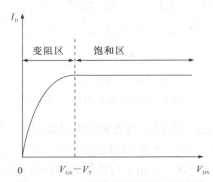

图 2.6　NMOS 晶体管的电流电压关系

假设 $k_n' = 60\mu A/V^2$，$W/L = 2.0\mu m / 0.5\mu m$，$V_S = 0V$，$V_G = 5V$，$V_T = 1V$。若 $V_D = 2.5V$，则由式（2.1）计算出晶体管电流 $I_D \approx 1.7mA$；若 $V_D = 5V$，由式（2.2）计算出晶体管饱和电流 $I_D \approx 2mA$。

PMOS 晶体管的物理结构和 NMOS 晶体管的相似，区别在于 NMOS 晶体管中的 n 区对应于 PMOS 晶体管的 p 区，NMOS 晶体管中的 p 区对应于 PMOS 晶体管的 n 区。因此，PMOS 晶体管与 NMOS 晶体管的行为相同，区别在于电压和电流的方向都正好相反。PMOS 晶体管源极电平较高，而漏极较低（NMOS 晶体管源极电平较低，而漏极较高），使 PMOS 晶体管导通的阈值电压是一个负值。若想使 PMOS 晶体管截止，图 2.5（a）上源极和栅极都应该接到 V_{DD}。若想使 PMOS 晶体管导通，就要把图 2.5（b）栅极接地，使 $V_{GS} = -5V$。

因为沟道采用了 p 型硅，而不是 n 型硅，所以 PMOS 晶体管中导电的物理机制和 NMOS 晶体管不同。关于这个问题的详细讨论已超出本书的范围，但这里必须指出由此而引起的问题。式（2.1）和式（2.2）都用到参数 k_n'，PMOS 晶体管中的对应参数是 k_p'，电流流过 n 型硅比流过 p 型硅容易，因此在一般工艺技术下 $k_p' \approx 0.4 \times k_n'$。若想使 PMOS 晶体管的导电能力与 NMOS 晶体管的相同，则必须使 PMOS 晶体管的 W/L 增大到 NMOS 晶体管的 2～3 倍。在实现逻辑门时，通常要考虑 NMOS 和 PMOS 晶体管的大小因素。

2.2　NMOS 逻辑门

用金属氧化物场效应晶体管构造逻辑门电路的方法开始流行于 20 世纪 70 年代。设计者要么使用 PMOS 晶体管，要么使用 NMOS 晶体管。首先介绍用 NMOS 晶体管组成的逻辑电路，这种电路被称为 NMOS 电路。

在图 2.7（a）所示的电路中，当 $V_x = 0$ V 时，NMOS 晶体管断开，没有电流流过电阻 R，于是 $V_f = 5$ V。当 $V_x = 5$ V 时，NMOS 晶体管导通，节点 V_f 被下拉到低电平，电平 V_f 的精确值取决于流过电阻 R 和晶体管的电流，其典型值是 0.2 V 左右。如果把 V_f 看作 V_x 的函数，则该电路可看作非门的 NMOS 实现，对应的布尔表达式为：$f = \bar{x}$。图 2.7（b）是图 2.7（a）电路图的简化形式。箭头上边标的 V_{DD} 表示连接到电源正极，符号 Gnd 表示连接到电源的负极。本章后面的部分将采用这种简化形式的电路图。

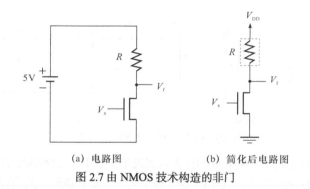

(a) 电路图　　　　　(b) 简化后电路图

图 2.7 由 NMOS 技术构造的非门

非门中电阻 R 的作用是：当 $V_x = 5$V 时，用来限制流过晶体管的电流。用晶体管代替电阻 R 也可达到同样的目的。在图 2.7（b）中，电阻 R 的外面加一个虚线框，表示这个电阻 R 是用晶体管实现的。

在第 1 章中看到，串联的开关对应与门的逻辑功能，并联的开关对应或门的逻辑功能。图 2.8（a）显示了两个 NMOS 晶体管串联形成的电路，当 $V_{x1} = V_{x2} = 5$V 时，两个晶体管都导通，V_f 将接近 0V。但是如果 V_{x1} 或 V_{x2} 是 0V 时，则不会有电流流过串联的晶体管，V_f 的电平将上拉至 5V。该电路的逻辑关系真值表形式如图 2.8（b）所示。实现了与非门的逻辑功能。

x_1	x_2	f
0	0	1
0	1	1
1	0	1
1	1	0

（a）电路图　　　　　　　　　　（b）真值表

图 2.8　由 NMOS 技术构造的与非门

图 2.9（a）展示了由两个 NMOS 晶体管并联形成的电路。在这个电路中，如果 $V_{x_1} = 5V$ 或 $V_{x_2} = 5V$，V_f 的电平将接近 0V；仅当 $V_{x_1} = V_{x_2} = 0V$ 时，V_f 的电平被上拉至 5V。该电路对应的真值表形式如图 2.9（b）所示。其实现的功能是或非门的逻辑功能。

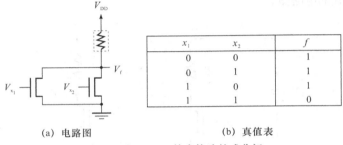

x_1	x_2	f
0	0	1
0	1	1
1	0	1
1	1	0

（a）电路图　　　　　　　　　　（b）真值表

图 2.9　由 NMOS 技术构造的或非门

除了与非门和或非门外，用 NMOS 同样可以实现第 1 章中广泛使用的与门和或门。图 2.10（a）表明与非门的后面连接一个反相器（非门）就实现了与门。就其逻辑关系而言，节点 A 实现输入 x_1 和 x_2 的与非功能，而 f 则代表 x_1 和 x_2 相与（AND）的功能。同样，在或非门后面连接反相器就实现了或门的逻辑功能，如图 2.10（b）所示。

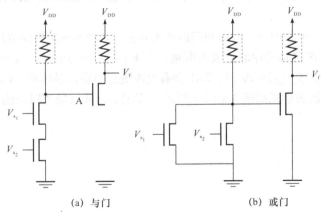

（a）与门　　　　　　　　　　（b）或门

图 2.10　由 NMOS 技术实现的与门和或门

综上，在 NMOS 电路中，逻辑功能是依靠 NMOS 晶体管和一个上拉元器件（如电阻）实现的。电路中包含 NMOS 晶体管的部分称为下拉网络（Pull-down network，PDN）。这样，图 2.7 到图 2.10 所示电路结构都可以用图 2.11 的方框图来表示。

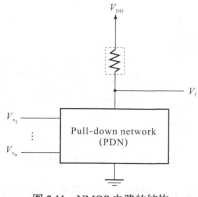

图 2.11　NMOS 电路的结构

2.3　CMOS 逻辑门

从 20 世纪 80 年代开始，PMOS 和 NMOS 晶体管被组合起来使用。这种把 NMOS 和 PMOS 晶体管组合起来构成的逻辑电路，就是当前流行的互补 MOS 或 CMOS 技术。

CMOS 电路的基本概念是：将上拉元器件用上拉网络（Pull-up network，PUN）代替，用 PMOS 晶体管实现上拉网络 PUN。逻辑电路的功能由 PDN 和 PUN 互补共同实现。这种逻辑电路，如典型逻辑门的结构，如图 2.12 所示。

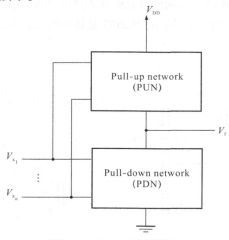

图 2.12　CMOS 电路的结构

对于输入信号的任一给定值，输出节点 V_f 或者被 PDN 下拉至 Gnd，或者被 PUN 上拉到 V_{DD}。PDN 和 PUN 晶体管数目相同，而且两个网络是成对安排的。如果 PDN 中 NMOS 的晶体管是串行连接的，则 PUN 中 PMOS 的晶体管是并行连接，反之亦然。

CMOS 电路的最简单例子是非门 NOT，如图 2.13 所示。当 $V_{x}=0V$，晶体管 T_2 断开，而晶体

管 T_1 导通，于是 V_f = 5V。由于晶体管 T_2 断开，晶体管中没有电流流过。当 V_x = 5V，晶体管 T_1 断开，而晶体管 T_2 导通，于是 V_f = 0V。由于晶体管 T_1 断开，晶体管中没有电流流过。

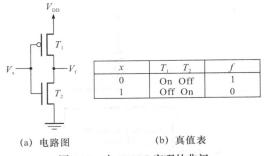

x	T_1	T_2	f
0	On	Off	1
1	Off	On	0

（a）电路图 （b）真值表

图 2.13　由 CMOS 实现的非门

CMOS 非门最关键的优点是，无论输入电平是低，还是高，电路中都没有电流流过，因而 CMOS 电路在静态下没有功率消耗。这一特性使得 CMOS 成为当前最流行的实现逻辑电路的技术。

图 2.14（a）提供了一个用 CMOS 工艺实现的与非门电路图。它和图 2.8 所示的用 NMOS 工艺实现的与非门电路类似，只是把上拉电阻换成了由两个 PMOS 晶体管并联而成的上拉网络（PUN）。与非表达式 $f = \overline{x_1 x_2}$，根据德摩根定律，$f = \overline{x_1 x_2} = \overline{x_1} + \overline{x_2}$ 即，只要 x_1 或 x_2 中有一个值为 0，输出 f = 1。也就是说，上拉网络（PUN）必须由两个 PMOS 晶体管并联而成。上拉网络（PDN）实现的逻辑应当是 f 的非，即 $\overline{f} = x_1 x_2$。只有当 x_1 和 x_2 的值同时为 1 时，才能使 $\overline{f}$ = 1，因而下拉网络必须由两个串联的 NMOS 晶体管组成。

同理，CMOS 或非门电路可由以下定义或非的逻辑表达式导出：$f = \overline{x_1 + x_2} = \overline{x_1}\overline{x_2}$，只有当 $x_1 = x_2 = 0$ 时，才有输出 f = 1，所以上拉网络（PUN）由两个 PMOS 晶体管串联而成。实现 $\overline{f} = x_1 + x_2$ 逻辑功能的下拉网络（PDN）由两个并联的 NMOS 晶体管组成，由此而导出的电路如图 2.14（b）所示。

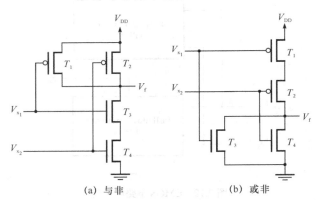

（a）与非　　　　　（b）或非

图 2.14　由 CMOS 实现的与非门和或非门

CMOS 与门由与非门连接一个反向器组成，如图 2.15 所示。同样，在或非门后连接一个反向器可以得到或门。

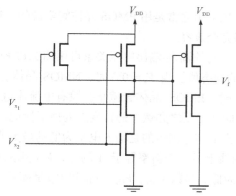

图 2.15　由 CMOS 实现的与门

2.4　晶体管逻辑电路的性质

逻辑电路的设计不仅要考虑晶体管的逻辑特性，还需要考虑器件本身的各种特性，如等效电阻、传输特性、动态性质等。

2.4.1　逻辑电路的等效电阻

把 MOS 晶体管作为理想开关，当开关断开时电阻为无穷大，而开关导通时电阻为 0。但是对于实际的晶体管而言，晶体管导通时沟道的电阻是 V_{DS}/I_D，叫做导通电阻。用公式（2.1）可以计算出晶体管的导通电阻。考虑一个 CMOS 反相器，其输入电压 V_x 为 5V，NMOS 晶体管导通，输出电压接近于 0V。因此，NMOS 晶体管的 V_{DS} 接近于 0V，如图 2.6 所示的曲线，晶体管工作于变阻区，接近于原点的位置。虽然 V_{DS} 的值非常之小，但并非精确的 0 值，一般约为 0.1mV，因此 I_D 也不正好为 0，I_D 的值可以由式（2.1）求得。因为 V_{DS} 的值非常小，所以可以忽略 V_{DS}^2，导通电阻可以近似地表示为：

$$R_{DS} = V_{DS}/I_D = 1/\left[k_n' \frac{W}{L} \left(V_{GS} - V_T \right) \right] \tag{2.3}$$

假设 $k_n' = 60\mu A/V^2$，$W/L = 2.0\mu m/0.5\mu m$，$V_{GS} = 5V$，$V_T = 1V$。此时可以得到 $R_{DS} \approx 1k\Omega$（欧姆）。

2.4.2　逻辑电路的传输特性

图 2.1 说明逻辑值可以由电平的范围来表示。基本反相器的操作可以用来表示逻辑的高、低电平的性质。通常用符号 V_{OH} 和 V_{OL} 分别表示逻辑电路的高、低电平。

如图 2.16（a）所示。当 $V_x = 0V$ 时，NMOS 晶体管截止，没有电流流过，因此 $V_f = 5V$。当 $V_x = V_{DD}$ 时，NMOS 晶体管导通。为了计算此时的 V_f 值，可以用一个电阻 R_{DS} 代替 NMOS 晶体管，如图 2.16（b）所示。由电阻分压原理得到：$V_f = V_{DD} \dfrac{R_{DS}}{R_{DS} + R}$，假设 $R = 25k\Omega$，$R_{DS} = 1k\Omega$，得到 $V_f = 0.2V$。如图 2.16（b）所示，在 $V_x = V_{DD}$ 的静态条件下，流过 NMOS 反相器的电流 I_{stat} 的值是 $I_{stat} = V_f/R_{DS} = 0.2V/1k\Omega = 0.2mA$。

因此，对于 NMOS 反相器，$V_{OH} = V_{DD}$，而 V_{OL} 大约是 0.2V。

现代 NMOS 电路中，上拉电阻通常是用 PMOS 晶体管实现的，这种电路被称为伪 NMOS 电路。这种电路和 CMOS 电路完全兼容。

对于 CMOS 反相器而言，它的输入-输出电压关系可用图 2.17 所示的传输特性来表示。该曲线给出了每个 V_x 值下的 V_f 的稳态值。当 $V_x = 0V$ 时，NMOS 晶体管截止，没有电流流过，因而 $V_f = V_{OH} = V_{DD}$；当 $V_x = V_{DD}$ 时，PMOS 晶体管截止，没有电流流过，此时 $V_f = V_{OL} = 0V$。如图 2.17 所示，在输出电平由高向低（反之亦然）的转变点处做了标记。电压 V_{IL} 点表示输出电平为高，且曲线在该点的斜率等于-1。V_{IL} 表示的是输入电平为低的最大值，此时，反相器的输出电平仍为高。与此类似，V_{IH} 是曲线上另一个斜率等于-1 的点，V_{IH} 表示的是输入电平为高的最小值，反相器在该处的输出电平仍为低。参数 V_{OH}、V_{OL}、V_{IL} 和 V_{IH} 是衡量逻辑电路健壮性的重要参数，下面将详细讨论。

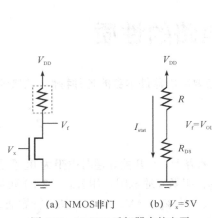

(a) NMOS非门　　(b) V_x=5V

图 2.16　NMOS 反相器中的电平

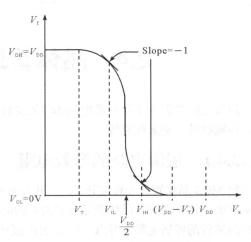

图 2.17　CMOS 反相器的传输特性

考虑如图 2.18 所示的两个反相器，令左边和右边的反相器分别记为 N_1 和 N_2。考虑 N_1 输出为低电平 V_{OL} 的场合，噪声的存在可能影响输出电平的实际值，但只要它保持小于 V_{IL}，

图 2.18　反相器驱动另外一个反相器（缓冲器）

N_2 就能解释输入信号，产生正确的输出。允许噪声在一定限度内的存在，而不影响电路正常工作的能力称作噪声容限。对于低电平输出的情况，低电平噪声容限定义为：

$$NM_L = V_{IL} - V_{OL}$$

同理，当 N_1 产生高电平输出 V_{OH} 时，电路中任何噪声的存在可影响该电路输出电平的实际值，但是只要输出电平保持大于 V_{IH}，N_2 就可以正确解释。高电平噪声容限定义为：

$$NM_H = V_{OH} - V_{IH}$$

2.4.3　逻辑电路的动态性质

晶体管由不同材料的许多层构成。只要在晶体管内部有两种材料相接或重叠在一起，就会形成电容。这种电容叫做寄生电容。图 2.18 中的节点 A 处存在着很多寄生电容，如图 2.19 所示，其中一部分由 N_1 引起，而另一部分由 N_2 引起。其中反相器 N_2 的输入端和地之间就存在寄生电容。

寄生电容的存在给逻辑电路的运行速度带来负面的影响。在图 2.19 所示的电路中，当 N_1 的

PMOS 晶体管导通时，电容被充电到 V_{DD}；当 NMOS 晶体管导通时，电容放电。由于这种充放电过程，电容两端的电压不能立即变化。

门电路的输出信号相对输入信号的延迟时间称为传输延迟时间，如图 2.20 所示，它反映了电路传输信号的速度。从输入波形上升沿中点到输出波形下降沿中点之间的延迟时间称为导通延迟时间，记作 t_{PHL}。从输入波形下降沿中点到输出波形上升中点之间的延迟时间称为截止延迟时间，记作 t_{PLH}。平均传输延迟时间 t_{pd} 为：

$$t_{pd} = \frac{1}{2}(t_{PHL} + t_{PLH})$$

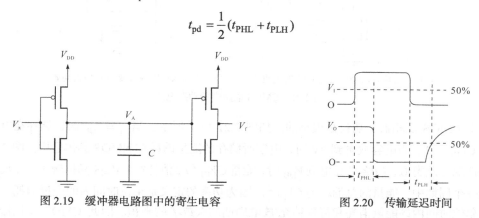

图 2.19　缓冲器电路图中的寄生电容　　　　图 2.20　传输延迟时间

在这两个过程中，延迟时间 t_{PHL} 和 t_{PLH} 的长短取决于流经相关晶体管的充/放电流 I_D 和电容 C 的大小。估算得：

$$t_{pd} = \frac{C\Delta V}{I_D} = \frac{CV_{DD}/2}{I_D}$$

带入式（2.1）、式（2.2）估算 I_D，可得：

$$t_p \cong \frac{1.7C}{k_n' \frac{W}{L} V_{DD}} \times k \tag{2.4}$$

2.4.4　逻辑电路的功耗性质

为了区分反相器处于稳态情况下的功耗和信号电平正发生变化时的功耗，习惯上把功耗分成两种类型：静态功耗和动态功耗，前者由稳态时的电流引起，后者由信号电平发生变化时的电流引起。NMOS 晶体管既有静态功耗，又有动态功耗，而 CMOS 晶体管只有动态功耗。

如图 2.16 所示的 NMOS 反相器，当 $V_x = 0V$，没有电流流过，因而功耗为 0。当 $V_x = 5V$，由于电流 I_{stat} 的存在，而产生功耗。在稳态情况下，功耗 $P_s = I_{stat}V_{DD}$。设 $I_{stat} = 0.2mA$，则功耗 $P_s = 0.2 \times 5 = 1.0mW$。若某芯片包含 1 万个反相器，则总功耗可高达 10W。由此可见，NMOS 类型的门只能用于某些特殊的场合。

如图 2.13（a）所示的 CMOS 反相器。当输入电平 V_x 是低电平时，没有电流，NMOS 晶体管截止；当输入电平 V_x 是高电平时，也没有电流，PMOS 晶体管截止。因此，在稳态情况下，CMOS 电路没有电流。只有信号由一个电平向另一个电平变化的一小段时间里，电路中才有电流流过。

图 2.21（a）描述了下述情况。假定 V_x 已经保持 0V 一段时间，因此 $V_f = 5V$。现在让 V_x 变到 5V，于是 NMOS 晶体管导通，将 V_f 下拉到 0V。由于节点 f 处寄生电容 C 的存在，电压 V_f 不会立即发生变化，并且电容 C 放电的一段时间内电流 I_D 流经 NMOS 晶体管。与此类似，当 V_x 从 5V 向

0V 变化时，如图 2.21（b）所示，电容 C 两端的电压初始值为 0V，然后逐渐向 5V 变化。由于 PMOS 晶体管的导通，对电容 C 充电期间，有电流从电源流经 PMOS 晶体管，直到 $V_f = 5V$ 为止。

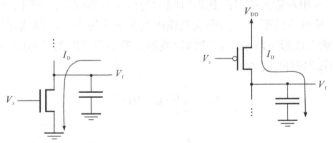

(a) 当输入 V_x 从 0V 改变到 5V 时的电流　　(b) 当输入 V_x 从 5V 改变到 0V 时的电流

图 2.21　CMOS 电路中的动态电流

单个 CMOS 反相器的功耗是很小的。如图 2.21（a）所示，当 $V_f = V_{DD}$ 时，储存在电容里的能量是 $CV_{DD}^2/2$；当电容放电到 0V 时，电容所储存的能量消耗在 NMOS 晶体管中。图 2.21（b）所示的情况与此类似，当给 C 充电到 V_{DD} 时，能量 $CV_{DD}^2/2$ 消耗在 PMOS 晶体管中。在反相器充放电的一个周期中，能量的总消耗为 CV_{DD}^2。因为功率的定义是单位时间内的能量消耗，所以功耗就是单位时间内的能量消耗和每秒钟充/放电周期的次数 f 的乘积。因此 CMOS 反相器的动态功耗为：$P_D = fCV_{DD}^2$。

实际上，CMOS 电路总的动态功耗显著地小于其他工艺技术电路的总功耗。正因为这个原因，现在的大规模集成电路几乎都采用 CMOS 技术制造。

2.4.5　逻辑电路的负载特性

逻辑门的扇入被定义为该逻辑门的输入个数。由于逻辑门构造的缘故，逻辑门输入端的个数超过一定限度是不切实际的，通常逻辑门的扇入被限制在一个较小的数目内。举例说明，考虑如图 2.22（a）所示的 NMOS 与非门，该与非门有 k 个输入端。假设 k 个 NMOS 晶体管具有同样的宽度 W 和长度 L，因为晶体管是串联在一起的，所以可以把它们等价于一个长度为 $k \times L$，而宽度为 W 的晶体管。由式（2.4）可以得到传播延迟为：$t_p \cong \dfrac{1.7C}{k_n' \dfrac{W}{L} V_{DD}} \times k$。

上式中 C 是门输出端的等价电容，包括由 k 个晶体管中的每个所带的寄生电容。可以通过增加每个 NMOS 晶体管的宽度 W 来改善性能，但是这种改变会增加电容 C 和芯片面积增大。电路的另一个缺点是每一个 NMOS 晶体管都会影响 V_{OL} 的值，使它增大，从而降低了噪声容限。

图 2.22（b）展示了一个 NMOS 的 k 输入或非门。在这个例子中并联的 k 个 NMOS 晶体管可看作一个宽度为 $k \times w$，长度为 L 的大晶体管。根据式（2.4），传播延迟应该下降 k 倍。然而，晶体管的并联将增加门输出端的负载电容 C，更重要的一点是：当 V_f 从高电平变化到低电平时，很少有机会出现所有晶体管一起导通的情况。因此采用 NMOS 工艺技术来建造高扇入或非门是很实际的。因为 NMOS 电路中的上拉器件中流经的电流受到限制，所以电路由低到高的延迟要比由高到低的延迟缓慢。

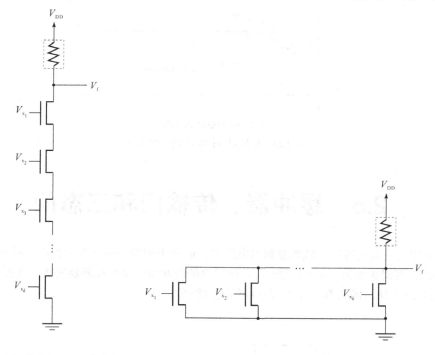

(a) 高扇入NMOS与非门　　　　　　(b) 高扇入NMOS或非门

图 2.22 　高扇入 NMOS 门

高扇入的 CMOS 电路不是要求 k 个 NMOS 串联，就是要求 k 个 PMOS 晶体管串联，因此不切合实际。在 CMOS 电路中构造高扇入门唯一可行的方法是用 2 个或多个低扇入门构造高扇入门。例如，如果要构造一个 6 输入的与门，其实现方法是把 2 个 3 输入与门连接到 1 个 2 输入与门上。

在实际电路中，每个逻辑门电路都可能需要驱动很多个其他门。逻辑门的扇出是指门驱动的其他门的个数。

图 2.23（a）所示的为扇出的举例。图中展示了反相器 N_1 驱动其他 n 个反相器的输入。每个被驱动的反相器都对节点 f 的电容有一份贡献，如图 2.23（b）所示，用一个总负载电容 C_n 表示。简单的说，每一个反相器都贡献一个相等电容 C，总负载电容 $C_n = n \times C$。式（2.4）表明传播延迟直接和 n 成正比。图 2.23（c）用图说明了 n 如何影响传播的延迟。假定在 0 时刻，信号 x 由逻辑值 1 变到 0。一条曲线表示 $n=1$ 时 V_f 的波形，另一条曲线表示 $n=4$ 时 V_f 的波形。

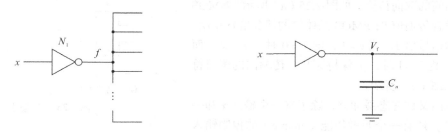

(a) 驱动 n 个其他反相器的反相器　　　　　　(b) 时序等价电路

图 2.23 　扇出对传播延迟的影响

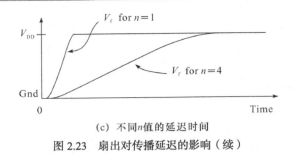

（c）不同n值的延迟时间

图 2.23　扇出对传播延迟的影响（续）

2.5　缓冲器、传输门和三态门

在必须驱动很大电容性负载的逻辑门电路中，通常采用缓冲器来改善性能。缓冲器是输入为 x 和输出为 f，逻辑关系为 $f = x$ 的逻辑门。最简单的缓冲器用 2 个反相器实现，如图 2.24（a）所示。图 2.24（b）所示的为非反相的缓冲器的图形符号。

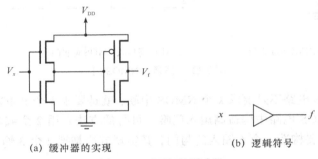

（a）缓冲器的实现　　　　　　　　　　　　（b）逻辑符号

图 2.24　不反相的缓冲器

另一种缓冲器是反相缓冲器。它产生的输出信号和反相器相同，即 $f = \bar{x}$，同样也是由尺寸相对较大的晶体管构成的。反相缓冲器图形符号和非门相同，反相缓冲器只是一个能驱动较大容性负载的非门。

除了改善电路的速度性能之外，缓冲器还用来驱动需要大电流的外部设备。因为缓冲器由较大的晶体管构成，所以可通过较大的电流。

传输门的功能是能在控制信号的作用下，实现输入和输出间的双向传输。如图 2.25（a）所示，NMOS 晶体管适合传输值 0；PMOS 晶体管的情况恰好相反，适合传输信号值 1。当 $s = 1$，即 $\bar{s} = 0$ 时，$f = x$；而当 $s = 0$，即 $\bar{s} = 1$ 时，f 保持原状。传输门的逻辑符号如图 2.25（b）所示。

三态门又称三态缓冲器，除了有一个输入 x 和一个输出 f，还有一个叫做使能（enable）的控制输入信号 e。图 2.26（a）所示的是三态门的逻辑符号。使能输入信号的作用是控制三态门是否产生输出信号，如图 2.26（b）所示。当 $e = 0$ 时，缓冲器和输出端 f 完全断开；当 $e = 1$ 时，缓冲器把输入 x 的值驱动到 f，使 $f = x$。三态门的这种行为可用图 2.26（c）的真值表描述，真值表中 $e = 0$

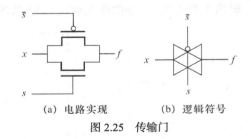

（a）电路实现　　（b）逻辑符号

图 2.25　传输门

的两行的输出为逻辑值 Z，Z 称作高阻态。对逻辑信号而言，有两种正常状态 0 和 1，而 Z 表示第三种状态，该状态不产生输出信号。图 2.26（d）所示的是三态门的一种可能的实现方案。

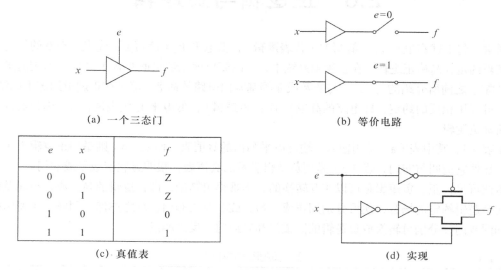

(a) 一个三态门　　　　　　　　　　　　　　(b) 等价电路

e	x	f
0	0	Z
0	1	Z
1	0	0
1	1	1

(c) 真值表　　　　　　　　　　　　　　　(d) 实现

图 2.26　三态门

图 2.27 所示的是几种不同类型的三态门。图 2.27（b）所示的缓冲器和图 2.27（a）所示缓冲器的行为基本相同，唯一不同之处是前者在 $e=1$ 时，$f=\bar{x}$，后者正好相反。图 2.27（c）所示缓冲器和图 2.27（a）所示缓冲器的不同之处在于使能信号的作用恰好相反，前者，即 $e=0$，$f=x$，而当 $e=1$ 时，$f=Z$，后者正好相反。对于图 2.27（c）和图 2.27（d），可以说使能信号为低电平有效，接下来的章节将介绍有关正逻辑和负逻辑的知识。

(a)　　　　　　　　(b)　　　　　　　　(c)　　　　　　　　(d)

图 2.27　四种类型的三态门

如图 2.28 所示的电路是应用三态门的小例子。该电路的输出 f 究竟等于 x_1，还是等于 x_2，取决于信号 s 的值。若 $s=0$，则 $f=x_1$；若 $s=1$，则 $f=x_2$。这种电路的特点是从输入信号中选择其中的一个作为输出，称为多路选择器（简称多路器），后面的章节会详细介绍。

如图 2.28 所示，两个三态门的输出端连接在一起。这样做是允许的，因为控制输入信号 s 可确保两个缓冲器中的一个处于高阻状态。只有当 $s=0$ 时，输入为 x_1 的缓冲器才有效；只有在 $s=1$ 时，输入为 x_2 的缓冲器才有效，这就保证了两个缓冲器不会同时有效。若两个缓冲器同时有效，则当两个缓冲器的输出值不同时，就会在电源和地之间形成短路电流，对电路造成破坏。

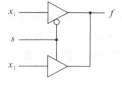

图 2.28　多路选择器

2.6 正逻辑与负逻辑

通常，将上述高电平 V_H（简写 H）代表逻辑 1，低电平 V_L（简写 L）代表逻辑 0 的约定，称为正逻辑约定，简称正逻辑。在正逻辑系统中，可以简单地把逻辑值 0 看作"低"，而把逻辑值 1 看作"高"。之前所介绍的与、或、与非及或非等基本门电路的命名，都是在正逻辑约定下的结果。

也可以用相反的约定，即电路的高电平 H 代表逻辑 0，低电平 L 代表逻辑 1，称为负逻辑约定，简称负逻辑。

见表 2.1，其中表（a）是用输入、输出电平列出的真值表，而表（b）则是用正逻辑表示的真值表，显然它应叫与非门，表（c）是用负逻辑表示的真值表，很明显它变成了或非门。

由此可见，正、负逻辑是可以相互转换的。不难得出结论，即正逻辑的与、或、与非及或非门，在负逻辑约定的场合，便可分别用作或、与、或非及与非门，反之亦然。同样，正逻辑的异或门和同或门，分别可转换成负逻辑的同或门和异或门，反之亦然。

表 2.1　　　　　　　　　　　　　　正、负逻辑转换举例

（a）电平真值表			（b）正逻辑——与非门			（c）负逻辑——或非门		
V_{i1}	V_{i2}	V_0	A	B	Y	A	B	Y
L	L	H	0	0	1	1	1	0
L	H	H	0	1	1	1	0	0
H	L	H	1	0	1	0	1	0
H	H	L	1	1	0	0	0	1

在实际逻辑电路及系统中，如不附加说明，通常都采用正逻辑约定。但也有许多数字设备，其中正、负逻辑往往是混用的，因为这样往往有利于涉及的优化和性能的改进。为此，在国际符号中，在需要强调逻辑低电平有效的场合，在逻辑单元框有关的输入、输出处，可标注空心箭头符号，如图 2.29 所示。图中上一排是标在输入端的记号，下一排是标在输出端的记号。其中图 2.29（a）的小圆圈，表示外部的逻辑 0 相应于单元框内部的逻辑 1；图 2.29（b）用空心箭头记号标注，强调外部的逻辑低电平，相应于内部的逻辑 1；它不是说明输入、输出的逻辑状态相反，而是说明输入、输出逻辑电平不同。小圈在输入端，强调的是输入逻辑 0，经反相成逻辑 1 作为输出信号；反之，若小圈在输出端，则强调的是输入逻辑 1，经反相成逻辑 0 作为输出信号。同理，空心箭头记号在输入端，强调的是输入低电平为有效电平，经反相成高电平，作为输出的有效电平；反之，若空心箭头记号在输出端，则强调的是输入高电平为有效电平，经反相成低电平，作为输出的有效电平。这样的标注，在设计逻辑系统时，会带来方便。

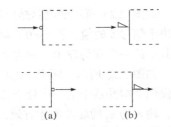

(a)　　　　(b)

图 2.29　外部逻辑的状态及电平记号

从以上叙述还可以看出，在讨论逻辑单元框内的功能时，只有逻辑状态的概念，而且总是采用正逻辑约定；只有在涉及单元框之外的输入、输出线上的逻辑信号时，才会有逻辑状态和逻辑电平两种标注法，也才有采用负逻辑概念的可能性。如不加特殊说明，本书中所描述的逻辑为正逻辑。

2.7　74 系列标准芯片

在 20 世纪 80 年代中期前，广泛采用的电路设计方法是把多个芯片连接起来形成一个逻辑电路，每一个芯片中包含几个逻辑门。为了区分不同类型的逻辑门，产生了芯片系列标准，集成电路生产商使用相同的规范生产标准化的系列芯片。74 系列最为经典，包含很多种不同的芯片，其特点是开始的两个数字是 74。图 2.30 所示的是 74LS00 芯片，其内部包含 4 个与非门。芯片的外部连接端称作引脚（pin），有两个引脚分别用于连接到电源和地，其他引脚用于连接与非门的输入和输出端。图中并没有画出芯片封装内部的具体安排情况，只用引脚号码来表示输入输出的连接关系，可以很快地通过这种表示形式明确芯片的引脚接法。

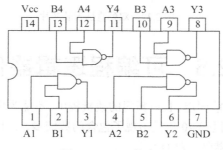

图 2.30　7400 芯片

假设想要实现的逻辑功能为：$f = x_1 x_2 + \overline{x}_2 x_3$，可以用一个非门来产生 $\overline{x}_2$，还用了两个二输入的与门和一个二输入的或门。该逻辑功能的实现使用了 3 个 74 系列的芯片，如图 2.31 所示。可以看出，有许多门被闲置。

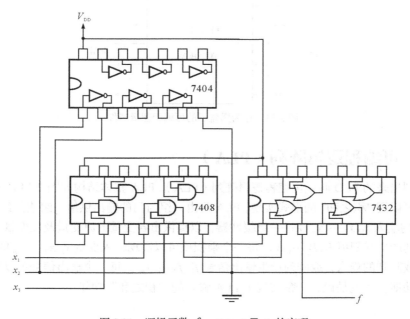

图 2.31　逻辑函数 $f = x_1 x_2 + \overline{x}_2 x_3$ 的实现

对于 74 系列中的某特定芯片，由于生产工艺的不同，型号也有所区别。以 7400 芯片为例，74LS00 采用的是 TTL 技术，而 74HC00 采用的是 CMOS 技术。目前最流行的芯片一般是采用 CMOS 技术生产的。74 系列芯片多以双列直插（Dual-inline package，DIP）封装为主，如图 2.32 所示。

图 2.32 双列直插封装芯片

2.8 可编程逻辑器件

74 系列中器件的逻辑功能固定，且逻辑门的数量较少，不能为设计某一特定逻辑电路而改变，难以构造大型逻辑电路。20 世纪 70 年代出现了包含门数较多，并且内部逻辑结构可配置的器件，这种器件被称为可编程逻辑器件（PLD）。

PLD 是一种实现逻辑电路的通用器件。其中包含许多个逻辑电路单元，可以根据客户的需要构成不同功能的逻辑电路。可以把 PLD 看作是一个黑盒子，包含有很多逻辑门和可编程开关。如图 2.33 所示。PLD 中的逻辑门通过可编程开关连接起来，形成所需要的逻辑电路。

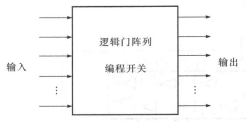

图 2.33 作为黑盒子的可编程逻辑器件

2.8.1 可编程逻辑阵列（PLA）

最先研制出来的 PLD 叫做可编程逻辑阵列（PLA）。PLA 整体结构如图 2.34 所示。由于 PLA 的逻辑功能可以用"积之和"的形式实现，PLA 可由一组与门的输出供给一组或门组成。如图 2.34 所示，PLA 的输入 $x_1, x_2 \cdots, x_n$ 经过一组缓冲器，以提供出各变量的原变量及反变量，然后进入与阵列，与阵列产生乘积项 $P_1, P_2 \cdots, P_k$。每一个乘积项可以实现输入变量 $x_1, x_2 \cdots, x_n$ 的任何与功能。乘积项作为或阵列的输入，或阵列产生输出信号 $f_1, f_2 \cdots, f_m$。每一个输出信号可以实现乘积项的任何"或"功能。也就是说，于是实现了 PLA 输入的"积之和"功能。

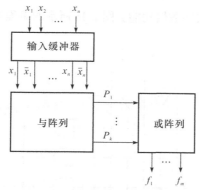

图 2.34　可编程逻辑阵列的总体结构

　　图 2.35 所示的是一个小规模 PLA，它有 3 个输入、4 个乘积项、2 个输出。与阵列中的每一个与门有 6 个输入，分别对应于 3 个输入的原变量及反变量。每一个输入和与门的连接关系是可编程的，输入和与门相连用波浪线表示，输入和与门不相连用断开的线表示。电路的这种设计使和与门不相联的输入对于此与门的输出没有作用。以此为例进行分析，输出为 P_1 的与门的输入端连接 x_1、$\bar{x}_2$，因此 $P_1 = x_1\bar{x}_2$，同理，$P_2 = x_1x_3$，$P_3 = \bar{x}_1x_2\bar{x}_3$，$P_4 = x_1x_2$。或阵列同样是可编程的，输出为 f_1 的或门的输入端连接到乘积项 P_1、P_2 和 P_3。因此实现了 $f_1 = P_1 + P_2 + P_3 = x_1\bar{x}_2 + x_1x_3 + \bar{x}_1x_2\bar{x}_3$。同理，$f_2 = P_1 + P_3 + P_4 = x_1\bar{x}_2 + \bar{x}_1x_2\bar{x}_3 + x_1x_2$。可以看出，电路结构对与阵列及或阵列分别编程，输出 f_1 和 f_2 各自都可以实现输入 x_1、x_2、x_3 的各种函数。市售的 PLA 的规模比上面介绍的大一些，典型的参数是 16 个输入、32 个乘积项、8 个输出。

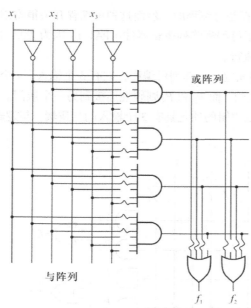

图 2.35　PLA 的门级图

　　虽然图 2.35 清晰地表示了 PLA 的功能结构，但是这种画图风格对于表示大型 PLA 不适用。图 2.36 是技术上惯用的另一种风格，每个与门与一条水平横线连接，而有可能成为与门输入的信号线画成与水平线相交的垂直线，水平线和垂直线的交点处打个叉（×）表明该输入被编程为和与门连接。或阵列的描述风格与此类似，或门连接一根垂直线，和与门的输出线相交，对交叉点连接进行编程，可以实现所需要的逻辑功能。图 2.36 所示的编程连接是按图 2.35 的要求实现的，实现的逻辑功能相同。

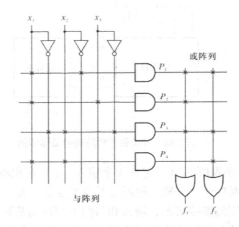

图 2.36　图 2.35PLA 的逻辑图

电路集成时，采用 PLA 结构有利于节约芯片面积。所以，PLA 结构常常应用于大型芯片，例如，微处理器中。在这种情况下，与阵列以及或门的连接都是固定的，而不是可编程的。

2.8.2　可编程阵列逻辑（PAL）

PLA 中的与阵列和或阵列都是可编程的，然而这种可编程开关很难制造完美，且用 PLA 实现的电路速度低。于是，出现了可编程阵列逻辑器件（PAL）。因为 PAL 制造简单，价格低廉，性能较高，在实际应用中非常流行。

图 2.37 所示的 PAL 或阵列固定，与阵列可编程，它有 3 个输入、4 个乘积项、2 个输出。乘积项 P_1 和 P_2 硬性连接到一个或门，而 P_3 和 P_4 则硬性连接到另一个或门。可以说，它给出的是两个具有两个输入的或逻辑，而或逻辑的项是具有 3 个输入的与逻辑，与逻辑可编程。该 PAL 被编程实现下述两个逻辑函数。

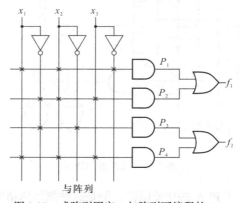

图 2.37　或阵列固定，与阵列可编程的 PAL

$$f_1 = x_1 x_2 \overline{x_3} + \overline{x_1} x_2 x_3$$
$$f_2 = \overline{x_1} \overline{x_2} + x_1 x_2 x_3$$

和 PLA 相比较，PAL 的灵活度较小。作为对 PAL 灵活性减小的一种补偿，PAL 的规模可在一定范围变化，其输入输出数量皆可变化，或门的输入端数也可以不同。

图 2.38 所示的 PAL 与阵列固定，或阵列可编程。在这里水平线和垂直线的交点处打个点（·）表明其已被固定为和与门连接。因此可以看出，与阵列变成输入 x_1、x_2、x_3 的各种最小项组合形式。而或阵列通过叉（×），进行可编程，表示了最小项之和。通过分析可以得到该 PAL 实现了下述 3 个逻辑函数。

$$f_1 = \sum m(1,4,5,6,7) = \overline{x}_1\overline{x}_2 x_3 + x_1\overline{x}_2\overline{x}_3 + x_1\overline{x}_2 x_3 + x_1 x_2\overline{x}_3 + x_1 x_2 x_3$$

$$f_2 = \sum m(0,1,3,6,7) = \overline{x}_1\overline{x}_2\overline{x}_3 + \overline{x}_1\overline{x}_2 x_3 + \overline{x}_1 x_2 x_3 + x_1 x_2\overline{x}_3 + x_1 x_2 x_3$$

$$f_3 = \sum m(3,5,6,7) = \overline{x}_1 x_2 x_3 + x_1\overline{x}_2 x_3 + x_1 x_2\overline{x}_3 + x_1 x_2 x_3$$

由前一章可知，任何逻辑函数都可以表示为最小项之和的形式，可以发现 PAL 能表示任何逻辑形式。实际上图 2.38 表示的是一个可编程只读存储器（PROM），在之后的章节中，对此还将进行介绍。

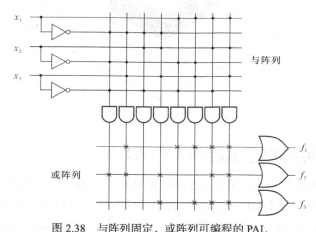

图 2.38　与阵列固定，或阵列可编程的 PAL

2.8.3　阵列的编程

PLA 或 PAL 中的信号和与门/或门的相连用符号"×"表示。通过对这些开关的"编程"，就能实现用户需要的逻辑电路。有的 PLD 芯片含有数千个可编程开关，人工指定每一个开关的状态是不现实的，所以只能使用 EDA 工具来实现这个目的。那些支持 PLD 器件的 EDA 工具，能够自动产生对 PLD 器件中每一个开关的编程信息。运行 EDA 工具的计算机通过导线与专用的编程单元连接。当用户完成了电路设计，EDA 工具就会产生一个编程文件，它规定了 PLD 器件中每一个开关的状态，用于正确地实现用户设计的电路。PLD 器件被放置在编程器中，计算机系统把编程文件传送到编程器中。编程器中的芯片进入特定的编程模式，芯片中每一个开关被配置合适的状态，

图 2.39　PLD 编程器

即转化为烧断熔丝的操作。编程器实物的照片如图 2.39 所示。主编程器旁边的是一些适配器，每一种适配器适合于某种特定封装的芯片。编程的过程大概需要几分钟才能完成。编程完毕之后，通常编程器会自动读回芯片编程后内部每一个开关的状态，以检验芯片编程的正确性。

上述的编程过程假设该 PLD 芯片可以从印制电路板上取下来，然后放入编程器中进行编程。芯片能够从印制电路板上取下的原因，是因为印制电路板上装有插座。插座有多种形式，如之前介绍的双列直插式（DIP），也有图 2.40 所示的塑料封装（Plastic-Leaded ChipCarrier，PLCC）。和 DIP 不同，PLCC 封装的四边都有引脚。

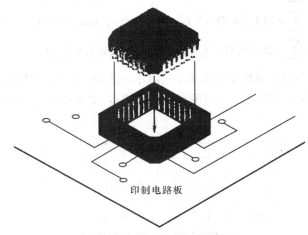

图 2.40 PLCC 封装和它的插座

2.8.4 复杂可编程逻辑器件（CPLD）

CPLD 主要由逻辑功能块、可编程互连通道和 I/O 三部分构成。集成规模较大的 CPLD 大都采用分区阵列结构，即将整个器件分成若干的区。有的区包含 I/O 及规模较小的与或阵列和宏单元，相当于一个小规模的 PLD；有的区则只是完成某些特定逻辑功能。各区之间通过可编程互联通道连接。如图 2.41 所示。

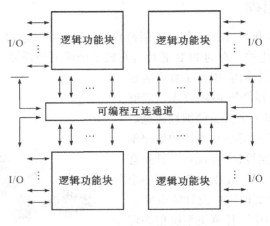

图 2.41 CPLD 器件的内部结构

　　CPLD 的逻辑功能块类似一个小规模的 PLD，通常一个逻辑功能块包含 4~20 个宏单元，每个宏单元一般由与阵列，与分配项和可编程的寄存器构成。图 2.42 所示该逻辑功能块中包含 3 个宏单元。

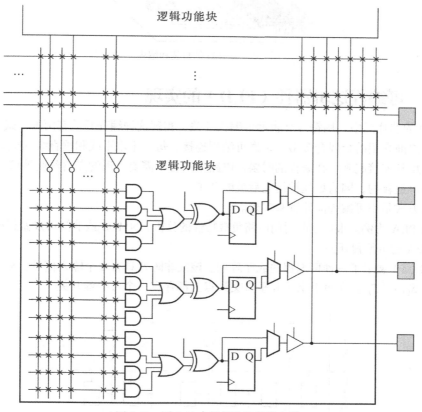

图 2.42　图 2.41 中的部分细节放大图

　　可编程互连通道主要提供逻辑功能块、宏单元、I/O 引脚间的互连网络。每一根水平线可以和与之相交的垂直线的一部分相连，但不是全部相连。实际应用中，开关的数目既要足够多，以保证连接的灵活性，又不要太多，而造成浪费。

　　输入/输出块（I/O）提供内部逻辑到器件 I/O 引脚之间的接口。

　　一般来说规模较大的 CPLD 支持在线可编程技术（ISP），CPLD 芯片所在的印制电路板上焊有一个小的连接器，用一根电缆把连接器和计算机系统连接起来。EDA 系统产生的编程信息通过 JTAG（Joint Test Action Group）端口电缆和连接器到达 CPLD 芯片，从而实现对 CPLD 的编程。一旦 CPLD 器件被编程后，它的编程状态就能保持不变，即使断电也不会丢失，这种性质叫非易失性编程。CPLD 可用于实现很多种数字电路，在实际工业设计中 CPLD 大约占一半以上。

　　PLD 的规模可以从包含 2 个到几百个逻辑功能块不等。封装形式也多种多样，通常 PLCC 的引脚总数小于 100，大型 CPLD 封装的引脚总数都超过 200，这些引脚又多，又细，易折，并且易弯，如图 2.43 所示。因此介绍另一种叫做方形扁平的封装（Quad Flat Pack，QFP）的方式。QFP 和 PLCC 封装的相同之处是封装四面都有引脚。不同处在于 QFP 的引脚弯曲向外，比 PLCC 的引脚细很多，所以一个封装能容纳更多的引脚。QFP 的引脚总数却可以大于 200，满足 CPLD 的要求。

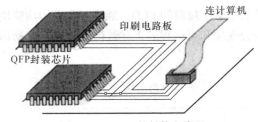

图 2.43　CPLD 的封装和编程

2.8.5　可编程逻辑器件（PLD）的实现

在 PLD 的芯片图中，用符号 × 表示可编程开关，实现这种编程开关有两种方式。

一种是之前介绍的金属合金熔丝来做可编程连接。每一个水平线和垂直线的交叉点通过一个很小的金属熔丝连接起来。在编程的时候，电路中所有不需要实现的点熔丝就被熔化掉。这种编程过程是不可逆转的，因为熔丝被熔化后就断开了。

另一种方式是用可编程晶体管来实现。

首先以 PLA 为例。根据之前对门电路负载特性的分析，NMOS 或非门可以做到扇入很大。适用于制作 PLA 的可编程开关。

图 2.44（a）展示了一种可编程的或非阵列。该或非阵列具有 n 个输入信号：$x_1, x_2 \ldots x_n$，k 个输出信号：$S_1, S_2 \ldots S_k$。在每个水平和垂直交叉点上都存在一个可编程开关。

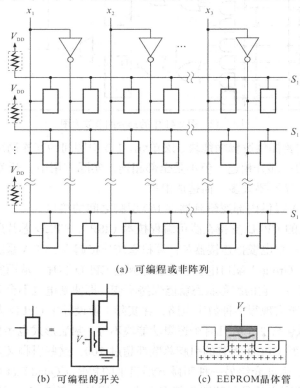

（a）可编程或非阵列

（b）可编程的开关　　　　（c）EEPROM晶体管

图 2.44　用 EEPROM 晶体管实现的可编程或非阵列

如图 2.44（b）所示，该开关由两个串连的晶体管组成：一个 NMOS 晶体管和一个电可擦除可编程只读存储器晶体管（EEPROM）。EEPROM 晶体管的外观与一般 NMOS 晶体管基本相同，所不同的是 EEPROM 晶体管具有两个栅极，其中一个和普通的 NMOS 的栅极一样，另外一个为浮栅。浮栅由一层 SiO_2 层包围，称为隧道区。

当该晶体管处于未编程的原始状态，则浮栅对晶体管的运行没有任何影响，因此该晶体管就与一般的 NMOS 晶体管一样运行。即在 PLA 的正常使用期间，施加于未被编程的晶体管浮栅上的电压 $V_e=V_{DD}$（典型情况下，$V_{DD}= 5V$），则 EEPROM 晶体管随之导通。

对 EEPROM 晶体管的编程需要用比正常电压高的电平（典型情况下，$V_e > 12V$）。如图 2.45（a）所示，基片与浮栅之间产生高电位差，隧道区产生隧道，从而使电子经隧道穿过 SiO_2 层到达浮栅，并聚集。此时，浮栅负充电，并保留这些电子，在源极和漏极之间生成一个高阈值的电压，于是，源极和漏极之间电流不能流过。编程过程结束后，聚集的电子将会排斥其他电子进入沟道。即施加于被编程的晶体管浮栅上的电压 $V_e=V_{DD}$（典型情况下，$V_{DD}= 5V$）时，聚集的电子使该晶体管保持断开的状态，而不是正常情况的导通。

因此，在或非阵列中，编程就是将输入信号同或非阵列断开。对于那些应该连接到或非门的输入，则相应的 EEPROM 晶体管应该保留在未编程状态。

一旦 EEPROM 被编程，它将保持其编程后的状态。如需回到编程之前状态，则需要"擦除"，需要使用跟编程极性相反的电压才能完成。在擦除时，所施加的电压将使聚集在浮栅的电子再次通过隧道效应返回沟道。如图 2.45（b）所示，EEPROM 晶体管恢复到原始状态，再次像正常的 NMOS 晶体管那样动作。

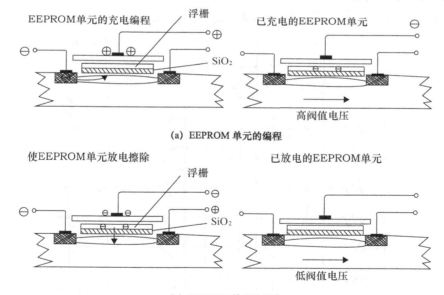

(a) EEPROM 单元的编程

(b) EEPROM 单元的擦除

图 2.45　EEPROM 的编程与擦除

图 2.46 绘制了一个完整的用 EEPROM 技术的或非-或非可编程逻辑阵列（PLA），该芯片有 4 个输入信号、2 个输出信号。由第一章的知识可知，对于同样输入和输出，或非或非式和或与式等价，因此，图 2.46 可编程逻辑阵列（PLA）所实现的逻辑函数 f_1 和 f_2 分别为 $f_1 = (x_1 + x_3)(x_1 + \overline{x_2})(\overline{x_1} + x_2 + \overline{x_3})$ 和 $f_2 = (x_1 + \overline{x_3})(\overline{x_1} + x_2)(x_1 + \overline{x_2})$。

而对于更加常见的与或式，同样可以用或非-或非可编程逻辑表示。根据第一章所学的知识，用德摩根定理对与或式进行变换。

例如与或式 $f_1 = P_1 + P_2 + P_3 = x_1x_2 + x_1\overline{x_3} + \overline{x_1}x_2x_3$ 的与项可以分别变换成 $P_1 = x_1x_2 = \overline{\overline{x_1} + \overline{x_2}}$，$P_2 = x_1\overline{x_3} = \overline{\overline{x_1} + x_3}$，$P_3 = \overline{x_1}x_2x_3 = \overline{x_1 + \overline{x_2} + \overline{x_3}}$，而 $f_1 = P_1 + P_2 + P_3 = \overline{\overline{P_1 + P_2 + P_3}}$。观察输入输出，可以发现，在第一个或非阵列中，只要将与项中对应变量的反变量位置进行编程，就能够实现与项，例如 $P_1 = x_1x_2$，则需要编程的为对应变量 x_1，x_2 的反变量 $\overline{x_1}$ 和 $\overline{x_2}$ 的位置；而在第二个或非阵列中，只要对输出求反，就可以得到或逻辑输出。

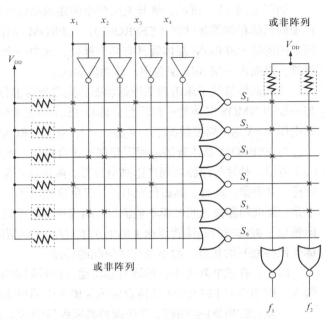

图 2.46 或非-或非可编程逻辑阵列表示或与式

图 2.47 表示了采用或非-或非可编程逻辑阵列表示与或式的方法，所表示的逻辑函数分别是：
$$f_1 = P_1 + P_2 + P_3 = x_1x_2 + x_1\overline{x_3} + \overline{x_1}x_2x_3 \quad \text{和} \quad f_2 = P_1 + P_4 = x_1x_2 + \overline{x_1}\,\overline{x_2}\,\overline{x_3}。$$

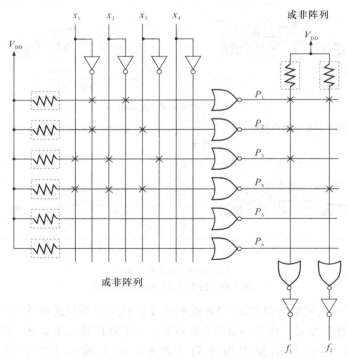

图 2.47 或非-或非可编程逻辑阵列表示与或式

对于 PAL 的实现同样可以用上述方法。图 2.48 展示了与图 2.47 同样逻辑函数的或阵列固定，与阵列可编程的 PAL。在这里，可编程的与阵列用或非阵列实现。如图所示，由于或阵列固定，虽然函数 f_2 只需要两个与项，但每个或门还是连接到 3 个与项。多余的与项 P_6 必须设置成逻辑值 0，通过把 P_6 编程为某个输入和它非的与来实现。

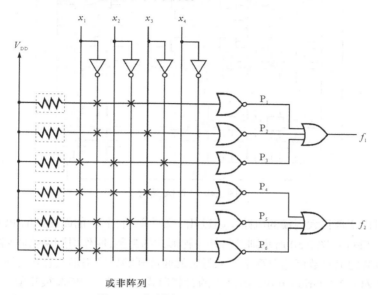

或非阵列

图 2.48　实现图 2.47 所示函数的 PAL

因为 CPLD 是由类似的逻辑功能块组成的，所以简单可编程逻辑器件所使用的技术同样可以在复杂可编程器件（CPLD）中使用。

2.8.6　现场可编程门阵列（FPGA）

现场可编程门阵列（FPGA），是一种可以实现大规模逻辑电路的器件。FPGA 和 CPLD 的内部结构迥然不同，FPGA 内部没有与阵列和或阵列结构。FPGA 用逻辑块来实现其所需的逻辑功能。

FPGA 采用了逻辑单元阵列 LCA（Logic Cell Array）这样一个概念，内部包括可配置逻辑块（Configurable Logic Block，CLB）、输入输出块（I/O）、连线和开关（Interconnect）三个部分。

CLB 是 FPGA 内的基本逻辑单元。CLB 的实际数量和特性会依器件的不同而不同，但是每个 CLB 都包含一个可配置开关矩阵，此矩阵由 4 或 6 个输入、一些选型电路和触发器组成。开关矩阵是高度灵活的，可以对其进行配置。

I/O 是芯片与外界电路的接口部分，完成不同电气特性下对输入/输出信号的驱动与匹配要求。FPGA 内的 I/O 按组分类，每组都能够独立地支持不同的 I/O 标准。通过软件的灵活配置，可适配不同的电气标准与 I/O 物理特性。

CLB 二维矩阵行和列之间形成垂直和水平通道。通道中含有连线和可编程开关，CLB 可以以多种方式连接。图 2.49 中可编程开关按其位置可分为两类：一类在水平/垂直方向上与 CLB 相邻，用于维持开关状态；另一类在水平/垂直方向上都不与逻辑块相邻，用于连接两条连线（例如，水平线和垂直线）。可编程开关也存在于 I/O 块和连线之间，用于实现它们之间的连接。FPGA 芯片中可编程开关和连线的实际数目各不相同，取决于芯片的规格型号和生产厂商。

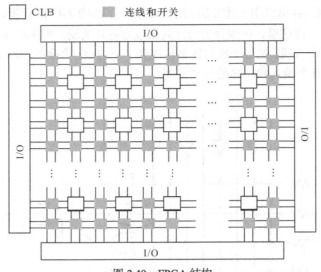

图 2.49　FPGA 结构

用 FPGA 可以实现很大规模的电路（超过几十万个等价门）。前面提到的 PLCC 和 QFP 封装都可以用于封装 FPGA，图 2.50 所示则是另外一种形式的封装，叫作引脚网格阵列（Pin Grid Array，PGA）。PGA 封装的引脚数可达数百个，从封装的底部开始以网格形式直接向下延伸。还有一种称作球形网格阵列（Ball Grid Array，BGA）的封装形式，BGA 和 PGA 很相似，不同点在于它的引脚是小球，而不是直的小针。BGA 的引脚非常小，所以一个封装上可以提供更多的引脚。

与传统逻辑电路和门阵列（如 PAL 及 CPLD 器件）相比，FPGA 具有不同的结构。FPGA 利用小型查找表（Look Up Table，LUT）来实现组合逻辑，LUT 本质上就是一个 RAM。目前 FPGA 中多使用 4 输入的 LUT，所以每一个 LUT 可以看成一个有 4 位地址线的 16×1 的 RAM。当用户通过原理图或 HDL 语言描述了一个逻辑电路以后，EDA 会自动计算逻辑电路的所有可能的结果，并把结果事先写入 RAM，这样，每输入一个信号进行逻辑运算就等于输入一个地址进行查表，找出地址对应的内容，然后输出即可。

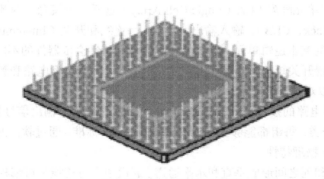

图 2.50　FPGA 的 PGA 封装

图 2.51 所示是一个使用 LUT 实现与逻辑的例子。

实际逻辑电路		LUT的实现方式	
a,b,c,d输入	逻辑输出	地址	RAM中存储的内容
0000	0	0000	0
0001	0	0001	0
...	0	...	0
1111	1	1111	1

图 2.51　查找表（LUT）

在实际应用中，经常使用 EDA 工具将用户的电路自动转换成为适用于 FPGA 结构的形式。使用 FPGA 实现电路的时候，需要对 CLB 进行编程来实现所需函数，并对布线路径进行编程来实现逻辑块之间所需的连接。配置 FPGA 使用 ISP 方法。由于 FPGA 的逻辑通过向内部静态存储单元加载编程数据来实现，FPGA 中 LUT 的存储单元是易失性的，当电源关闭时芯片中的内容会全部丢失。所以，每次通电时都要对 FPGA 进行重新编程。这样，也就让 FPGA 允许无限次的编程。

通常可以用一个存储器芯片保存编程数据，这个芯片可以用可编程的只读存储器（PROM），它与 FPGA 安装在同一块电路板上。当给电路板通电时，数据就可以自动地从 PROM 中加载到 FPGA 的存储单元中。

图 2.52 所示是一个已经被编程的小规模的 FPGA，它实现了一个小规模的逻辑电路。该 FPGA 的 LUT 有 2 个输入端，每个布线通道有 4 根线。该图显示了 FPGA 中一部分逻辑块和布线通道的编程状态，可编程开关用符号 × 表示，即把水平线和垂直线相连。根据真值表的内容对 FPGA 最上边一行的逻辑块进行编程，对应的逻辑函数为：

$$f_1 = x_1 x_2$$
$$f_2 = \overline{x}_2 x_3$$

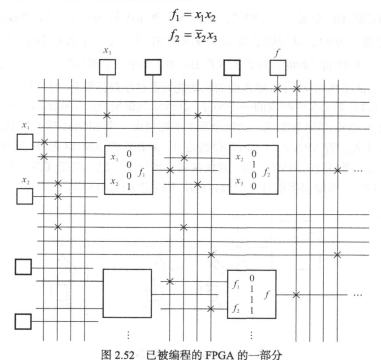

图 2.52　已被编程的 FPGA 的一部分

图中右下脚的查找表实现的逻辑函数为：

$$f = f_1 + f_2 = x_1 x_2 + \overline{x}_2 x_3$$

2.8.7　现场可编程门阵列（FPGA）的实现

静态随机存取存储器（Static Random Access Memory，SRAM）是实现 FPGA 可编程开关的主要元件。一个 SRAM 单元不仅用于储存查找表（LUT）所表示的真值表中的一个值，还可以被用来配置 FPGA 中的连接线及开关。

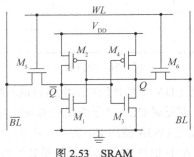

图 2.53　SRAM

如图 2.53 所示，SRAM 里的每个位（bit）由 4 个晶体管组成，也就是 2 个交叉连接的反相器。这种存储单元有 2 种稳定的状态，因此可以表示 0 和 1。2 个额外的晶体管用来控制存储单元的访问。因此，一个典型的存储单元由 6 个 MOS 管组成。

存储单元的访问由字线（WL）控制，WL 的高低电平控制 M5 和 M6 是否导通。在读和写的时候都需要用到它。

一个 SRAM 单元可以有 3 种状态：空闲（standby）读（reading）写（writing）状态。

空闲（standby）：当 WL 为低，M5 和 M6 断开，这个反相器对维持现有的状态。

读（reading）：假设存储器的内容为 1，Q=1。读周期首先对 BL 充电，然后使能 WL。这样 Q 的数据就能被输送到 BL 中去。这个时候，由于 M5 和 M1 同时导通，$\overline{BL}$ 被放电，$\overline{BL} = 0$，而 M3 断开，M6 导通，$BL=1$，这样就把 Q 状态输出到 BL 中去了。如果 Q 为 0，情况则相反。

写（writing）：写周期开始时，将数据放在 BL 中，如果我们希望写入 0，则 BL=0，$\overline{BL}=1$。如果希望写入 1，情况则相反。BL 输入线的驱动能力要强于晶体管单元自身。

图 2.54 所示的是 FPGA 中截取的一小部分。其所示的逻辑块产生输出 f_1。水平线和垂直线上的可编程开关由 NMOS 晶体管实现，而每个开关的栅极由一个 SRAM 单元控制。这样的开关被称作导通晶体管开关。若 SRAM 单元内存储的是 0，则相应的 NMOS 晶体管便断开。若 SRAM 单元内存储的是 1，则相应的 NMOS 晶体管便接通。该开关形成了两条线路之间的连接，把信号传送到目的地。FPGA 所能提供的开关的数目取决于特定芯片的结构。

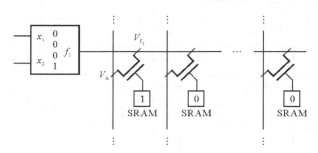

图 2.54　FPGA 中的传输晶体管

2.9　专用集成电路

限制 PLD 电路规模的关键因素是 PLD 器件中含有许多预先制造的逻辑门和可编程开关。虽然它带来了用户可编程的优点，但也消耗了芯片的面积，并降低了电路的运行速度。

专用集成电路（Application-specific integrated circuit，ASIC）是按用户需要而专门定制的集成电路。是指应特定用户要求和特定系统需要而设计、制造的集成电路，在批量生产时与通用集成电路相比具有体积更小、功耗更低、可靠性提高、性能提高、保密性增强、成本降低等优点。

ASIC 分为全定制和半定制

全定制设计需要设计者完成所有电路的设计（不使用现有库单元），对集成电路中所有的元器件进行精工细作。这种方法可以实现最小面积，最佳布线布局、最优功耗速度积，得到最好的电特性，灵活性好但开发效率低下，成本十分昂贵。

半定制设计使用库里的标准逻辑单元（Standard Cell），设计时可以从标准逻辑单元库中选择，设计者可以较方便地完成系统设计。和 FPGA 不同，ASIC 设计时用户需要介入芯片的布局布线和工艺问题。半定制设计方法又分成基于标准单元的设计方法和基于门阵列的设计方法。

基于标准单元的设计方法采用预先设计好的称为标准单元的逻辑单元，如门电路、多路选择器、触发器等，将它们按照某种特定的规则排列成阵列，做成半导体门阵列母片或基片，然后根据电路功能和要求用掩膜版将所需的逻辑单元连接成所需的 ASIC。

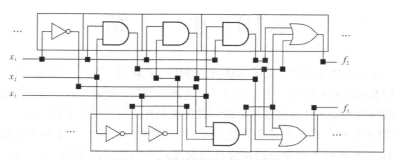

图 2.55　标准单元芯片中的一部分

图 2.55 所示的是使用标准单元技术制成的芯片的一小部分，电路实现 2 个逻辑函数，即

$$f_1 = x_1 x_2 + x_1 \overline{x_3} + \overline{x_1} \overline{x_2} x_3$$
$$f_2 = x_1 x_2 + \overline{x_1} \overline{x_2} x_3 + x_1 x_3$$

标准单元内部晶体管的布局是预先由 EDA 工具设计好的。逻辑门安排在很长的行中，行与行之间用来布线，I/O 块分布在芯片的周围，用来连接封装的引脚。芯片的封装一般采用 QFP、PGA 或 BGA。

基于门阵列的设计方法又称为母片法，将典型的门电路以阵列形式整齐排列，元件之间、单元电路之间互不连接，留出布线通道，并将其加工成半成品备用。然后，按用户对定制集成电路的技术要求进行设计，将芯片上的元件连成各种单元功能电路（如门电路、触发器、缓冲器、多路开关等），进而连成所需要的大规模集成电路。采用这种方法，从预先制备好的半成品母片出发，借助于 EDA 系统，只须完成一、两块连线用的掩膜版再进行后工序加工，即可得到预期的电路。

门阵列技术的成本较低。生产商可以大量生产的母片，分摊在每一片上的成本就降低了。图 2.56 所示的是一个门阵列母片的例子，它由逻辑单元的二维阵列构成。芯片结构和标准单元类似。唯一的不同是门阵列中的是完全相同的基本逻辑单元。虽然门阵列中所用的逻辑单元类型上可以有所变化，但通常使用的只是 2 或 3 输入的与非门。门阵列的逻辑单元行之间留有空间，以便以后布线，连接逻辑单元。图 2.57 所示的是门阵列的一小部分，使用与非门的门阵列实现的逻辑函数为：$f = x_2\overline{x}_3 + x_1x_3$，可以方便地证明这种逻辑和与或门电路是等价的。

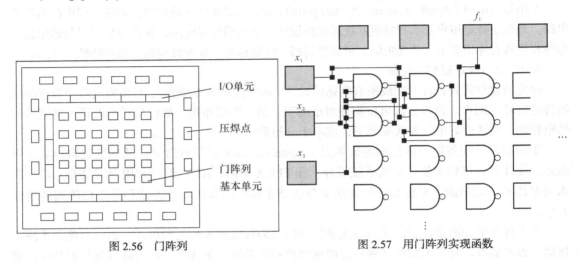

图 2.56　门阵列　　　　　　　　图 2.57　用门阵列实现函数

2.10　小　　结

本章介绍了逻辑电路元器件，包括 NMOS 逻辑门、CMOS 逻辑门、传输门和三态门，并且探讨了这些晶体管器件的各种特性，重点探讨了其构建和逻辑实现的关系。这些门器件是计算机逻辑分析与设计的物理基础，计算机逻辑分析与设计就是在这些元器件上进行的。

本章还介绍了几种类型的集成逻辑电路芯片，这些芯片包含了基本逻辑电路门，由于其设计巧妙，可以方便进行大规模的逻辑分析与设计。它们包括简单的 74 系列标准芯片，可编程逻辑器件 PLA、PAL，复杂可编程逻辑器件，现场可编程门阵列 FPGA，定制芯片等。只包含少量的简单门 74 系列标准芯片，现在已很少用到，但作为逻辑经典教案，对理解逻辑设计，仍起到重要作用，由于大规模逻辑十分复杂，必须分解后进行阐述，本书之后不少例题仍然会以标准芯片为例。可编程逻辑器件应用广泛，诸如 PLA 和 PAL 成本较低，而且速度很高，适合实现中小规模的逻辑。CPLD 更适合实现 2 万门以上的大规模电路。很多可以用 CPLD 实现的电路都可以用 FPGA 来实现，具体设计中究竟选择这两种类型电路的哪一种取决于多种因素。在某些类型的电路中，CPLD 的速度要比 FPGA 的稍快一些，但是 FPGA 能够支持更大规模的电路。随着把尽可能多的电路装入单个芯片之中的发展趋势，目前 CPLD 和 FPGA 的应用范围远超过简单的 PLD。当今工业界所创建的绝大部分数字设计中都包含某些类型的可编程逻辑器件。在不合适应用 PLD 的场合，可以使用门阵列、标准单元以及全定制芯片技术。如果需要设计电路的规模非常之巨大，预期设计产品的销售量也非常之巨大，这样的情况最适合应用全定制技术。

本章的介绍从器件原理入手，重点在性质上，而非具体数量上，给出这些器件实现方式和应用方式的阐述。这些性质对于后续的逻辑设计与分析是有用的。实际的分析和设计有必要了解所介绍的诸如延迟、功耗、负载等特性。

计算机逻辑分析与设计通过 EDA 的工具，最终实现在这些逻辑电路器件上。接下来的章节将重点在逻辑层面上介绍计算机逻辑分析与设计。

习　题

1. 什么是噪声容限？它是如何定义的？
2. CMOS 逻辑电路中为什么会有传输延迟？传输延迟通过什么来刻画？
3. 逻辑电路的功耗如何定义？
4. 缓冲器的作用有哪些？
5. 试写出图 P2.1（a）、（b）所示 CMOS 电路的输出逻辑表达式。

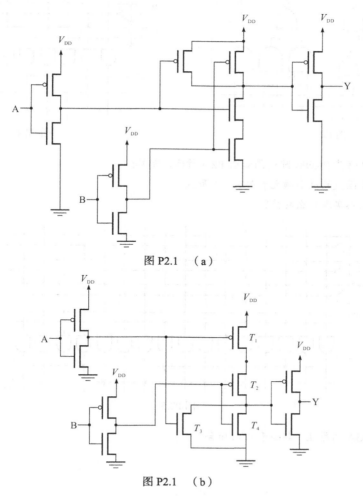

图 P2.1　（a）

图 P2.1　（b）

6. 已知 CMOS 逻辑电路如图 P2.2（a）、（b）所示，试写出输出逻辑函数 Y_1、Y_2 的表达式。

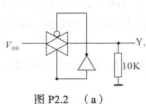

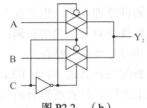

图 P2.2 （a）　　　　　图 P2.2 （b）

7. 分析图 P2.3 所示电路，试问当输入 ABCD = 1011 时，各逻辑函数（$F_1 \sim F_4$）取值为多少？

8. CMOS 反相器的输出端接有负载电容 $C_L = 60\text{pF}$，已知 $V_{DD} = 1\mu\text{A}$，输入信号为理想的矩形波，求当重复频率 $f = 100\text{kHz}$ 时，这个 CMOS 反相器的动态功耗。

9. 简述 PAL 与 PLA 的特点与区别。

10. 某组合电路其 PROM 阵列图如图 P2.4 所示，写出输出函数最小项之和 Σm（　）形式。

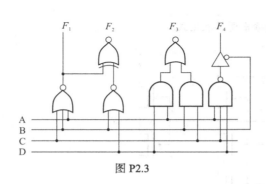

图 P2.3

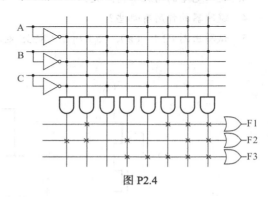

图 P2.4

11. 某组合电路其 PROM 阵列图如图 P2.5 所示，回答：

（1）写出输出函数的最小项之和 Σm（　）形式。

（2）该组合电路实现什么功能？

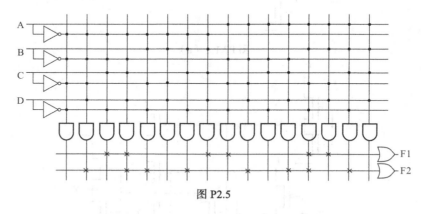

图 P2.5

12. 简述 FPGA 的原理、特点和应用场合。

第3章
逻辑函数优化

统计逻辑电路中门的总数以及所有门的输入端的总数，可得到电路成本。逻辑函数最终需要由逻辑电路来实现，逻辑表达式复杂，得到的逻辑电路就复杂，对逻辑函数进行化简，求得最简逻辑表达式，可以使实现逻辑函数的逻辑电路得到简化。这既有利于节省元器件，降低成本，也有利于减少元器件的故障率，提高电路的可靠性，同时简化电路，使元器件间的连线减少，给制作带来了方便。由第1章可知，同逻辑的函数可以用不同类型的逻辑表达式表示。第2章中使用与非门阵列构造，由于不同类型都能等价转化为与非-与非式，所以，常常根据一个逻辑函数等效与非门的多少来判定是否最简。

逻辑函数化简的时候，由于与-或形式和或-与形式更加容易理解，因此常常以这两种形式为例来说明问题。如不做特别说明，本书之后的介绍也基于与-或形式。

逻辑函数常用的化简方法有：公式法、卡诺图法和列表法。

首先给出一些定义。

因子：与项中包含的变量（包括原变量和反变量）称作因子。例如，项 $x_1\bar{x}_2x_3$ 有 3 个因子，而 $A\bar{B}C\bar{D}$ 就有 4 个因子。注意，同一变量的原变量和反变量不会在与项中同时出现。

蕴涵项：若某个与项在其因子的某种取值组合下可以使整个逻辑函数输出为 1，则称该与项为该函数的蕴涵项。注意，对于一个 n 变量函数，最小项就是包含 n 个因子的蕴涵项。

质蕴涵项：若某个蕴涵项不能再进一步合并为另一个因子数更少的蕴涵项，则称该蕴涵项为质蕴涵项，即质蕴涵项中的任意一个因子都是不能删除的，否则它将不再是有效的蕴涵项。

覆盖：若蕴涵项的集合能包含使给定函数等于 1 的所有取值情况，则称该蕴涵项集合为该给定函数的覆盖。很明显，函数 f 的所有最小项的集合就是能使 $f=1$ 的一个覆盖。一般而言，大多数函数存在很多个不同的覆盖。覆盖定义了一个函数的特定实现。所有质蕴涵项的集合也是一个覆盖。经过分析可以发现质蕴涵项的覆盖是最简的覆盖。

实质上，逻辑函数优化的过程就是求质蕴涵项覆盖的过程。

3.1 公式法化简

公式法化简只针对某一逻辑函数式反复运用逻辑代数公式消去多余的与项和每个与项中多余的因子，得到质蕴涵项覆盖，使函数式符合最简标准。利用公式进行化简，无固定步骤可循，全凭化简者的经验和技巧。下面介绍化简中几种常用的方法。

1. 并项法

利用公式 $AB+A\bar{B}=A$，将两项合并为一项，并消去因子 B 和 $\bar{B}$。根据代入规则，*A* 和 *B* 可以是任何复杂的逻辑式。

例如：

$F_1=AB\bar{C}+\bar{A}B\bar{C}=(A+\bar{A})B\bar{C}=B\bar{C}$

$F_2=A\bar{B}C+\bar{A}BC+ABC+\bar{A}\bar{B}C=(A\bar{B}+\bar{A}B)C+(AB+\bar{A}\bar{B})C=(A\oplus B)C+\overline{(A\oplus B)}C=C$

2. 吸收法

利用公式 $A+AB=A$，消去非质蕴涵项。例如：

$F_1=\bar{B}+A\bar{B}C=\bar{B}$

$F_2=\bar{A}+\overline{A\bar{B}\bar{C}}B+AC+\bar{D}+BC=(\bar{A}+BC)+(\bar{A}+BC)B+AC+\bar{D}=\bar{A}+BC$

3. 消项法

利用公式 $AB+\bar{A}C+BC=AB+\bar{A}C$，消去非质蕴涵项。例如：

$F_1=AB\bar{C}+C\bar{D}+AB\bar{D}=AB\bar{C}+C\bar{D}$

$F_2=A\bar{B}C\bar{D}+\bar{A}E+BE+CDE=A\bar{B}C\bar{D}+(\bar{A}+B)E+CDE=A\bar{B}C\bar{D}+\overline{A\bar{B}}E+CDE$

$=A\bar{B}C\bar{D}+\overline{A\bar{B}}E=A\bar{B}C\bar{D}+(\bar{A}+B)E=A\bar{B}C\bar{D}+\bar{A}E+BE$

4. 消因子法

利用公式 $A+\bar{A}B=A+B$，消去多余的变量因子 $\bar{A}$。例如：

$F_1=\bar{A}+AB+CD=\bar{A}+B+CD$

$F_2=AB+\bar{A}C+\bar{B}C=AB+(\bar{A}+\bar{B})C=AB+\overline{AB}C=AB+C$

5. 配项法

利用 $A\cdot 1=A$，为某项配上一个变量，以便用其他方法进行化简。例如：

$F=AB+\bar{A}C+BC=AB+\bar{A}C+(A+\bar{A})BC=(AB+ABC)+(\bar{A}C+\bar{A}BC)=AB+\bar{A}C$

利用 $A+\bar{A}=1$，为某项配上一个变量，以便用其他方法进行化简。例如：

$F=ABC+AB\bar{C}+A\bar{B}C+\bar{A}BC=(ABC+AB\bar{C})+(ABC+A\bar{B}C)+(ABC+\bar{A}BC)=AB+AC+BC$

以上介绍了几种常用方法。在实际应用中可能遇到比较复杂的函数式，只要熟练掌握逻辑代数的公式和定理，灵活运用上述方法，总能把函数化成最简。下面是几个综合运用上述方法化简逻辑函数的例子。

$F_1=A\bar{B}+B\bar{C}+\bar{B}C+\bar{A}B$

$\quad = A\bar{B}+B\bar{C}+(A+\bar{A})\bar{B}C+\bar{A}B(C+\bar{C})$　　　　（配项法）

$\quad =（A\bar{B}+A\bar{B}C)+(B\bar{C}+\bar{A}B\bar{C})+(\bar{A}BC+\bar{A}\bar{B}C)$　　（交换律）

$\quad = A\bar{B}+B\bar{C}+\bar{A}C$　　　　　　　　　　　　　（吸收法）

$F_2=AD+A\bar{D}+AB+\bar{A}C+BD+ACEF+\bar{B}EF+DEFG$

$\quad = A+AB+\bar{A}C+BD+ACEF+\bar{B}EF+DEFG$　　（并项法）

$\quad = A+\bar{A}C+BD+\bar{B}EF+DEFG$　　　　　　　　（吸收法）

$\quad = A+C+BD+\bar{B}EF+DEFG$　　　　　　　　　　（消因子法）

$\quad = A+C+BD+\bar{B}EF$　　　　　　　　　　　　　（消项法）

由上面的介绍可以看出，公式化简法不仅使用不方便，而且难以判断所得结果是否为最简。因此，公式化简法一般适用于函数表达式较为简单的情况。

3.2　卡诺图法化简

卡诺图法化简是将逻辑函数用一种称为"卡诺图"的图形来表示，然后在卡诺图上进行函数化简的方法。这种方法简单，直观，可很方便地将逻辑函数化成最简。

3.2.1　卡诺图的构成

卡诺图是一种包含一些小方块的几何图形。卡诺图中的每一个小方块称为一个单元，每个单元对应一个最小项。当输入变量有 n 个时，最小项有 2^n 个，单元数也是 2^n 个。最小项在卡诺图中位置不是任意的，它必须满足相邻性规则。所谓相邻性规则，是指任意两个相邻的最小项（两最小项中仅有一个变量不相同），它们在卡诺图中必须是相邻的。卡诺图中的相邻有两层含义。

BC \ A	00	01	11	10
0	$\overline{A}\,\overline{B}\,\overline{C}$	$\overline{A}\,\overline{B}C$	$\overline{A}BC$	$\overline{A}B\overline{C}$
1	$A\overline{B}\,\overline{C}$	$A\overline{B}C$	ABC	$AB\overline{C}$

(a)

BC \ A	00	01	11	10
0	m_0	m_1	m_3	m_2
1	m_4	m_5	m_7	m_6

(b)

图 3.1　三变量卡诺图

① 几何相邻性，即几何位置上相邻，也就是左右紧挨着或者上下相接。

② 对称相邻性，即图形中两位置对称的单元被认为是相邻的。

图 3.1 为三变量卡诺图，3 个输入变量分别为 A、B、C。该图是这样形成的，先画一个含有 8 个方格（2^3）的矩阵图，在图左上角画一斜线。将 3 个变量分为两组，A 为一组，BC 为一组。然后列出每组变量的所有可能的取值，对于单变量 A，可能的取值为 0、1；对于两变量 BC，可能的取值为 00、01、11、10 共 4 种。当变量取值排列顺序确定之后，便可根据图中两组变量的取值组合来确定对应单元的最小项。例如，当 A = 0，BC = 11 时，它们的组合为 $\overline{A}BC$，对应单元的最小项即为 $\overline{A}BC=m_3$，因此，可以把变量取值和最小项编号直接对应起来。为简化起见，图 3.1（a）可画成图 3.1（b）形式。

仔细观察图 3.1，可发现在该图中，任何最小项均满足相邻性规则，如 m_1，它和 m_0、m_3、m_5 是相邻的，它在几何位置上也满足和 m_0、m_3、m_5 相邻性规则。要注意的是，在三变量卡诺图中，m_0 和 m_2 是相邻的，m_4 和 m_6 也是相邻的，它们分别属位置对称单元。

在图 3.1 卡诺图中，将变量 BC 取值按 00、01、11、10 进行排列，这样排列的特点是：任何两组相邻取值，只有一位变量取值不同，其余都相同，即符合格雷循环码的排列规则。容易看出，变量取值只有满足这种排列，才能使卡诺图中的任何最小项均符合相邻性规则。

图 3.2 为二变量、四变量、五变量的卡诺图。卡诺图中对称位置相邻在五变量卡诺图中尤其值得注意，如 m_1 和 m_5 属位置对称，它们是相邻的，m_{27} 和 m_{31} 也是相邻的，等等。

当变量数多于 6 个时，卡诺图就显得很庞大，在实际应用中已失去了它的优越性，一般很少用它了。

CD\AB	00	01	11	10
00	0	1	3	2
01	4	5	7	6
11	12	13	15	14
10	8	9	11	10

A\B	0	1
0	0	1
1	2	3

(a)二变量卡诺图　　　　　　(b)四变量卡诺图

CDE\AB	000	001	011	010	110	111	101	100
00	0	1	3	2	6	7	5	4
01	8	9	11	10	14	15	13	12
11	24	25	27	26	30	31	29	28
10	16	17	19	18	22	23	21	20

(c)五变量卡诺图

图 3.2　卡诺图示例

3.2.2　卡诺图表示逻辑函数

先回顾一下逻辑函数的真值表表示法。例如，逻辑函数：

$$F(A,B,C)=\overline{A}BC+A\overline{B}C+ABC=m_3+m_5+m_7$$

当用真值表来表示该函数时，直接根据 ABC 的取值，写出 F 的值。当 ABC 取值分别为 011、101 和 111 时，F = 1，否则 F = 0。实际上，蕴涵项 m_3、m_5、m_7 构成 F 的一个覆盖。

在用卡诺图来表示逻辑函数时，只要把真值表各组变量取值所对应的逻辑函数 F 的值，填在对应的小方格中，就构成了逻辑函数 F 的卡诺图。

【例 3.1】　画出 $F(A,B,C)=\overline{A}BC+A\overline{B}C+ABC$ 的卡诺图。

解：首先画出三变量卡诺图，然后在 ABC 变量取值为 011、101、111 所对应的 3 个小方格中填入 1，即在这 3 种取值时函数 F 的值，在其他位置填入 0，如图 3.3 所示。

【例 3.2】　画出 $F(A,B,C,D)=\overline{A}\overline{B}\overline{C}\overline{D}+B\overline{C}D+\overline{A}\overline{C}+A$ 的卡诺图。

解：这是一个四变量逻辑函数，式中第一项是最小项，可直接在四变量卡诺图 m_0 的位置填 1；第二项 $B\overline{C}D$ 与变量 A 无关，即只要 $B\overline{C}D = 101$，F = 1，所以可直接在 CD = 01 的列与 B = 1 的行相交的两个小方格（m_5 和 m_{13}）内填 1；第三项 $\overline{A}\overline{C}$ 只含两个变量，说明 $\overline{A}\overline{C}$ = 00 时，F = 1，应在 A = 0 的两行和 C = 0 的两列相交处（m_0，m_1，m_4，m_5）的小方格内填 1；第四项 A 为单变量，当 $A = 1$ 时，F = 1，A = 1 在卡诺图中的位置为下面两行，即该两行的 8 个小方格（$m_8 \sim m_{15}$）均为 1。最后得到的卡诺图如图 3.4 所示。

BC／A	00	01	11	10
0	0	0	1	0
1	0	1	1	0

图 3.3　例 3.1 卡诺图

CD／AB	00	01	11	10
00	1	1	0	0
01	1	1	0	0
11	1	1	1	1
10	1	1	1	1

图 3.4　例 3.2 卡诺图

由上两例可知，卡诺图实际上是一种较特殊的真值表，其特殊点在于卡诺图通过几何位置的相邻性，形象地表示出构成逻辑函数最小项之间在逻辑上的相邻性。由图 3.3 可知，m_3 和 m_7 相邻，m_5 和 m_7 相邻。而在图 3.4 中，最小项之间的相邻关系就更多了。

3.2.3　卡诺图上合并最小项

在前面讨论最小项性质时已指出，两相邻的最小项相加可合并成一项，并可消去一个因子。利用卡诺图化简逻辑函数的基本原理，也就是利用人的直观的阅图能力，去识别卡诺图中最小项之间的相邻关系，并利用最小项的规则，将逻辑函数化为最简。

在卡诺图上合并最小项具有下列规则。

① 卡诺图上任何两个标 1 的方格相邻可以合为一项，并消去一个因子。

例如，在图 3.5（a）中，m_2 和 m_6 相邻，可以合并，即得 $\overline{A}B\overline{C}+AB\overline{C}=B\overline{C}$。所得的简化项中，保留相同的因子 B 和 $\overline{C}$，消去不同的变量 A 和 $\overline{A}$。为表示这两项已合并，在卡诺图中用一小圈将该两项圈在一起。

BC／A	00	01	11	10
0	0	0	0	1
1	0	1	0	1

（a）

CD／AB	00	01	11	10
00	1	0	0	1
01	0	0	0	0
11	0	1	1	0
10	0	0	0	0

（b）

图 3.5　两个方格相邻的卡诺图

② 卡诺图上任何 4 个标 1 的方格相邻，可以合并为一项，并消去两个因子。

例如，在图 3.6（a）中，最小项 m_5、m_7、m_{13}、m_{15} 彼此相邻，这 4 个最小项可以合并，即有

$$(m_5 + m_7) + (m_{13} + m_{15}) = \overline{A}BD+ABD = BD$$

这种合并在卡诺图中表示为 4 个 1 圈在一起。图 3.6 同时列出了 4 个标 1 方格相邻的几种典型情况，可以看出，4 个可合并的相邻最小项在卡诺图中有下列特点。

● 同在一行或一列。

● 同在一个田字格中。

要注意的是：4个角的小方格也是符合上面第二个特点的，图3.6（c）中的两种情况也属于4个最小项同在一田字格中。

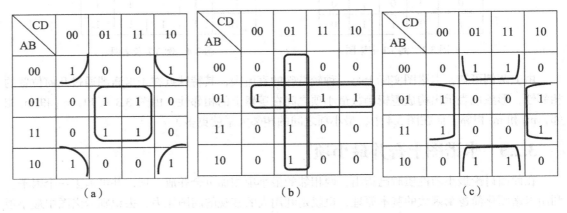

图 3.6　四个方格相邻的卡诺图

③ 卡诺图上任何8个标1的方格相邻，可以合并为一项，并可消去3个因子。

图3.7列出了两种8个标1方格相邻的情况，即当相邻两行或相邻两列的方格中均为1时，它们可以圈在一起，合并成一项。

CD\AB	00	01	11	10
00	1	1	1	1
01	1	1	1	1
11	0	0	0	0
10	0	0	0	0

（a）

CD\AB	00	01	11	10
00	1	0	0	1
01	1	0	0	1
11	1	0	0	1
10	1	0	0	1

（b）

图 3.7　8个方格相邻的卡诺图

综上所述，在 n 个变量的卡诺图中，只有 2^i（$i=0$，1，2，...，n）个相邻的标1方格（必须排列成方形格或矩形格的形状）才能圈在一起，合并为一项，该项保留了原来各项中 $n-i$ 个相同的变量，消去 i 个不同变量。可以看出，卡诺图圈越大，蕴涵项的因子数就越少。整个卡诺图中的圈越少，覆盖中的蕴涵项就越少。一般来说，质蕴涵项的覆盖是圈最少且圈最大的覆盖。

3.2.4　卡诺图化简逻辑函数

首先介绍将逻辑函数化为最简的与或式。最简与或式是指始终同时满足与项数目最少和每项中的变量数目最少，在用卡诺图化简时，也必须符合这个标准。

1. 化简原则

① 将所有相邻的标 1 方格圈成尽可能少的圈。

② 在①的条件下，使每个圈中包含尽可能多的相邻标 1 方格。

简言之，即圈子要少，而且圈子要大。因为每个圈对应一个蕴涵项，圈子少意味着所得与或表达式中的蕴涵项数目少。圈子大意味着所得与项中因子数目少，即获得质蕴涵项。因此这两条原则和前述公式法化简的标准是一致的。

【例 3.3】　试用卡诺图将 $F(A,B,C)=\sum m(3,4,5,6,7)$ 化为最简与或式。

解：这是三变量函数，首先画出三变量卡诺图框。再根据构成该函数的各个最小项在卡诺图上找到相应的小方格，并填入 1，如图 3.8（a）所示。显然，图中的 1 方格应圈成两个圈。

故得最简式为：

$$F(A,B,C)=A+BC$$

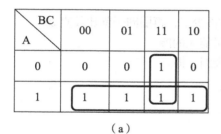 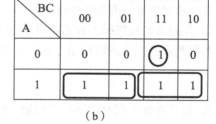

图 3.8　例 3.3 卡诺图

如果圈成如图 3.8（b）所示，则得

$$F(A,B,C)=A\overline{B}+AB+\overline{A}BC$$

这不是最简式。不妨用公式法化简为：

$$F(A,B,C)=A\overline{B}+AB+\overline{A}BC=A+\overline{A}BC=A+BC$$

在用卡诺图化简的过程中，容易犯的错误是，增加了多余的圈和圈子不是最大。

需要注意：

① 所有的圈必须覆盖全部标 1 方格，即每个标 1 方格必须至少被圈一次。这样可以保证完成覆盖。

② 每个圈中包含的相邻小方格数，必须为 2 的整数次幂。这样可以保证每个圈是一个蕴涵项。

③ 为了得到尽可能大的圈，圈与圈之间可以重叠一个或 n 个标 1 方格。

④ 若某个圈中所有的标 1 方格已经完全被其他圈所覆盖，则该圈是多余的，亦即每个圈中至少有一个标 1 方格未被其他圈所覆盖。

⑤ 有些函数最简与或式不一定是唯一的。

2. 化简步骤

现结合举例说明化简的步骤。

【例3.4】 试用卡诺图将 $F(A,B,C,D)=\sum m(0,1,3,7,8,10,13)$ 化为最简与或式。

① 根据函数的变量数画出相应卡诺图框,再将函数填入卡诺图。

本例为四变量函数,所得卡诺图如图3.9所示。

② 圈出孤立的标1方格(如果有的话),所谓孤立,指该1方格与其他所有标1方格皆不相邻。

本例的孤立标1方格为:

$$\sum(13)=AB\overline{C}D$$

③ 找出只被一个最大的圈覆盖的标1方格(如果有的话),并圈出覆盖该标1方格的最大圈。

CD\AB	00	01	11	10
00	1	1	1	0
01	0	0	1	0
11	0	1	0	0
10	1	0	0	1

图3.9 例3.4卡诺图

本例只被一个最大的圈覆盖的标1方格有 m_7、m_{10},覆盖这些标1方格的唯一最大圈有:

$$\sum(3,7)=\overline{A}CD$$

$$\sum(8,10)=A\overline{B}\overline{D}$$

这一步很重要,因为完成这一步后,剩余的标1方格少了,再圈圈子就比较直观。

④ 将剩余的相邻标1方格圈成尽可能少,而且尽可能大的圈。

本例剩余的标1方格有 m_0、m_1,只能圈成一个最大圈,即

$$\sum(0,1)=\overline{A}\overline{B}\overline{C}$$

⑤ 最后将各个圈对应的与项相加,即得最简式。

$$F(A,B,C,D)=\sum m(0,1,3,7,8,10,13)=AB\overline{C}D+\overline{A}CD+A\overline{B}\overline{D}+\overline{A}\overline{B}\overline{C}$$

【例3.5】 试用卡诺图将 $F=\overline{A}\overline{C}+\overline{A}C\overline{D}+ABD+\overline{B}\overline{C}+BC\overline{D}$ 化为最简与或式。

① 将函数填入卡诺图,如图3.10所示。

② 本例无孤立的标1方格。

③ 本例只被一个最大圈覆盖的标1方格有 m_{15}、m_{10}、m_6,覆盖这些标1方格的唯一最大圈有:

$$\sum(13,15)=ABD$$
$$\sum(0,2,8,10)=\overline{B}\overline{D}$$
$$\sum(0,2,4,6)=\overline{A}\overline{D}$$

④ 将剩余的标1方格（m_1，m_5，m_9）圈成一个最大圈,即
$$\sum(1,5,9,13)=\overline{C}D$$

⑤ 所得最简式为:

$$F=ABD+\overline{B}\overline{D}+\overline{A}\overline{D}+\overline{C}D$$

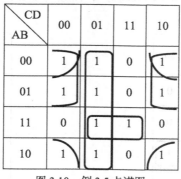

图 3.10 例 3.5 卡诺图

【例 3.6】 试用卡诺图将 F(A,B,C)=$\sum$m(1,2,3,4,5,6) 化为最简与或式。

解：此函数的卡诺图如图 3.11 所示。图中每个标 1 方格都被两个最大圈所覆盖。这是一种特殊情况，因此可以得到两种化简结果。如图 3.11（a）所示，得

$$F=\overline{A}B+\overline{B}C+A\overline{C}$$

如图 3.11（b）所示，得

$$F=A\overline{B}+B\overline{C}+\overline{A}C$$

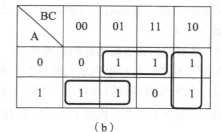

（a）   （b）

图 3.11 例 3.6 卡诺图

无论小规模或者大规模逻辑函数，这一系列步骤对于找到成本最低的实现都是适用的。如例所示，用卡诺图来确定函数的质蕴涵项，然后选取最终的覆盖是很方便的。

【例 3.7】 试用卡诺图将 F(A,B,C,D)=$\sum$m(3,4,5,7,9,13,14,15) 化为最简与或式。

解：此函数卡诺图如图 3.12 所示。

本例只被一个最大圈覆盖的 1 方格有 m_3、m_4、m_9、m_{14}，覆盖这些标 1 方格的唯一最大圈为：

$$\sum(3,7)=\overline{A}CD$$
$$\sum(4,5)=\overline{A}B\overline{C}$$
$$\sum(9,13)=A\overline{C}D$$
$$\sum(14,15)=ABC$$

到此所有标 1 方格都被圈过，已经可得最简，如图 3.12（a）所示。如果再圈中间 4 个标 1 方格，将是多余的，如图 3.12（b）所示。故得：

$$F(A,B,C,D)=\overline{A}CD+\overline{A}B\overline{C}+A\overline{C}D+ABC$$

此例说明，不能孤立地讲"圈子越大越好"，而应当在圈子尽量少的前提下，使圈子尽量大。

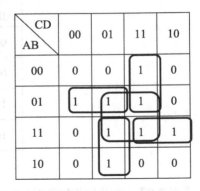

CD\AB	00	01	11	10
00	0	0	1	0
01	1	1	1	0
11	0	1	1	1
10	0	1	0	0

（a）正确的圈画　　　　　　　　（b）错误的圈画

图 3.12　例 3.7 卡诺图

虽然电路的成本是最基本的考虑因素，但是也应当注意到，在某些场合，可能会有另外一些更适用的优化准则。例如，对于一些不同类型的预定义结构的可编程器件（PLD），主要的目标是设计某特定的电路，并加载到该目标器件中实现。不必太在意这个电路的成本是否最低，只要该电路可以在器件上顺利地运行就可以了。支持某特定器件设计的 EDA 工具会自动地进行适合该类型器件的优化。

3．求其他形式逻辑函数的最简式

用尽可能少，且尽可能最大的与项覆盖所有使 F = 1 的最小项，可以得到函数成本最低的与或形式。如果要得到最简或与式，可以先求出 F 反形式的成本最低的与或式表达。然后应用德摩根（De Morgan）定理，根据 $F = \overline{\overline{F}}$ 就可以得到 F 的和之积的最简形式。

如果在函数 F 的卡诺图中，合并那些使函数值为 0 的最小项，则可得到 $\overline{F}$ 的最简与或式。

【例 3.8】试用卡诺图求逻辑函数 $F(A, B, C) = AB + BC + CA$ 的最简单或与式。

① 画出 F 的卡诺图，如图 3.13 所示。

② 合并使函数值为 0 的最小项（图中标 0 的方格）。

$m_0 + m_1 = \overline{A}\overline{B}$

$m_0 + m_2 = \overline{A}\overline{C}$

$m_0 + m_4 = \overline{B}\overline{C}$

③ 写出 $\overline{F}$ 的最简与或式。

$\overline{F} = \overline{A}\overline{B} + \overline{B}\overline{C} + \overline{A}\overline{C}$

④ 利用德摩根定律。

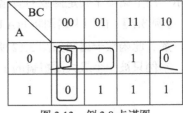

A\BC	00	01	11	10
0	0	0	1	0
1	0	1	1	1

图 3.13　例 3.8 卡诺图

$$F = \overline{\overline{F}} = \overline{\overline{A}\overline{B} + \overline{B}\overline{C} + \overline{A}\overline{C}} = \overline{\overline{A}\overline{B}} \cdot \overline{\overline{B}\overline{C}} \cdot \overline{\overline{A}\overline{C}} = (A + B)(B + C)(A + C)$$

3.2.5　卡诺图法与公式法

卡诺图法是进行逻辑化简的重要方法，实际上它和之前的公式法是等价的。按照公式法提出的各种化简方法，给出每种方法的卡诺图，证明其等价。

（1）并项法

利用公式 $AB+A\bar{B}=A$ ，将两项合并为一项，并消去因子 B 和 $\bar{B}$ ，如图 3.14 所示。

（2）吸收法

利用公式 $A+AB=A$ ，消去非质蕴涵项。如图 3.15 所示，可以明显看到蕴涵式 AB 和蕴涵式 A 存在包含与被包含的关系。

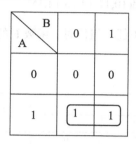 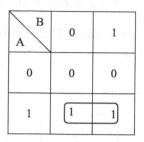

图 3.14　并项法卡诺图　　　　图 3.15　吸收法卡诺图

（3）消项法

利用公式 $AB+\bar{A}C+BC=AB+\bar{A}C$ ，消去非质蕴涵项，如图 3.16 所示。

（4）消因子法

利用公式 $A+\bar{A}B=A+B$ ，消去多余的变量因子 $\bar{A}$ 。如图 3.17 所示，式子左边没有按照卡诺图圈画原则进行圈画，式子右边按卡诺图圈画原则圈画后，得到最简。

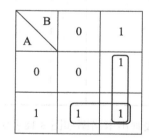

图 3.16　消项法卡诺图　　　　图 3.17　消因子法卡诺图

3.2.6　不完全确定的逻辑函数及其化简

前面所讨论的逻辑函数都是属于完全确定的逻辑函数。就是说，函数的每一组输入变量的取值都能得到一个完全确定的函数值（0 或 1）。如果逻辑函数有 n 个变量，函数就有 2^n 个最小项，其中每一项都有确定值。

在实际设计中，逻辑函数的输出只有一部分最小项有对应关系，而和余下的最小项无关。余下的最小项无论写入逻辑函数式，还是不写入逻辑函数式，都不影响电路的逻辑功能。把这些最小项可称为无关项。无关项常用英文字母 d 表示，对应的函数值记为"×"。包含无关项的逻辑函数称为不完全确定的逻辑函数。

这种包含有无关项的不完全确定的逻辑函数是经常遇到的。例如，如果逻辑电路的输入是二进制编码的十进制数，4 位二进制输入共有 16 种不同的状态，其中只有 10 种有确定的输出，而其余 6 种（即存在 6 个无关项）没有确定的输出。在设计中，充分利用无关项可以使设计得到简化。

【例 3.9】 设有一奇偶判别电路，其输入为一位十进制数的 8421BCD 码。当输入为偶数时，电路输出为 0；当输入为奇数时，电路输出为 1。试列出其真值表及卡诺图，写出最简与或表达式。

解：根据题意，可以列出描述该电路的真值表，见表 3.1。表 3.1 中，第 10 ～15 行是不确定的，所以这是一个不完全确定的逻辑函数，函数的表达式为：

$$F(A,B,C,D)=\sum m(1,3,5,7,9)+\sum d(10,11,12,13,14,15)$$

式中，d 为无关项，即当 ABCD 取值为 1010 ～ 1111 中任一组值时，函数 F 的值既可为 0，也可为 1，故在表中打上 ×。

表 3.1　　　　例 3.9 真值表

十进制数 x	BCD 码 A	B	C	D	F（A，B，C，D）
0	0	0	0	0	0
1	0	0	0	1	1
2	0	0	1	0	0
3	0	0	1	1	1
4	0	1	0	0	0
5	0	1	0	1	1
6	0	1	1	0	0
7	0	1	1	1	1
8	1	0	0	0	0
9	1	0	0	1	×
10	1	0	1	0	×
11	1	0	1	1	×
12	1	1	0	0	×
13	1	1	0	1	×
13	1	1	0	1	×
14	1	1	1	0	×
15	1	1	1	1	×

由真值表画出卡诺图如图 3.18 所示。图中 6 个无关项对应的小方格打 ×。若不利用无关项化简，即圈中不包含打 × 的方格，结果得：

$$F(A,B,C,D)=\bar{A}D+\bar{B}\bar{C}D$$

若利用无关项化简，即圈中包含打 × 的方格，以获得尽可能大的圈，则得：

$$F(A,B,C,D)=D$$

完整地写应将函数写为：

$$\begin{cases}F(A,B,C,D)=D\\ \sum d(10,11,12,13,14,15)=0\end{cases}$$

AB \ CD	00	01	11	10
00	0	1	1	0
01	0	1	1	0
11	×	×	×	×
10	0	1	×	×

图 3.18　例 3.9 卡诺图

或

$$\begin{cases}F(A,B,C,D)=D\\ AB+AC=0\end{cases}$$

即在写出 F 表达式的同时，把约束关系也写上，以便全面地表示逻辑函数的性质。

由上例可见，充分利用无关项，有可能使逻辑函数进一步简化，从而使逻辑电路更为简单。

3.2.7　多输出逻辑函数的化简

前面讨论的逻辑函数化简都是针对单个函数（对应的逻辑电路只有一个输出端）而言的。实际的数字电路，常常是一个多输出电路，即对应于相同一组输入变量，存在多个输出函数。这些输出函数式，实现为电路时，不是各自分立的，而是相互构成一个整体电路。因此，多输出函数的化简，虽然也是以单个函数的化简方法为基础，但却不能像单个函数化简那样只顾各个函数本身最简，即不是追求对应单个函数的局部电路最简，而必须从整体出发，以使多输出函数化简。利用卡诺图法化简多输出函数的关键在于寻找并恰当地利用全部函数或部分函数的蕴涵项。下面举例说明。

【例 3.10】　化简下列多输出函数。

$$\begin{cases} F_1(A,B,C)=\sum m(1,4,5) \\ F_2(A,B,C)=\sum m(1,3,7) \end{cases}$$

解：作出 F1、F2 卡诺图，如图 3.19 所示。

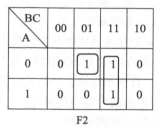

图 3.19　例 3.10 卡诺图

若按单个函数化简方法，其结果为：

$$F_1=A\overline{B}+\overline{B}C$$
$$F_2=\overline{A}C+BC$$

现在从整体出发，考虑函数的化简。从 F_1、F_2 卡诺图中看出，m_1 是两个函数共有的蕴涵项，可先将它单独圈出。其余的 1 方格，仍按一般卡诺图圈选原则进行圈选，如图 3.20 所示，其结果为：

$$\begin{cases} F_1=\overline{A}\,\overline{B}C+A\overline{B} \\ F_2=\overline{A}\,\overline{B}C+BC \end{cases}$$

从单个函数看并非最简，但从整体看却是最简的。将单个函数化简同整体化简进行比较，显然后者节省一个门和一条连线。

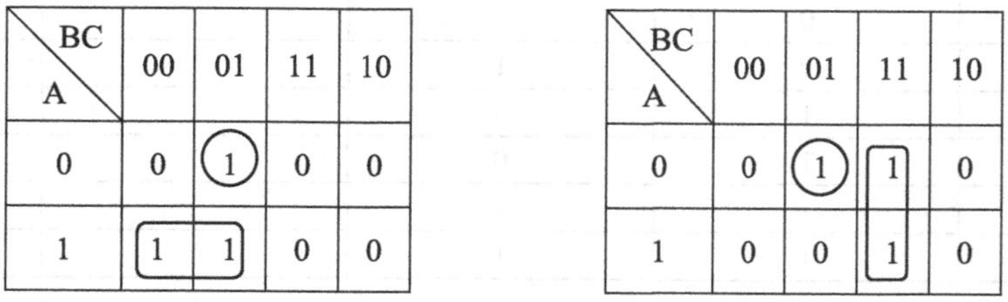

图 3.20　例 3.10 卡诺图另一种圈法

上例中得到的公共圈是有用的，即有利于整体电路最简，但并非任何情况下得到的公共圈都是有用的。可以归纳出用卡诺图化简多输出函数的步骤如下。

① 分别画出各个函数的卡诺图。

② 在各个卡诺图中寻找两个或两个以上函数的公共圈。对非共同部分，仍按一般卡诺图的圈选原则进行圈选。

③ 对步骤②进一步考察。考察时着眼点放在公共圈上，因为有些公共圈在某个函数的卡诺图中，有可能扩大合并范围，其结果又可能使整个电路更加简化。这就需要多次修改圈。

3.3 列表法化简

列表化简法是由 Quine 和 Mccluskey 提出的一种系统化简法，又称为 Q-M 化简法。该方法和卡诺图化简法的基本思想大致相同。它通过找出函数 F 的全部质蕴涵项、必要质蕴涵项以及最简质蕴涵项集来求得最简表达式。所不同的是，在列表化简法中上述结果都是通过约定形式的表格，按照一定规则求得的。

Q-M 化简法的步骤如下。

① 将函数表示成"最小项之和"形式，并用二进制码表示每一个最小项。

② 找出函数的全部质蕴涵项。

方法：先将 n 个变量函数中的相邻最小项合并，消去相异的一个变量，得到（n-1）个变量的"与"项；再将相邻的（n-1）个变量的"与"项合并，消去相异的变量，得到（n-2）个变量的"与"项……依此类推，直到不能再合并为止。所得到的全部不能再合并的"与"项（包括不能合并的最小项），即为所要求的全部质蕴涵项。

③ 找出函数的必要质蕴涵项。

④ 找出函数的最小覆盖。

接下来举例说明。

【例 3.11】 用列表法化简逻辑函数 $F(A,B,C,D)=\sum m(0,2,4,5,6,7,10,11,14,15)$。

解：

① 将函数中的每一个最小项用二进制代码表示，见表 3.2。

表 3.2 例 3.11 最小项的二进制代码

最小项	A	B	C	D
0	0	0	0	0
2	0	0	1	0
4	0	1	0	0
5	0	1	0	1
6	0	1	1	0
7	0	1	1	1
10	1	0	1	0
11	1	0	1	1
14	1	1	1	0
15	1	1	1	1

② 求函数的全部质蕴涵项。

　　求函数的质蕴涵项需利用质蕴涵项产生表。本例的质蕴涵项产生表见表 3.3。其中表（a）就是原始的最小项蕴涵项表。同时根据最小项二进制编码中含 1 的个数进行分组，在（a）中，按含 1 个数的递增顺序进行排列。由于相邻最小项的二进制码中含 1 的个数只能相差 1，即可以合并的最小项只能处于相邻的两组内。

表 3.3　　　　　　　　　　　　　　　例 3.11 质蕴涵项产生表

（a）

含 1 个数	最小项	A	B	C	D	是否可合并
0	0	0	0	0	0	√
1	2	0	0	1	0	√
	4	0	1	0	0	√
2	5	0	1	0	1	√
	6	0	1	1	0	√
	10	1	0	1	0	√
3	7	0	1	1	1	√
	11	1	0	1	1	√
	14	1	1	1	0	√
4	15	1	1	1	1	√

（b）

含 1 个数	最小项	A	B	C	D	是否可合并
0	0,2	0	0	—	0	√
	0,4	0	—	0	0	√
1	2,6	0	—	1	0	√
	2,10	—	0	1	0	√
	4,5	0	1	0	—	√
	4,6	0	1	—	0	√
2	5,7	0	1	—	1	√
	6,7	0	1	1	—	√
	6,14	—	1	1	0	√
	10,11	1	0	1	—	√
	10,14	1	—	1	0	√
3	7,15	—	1	1	1	√
	11,15	1	—	1	1	√
	14,15	1	1	1	—	√

（c）

含 1 个数	最小项	A	B	C	D	是否可合并
0	0,2,4,6	0	—	—	0	P_1
1	2,10,6,14	—	—	1	0	P_2
	4,5,6,7	0	1	—	—	P_3
2	6,7,14,15	—	1	1	—	P_4
	10,11,14,15	1	—	1	—	P_5

因此，可将表 3.3（a）中相邻两组的二进制码逐个进行比较，找出那些只有一个变量不同的最小项合并，消去不同变量，组成（n-1）个变量的"与"项列于表 3.3（b）中。例如，首先将 0 组的最小项 m_0 与 1 组的 m_2 进行比较、合并后消去相异的 C 变量，这里用"-"表示消去的变量，然后将合并后的"与"项列入表 3.3（b）中。由于该"与"项是由 m_0 和 m_2 合并产生的，故在表 3.3（a）中 m_0 和 m_2 的右边打上"√"标记，表示它们已经包含在表 3.3（b）的"与"项中了，并在表 3.3（b）中的第二列指出相应"与"项是由哪几个最小项合并产生的。接着合并 m_0 和 m_4，消去变量 B，用同样的方法填入表 3.3（b）。

第 0 组的最小项与第 1 组的最小项比较完后，接着比较第 1 组和第 2 组的最小项，即将 m_2、m_4 与 m_5、m_6、m_{10} 分别进行比较，显然 m_2 与 m_5 不能合并，因为它们之间有多个变量不同，而 m_2 与 m_6 可以合并消去变量 B，m_2 与 m_{10} 可以合并消去变量 A，将合并后得到的"与"项同样列入表 3.3（b）中。依次类推，将表 3.3（a）中全部最小项逐一进行比较、合并，得到表 3.3（b）。表 3.3（b）中的"与"项均由（n-1）个变量组成，表 3.3（b）的"与"项由 3 个变量组成。

按上述同样的方法，再对表 3.3（b）中的全部"与"项进行比较、合并，可形成表 3.3（c）。由于表 3.3（c）的"与"项不再相邻，故合并到此结束。

表 3.3 中凡是没有打"√"标记的"与"项，即函数的质蕴涵项，用 P_i 表示，该函数的全部质蕴涵项为：

$$P_1 = \sum m(0,2,4,6) = \overline{A}\overline{D}$$

$$P_2 = \sum m(2,6,10,14) = C\overline{D}$$

$$P_3 = \sum m(4,5,6,7) = \overline{A}B$$

$$P_4 = \sum m(6,7,14,15) = BC$$

$$P_5 = \sum m(10,11,14,15) = AC$$

③ 求函数的全部必要质蕴涵项。

通过建立必要质蕴涵项产生表，可求出函数的全部必要质蕴涵项。必要质蕴涵项产生表见表 3.4。

表 3.4 　　　　　　　　　　　　　例 3.11 必要质蕴涵项产生表

质蕴涵项 \ 最小项	0	2	4	5	6	7	10	11	14	15
P_1 *	$\underline{×}$	×	×		×					
P_2		×			×		×		×	
P_3 *			×	$\underline{×}$	×	×				
P_4					×	×			×	×
P_5							×	×	×	×
覆盖情况	√	√	√	√	√	√				

表中，第一行为 F 的全部最小项，第一列为上一步求得的全部质蕴涵项。必要质蕴涵项可按下述步骤求得。

首先，逐行标上各质蕴涵项覆盖最小项的情况。例如，表中质蕴涵项 P_1 可覆盖最小项 m_0、m_2、m_4、m_6、故在 P_1 这一行与上述最小项相应列的交叉处打上"×"标记，其他各行依此类推。

然后，标出必要最小项。逐列检查标有"×"的情况，若某列只有一个"×"号，则该列的相应最小项为必要最小项，在"×"下加上横线。

接着，找出包含必要最小项的行，这些行对应的质蕴涵项即为必要质蕴涵项，在这些质蕴涵项后加上"*"标记。

最后，标出必要质蕴涵项覆盖最小项的情况。在表的最后一行覆盖情况一栏中，标上必要质蕴涵项覆盖最小项的情况。凡能被必要质蕴涵项覆盖的最小项，在最后一行的该列上打上标记"√"，供下一步找函数最小覆盖时参考。

④ 找出函数的最小覆盖。

所谓最小覆盖既要覆盖全部最小项，又要使质蕴涵项数目达到最少。为了能覆盖全部最小项，必要质蕴涵项是首先必须选用的质蕴涵项。此例中的必要质蕴涵项集不能覆盖该函数的全部最小项时，还需进一步从剩余质蕴涵项集中找出所需质蕴涵项，以构成函数的最小质蕴涵项集。将剩余的未选入的质蕴涵项和未覆盖的最小项列成表 3.5。根据该表，可以发现，如果选择 P_5，则能覆盖所有未选入的最小项。

表 3.5　　　　　　　　　　　　　　　　例 3.11 最小质蕴涵项产生表

质蕴涵项 ＼ 最小项	10	11	14	15
P_2	×		×	
P_4			×	×
P_5	×	×	×	×
覆盖情况	√	√	√	√

最后列出最简式，函数 F 是必要蕴涵项 P_1、P_3 和质蕴涵项 P_5 的逻辑和。

$$F(A,B,C,D)=\sum m(0,2,4,5,6,7,10,11,14,15)=P_1+P_3+P_5=\overline{A}\,\overline{D}+\overline{A}B+AC$$

【例 3.12】　用列表法化简逻辑函数 $F(A,B,C,D)=\sum m(0,5,7,8,9,10,11,14,15)$。

解：

① 将函数中的每一个最小项用二进制代码表示，见表 3.6。

表 3.6　　　　　　　　　　　　　　　　例 3.12 最小项的二进制代码

最小项	A	B	C	D
0	0	0	0	0
5	0	1	0	1
7	0	1	1	1
8	1	0	0	0
9	1	0	0	1
10	1	0	1	0
11	1	0	1	1
14	1	1	1	0
15	1	1	1	1

② 求函数的全部质蕴涵项，见表 3.7。

表 3.7 例 3.12 质蕴涵项产生表

（a）

含 1 个数	最小项	A	B	C	D	是否可合并
0	0	0	0	0	0	√
1	8	1	0	0	0	√
2	5	0	1	0	1	√
	9	1	0	0	1	√
	10	1	0	1	0	√
3	7	0	1	1	1	√
	11	1	0	1	1	√
	14	1	1	1	0	√
4	15	1	1	1	1	√

（b）

含 1 个数	最小项	A	B	C	D	是否可合并
0	0,8	-	0	0	0	P_5
1	8,9	1	0	0	-	√
	8,10	1	0	-	0	√
2	5,7	0	1	-	1	P_4
	9,11	1	0	-	1	√
	10,11	1	0	1	-	√
	10,14	1	-	1	0	√
3	7,15	-	1	1	1	P_3
	11,15	1	-	1	1	√
	14,15	1	1	1	-	√

（c）

含 1 个数	最小项	A	B	C	D	是否可合并
1	8,9,10,11	1	0	-	-	P_2
2	10,11,14,15	1	-	1	-	P_1

$$P_1 = \sum m(10,11,14,15) = AC$$

$$P_2 = \sum m(8,9,10,11) = A\overline{B}$$

$$P_3 = \sum m(7,15) = BCD$$

$$P_4 = \sum m(5,7) = \overline{A}BD$$

$$P_5 = \sum m(0,8) = \overline{B}\,\overline{C}\,\overline{D}$$

③ 求函数的全部必要质蕴涵项。本例的必要质蕴涵项产生表见表 3.8。

表 3.8　　　　　　　　　　　例 3.12 必要质蕴涵项产生表

质蕴涵项 \ 最小项	0	5	7	8	9	10	11	14	15
P_1*						×	×	×	×
P_2*			×	×	×	×	×		
P_3			×						×
P_4*		×	×						
P_5*	×			×					
覆盖情况	√	√	√	√	√	√	√	√	√

④ 找出函数的最小覆盖

本例从表 3.8 的覆盖情况一行可知，选取必要质蕴涵项 P_1、P_2、P_4、P_5 后即可覆盖函数的全部最小项。因此，该函数化简的最终结果为：

$$F(A,B,C,D)=\sum m(0,5,7,8,9,10,11,14,15)=P_1+P_2+P_4+P_5=AC+A\overline{B}+\overline{A}BD+\overline{B}\overline{C}\overline{D}$$

可以看出，列表法化简逻辑函数的优点是规律性强。给出的例子可以用四变量表示，用卡诺图的方法同样可以完成，读者可以自行证明。从过程上可以看出，对变量较多的函数列表法则更加得心应手，尽管工作量很大，但总可经过反复比较、合并得到最简结果。该方法很适用于计算机处理。而相比之下，对于变量较多的函数，卡诺图就无能为力了。

3.4　小　　结

逻辑函数优化是进行逻辑设计的重要基本功。将复杂的逻辑函数化成项数和输入数都最简的形式有利于在设计中节约成本。而化简的本质在于求得最小覆盖的质蕴涵项集。

本章介绍了逻辑函数优化的 3 种常用方法。

● 公式法是利用逻辑公式进行推导，最终化简的方法。

● 对于五变量以下的逻辑，卡诺图法是常用的方法，它能够方便、直观、快捷地通过圈画进行逻辑函数化简。

● 列表法是一种穷举法，适合编成程序制作成 EDA 工具进行多变量的逻辑化简。

本章的内容只有扎实掌握，才能在分析和设计中得心应手。下一章将讨论组合逻辑的分析与设计。

习　　题

1. 判断函数 $F=AB\overline{C}+\overline{A}BC$ 和 $G=A\overline{B}+BC+\overline{A}C$ 有何关系，要求给出判断依据。

2. 用布尔代数的基本公式和定律证明 F1 = F2。

（1）$F1=\overline{A\overline{B}}+B\overline{C}+AB$　　　　　$F2=\overline{A}\overline{B}+\overline{A}C+BC+AB$

（2）$F1=AB\oplus A\overline{C}$　　　　　$F2=AB+A\overline{C}$

3. 对下列函数 $Y=A\overline{B}+\overline{A}BC+\overline{A}B\overline{C}$ 且 $BC=0$，要求：（1）列出真值表，（2）用卡诺图化简，（3）

画出化简后的逻辑图。

4. 用布尔代数的基本公式和定律化简下列函数。

（1）$Y=BC+D+\overline{BCD}(AD+B)$

（2）$Y=\overline{AC}+\overline{A}BC+\overline{BC}+AB\overline{C}$

（3）$Y=AB+\overline{A}C+\overline{B}C+CD+\overline{D}$

（4）$Y=A\overline{BC}+AB\overline{C}+ABC$

（5）$Y=\overline{AB}+AC+\overline{B}C$

（6）$Y=\overline{AC}+\overline{AB}+BC+ACD$

（7）$Y=A(B+\overline{C})+\overline{A}(B+C)+BCDE+\overline{BC}(D+E)F$

（8）$Y=\overline{BD}+\overline{D}+D(B+C)\left(\overline{AD+B}\right)$

（9）$Y=\overline{ABC}+AD+(B+C)D$

（10）$Y = \overline{\overline{AC}+\overline{\overline{B}C}+B\left(A\oplus C\right)}$

（11）$Y=AC+\overline{B}C+B\overline{D}+A(B+\overline{C})$

（12）$Y=AB+A\overline{C}+\overline{B}C+B\overline{C}+\overline{B}D+B\overline{D}+ADE$

（13）$Y=\overline{\overline{\overline{A(B+\overline{C})(A+\overline{B}+C)}}\overline{ABC}}$

5. 用卡诺图化简下列逻辑函数。

（1）$Y(A,B,C,D)=\sum m(2,4,5,6,10,11,12,13,14,15)$

（2）$Y(A,B,C,D)=\Pi M(3,4,6,7,11,12,13,14,15)$

（3）$Y(A,B,C,D)=\overline{B}CD+B\overline{C}+\overline{ACD}+A\overline{B}C$

（4）$Y(A,B,C,D)=B+\overline{AD}+C\overline{D}+\overline{AC}$

（5）$Y(A,B,C,D)=\sum m(2,4,6,7,12,15)+\sum d(0,1,3,8,9,11)$

（6）$Y(A,B,C,D)=\sum m(0,1,2,5,7,8,9)$，约定条件为：$AB+AC=0$

（7）$Y(A,B,C,D)=C\overline{D}(A\oplus B)+\overline{A}BC+\overline{A}CD$，给定约束条件为：$AB+CD=0$

（8）$Y(A,B,C)=\overline{A}C+A\overline{B}$ 且 A、B、C 不能同时为 0 或同时为 1

6. 已知 $F1=\overline{A}\overline{B}+\overline{B}C+AB,F2=\overline{AB}+\overline{A}C+BC+AB$，用卡诺图化简求 $G_1=F1\bullet F2$，$G_2=F1+F2$，$G_3 = F1\oplus F2$ 的最简与或式。

7. 用卡诺图法将逻辑函数 $F(A,B,C,D)=\sum m(1,2,4,5,6,12)+\sum d(3,8,10,11,14)$ 表示成最简与或非形式（允许使用反变量）。

8. 用卡诺图化简 $F(A,B,C,D)=\sum m(1,3,5,7,8,9,10,11,14,15)$ 的最简与或式、与非-与非式、或与式、或非-或非式。

9. 已知同一电路的输出函数 $Y_1 \sim Y_3$ 为：

$Y_1(A,B,C,D)=\sum m(1,3,4,5,9,12,13,14)$

$Y_2(A,B,C,D)=\sum m(1,3,5,7,10,11,12)$

$Y_3(A,B,C,D)=\sum m(4,5,7,9,11,12,14)$

试用最少数目的与非门实现之，写出逻辑函数表达式。

10. 用列表法化简逻辑函数 $F(A,B,C,D)=\sum m(0,2,4,5,6,7,9,10,15)$。

第4章
组合逻辑的分析与设计

计算机电路可以看成一个黑盒，其中包括一个或多个离散变量的输入端、一个或多个离散变量的输出端、输入和输出的关系，以及描述输入改变时输出响应的延迟。

在黑盒内部，电路由一些连接线和元件组成。元件本身又是一个带有输入、输出、功能规范和时序规范的电路。这些电路可以用元件的逻辑符号以及连线组成的逻辑图进行刻画。电路的逻辑关系可以用逻辑表达式给出。图4.1表述了这种关系。

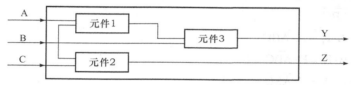

图 4.1　逻辑图

从宏观上看，图 4.1 描述了输出 Y 和 Z 与输入 A、B、C 的关系，可以用逻辑表达式 $Y=F_Y(A,B,C)$，$Z=F_Z(A,B,C)$ 表达。从微观上，该图由 3 个逻辑元件构成，这 3 个元件分别有 $f_1=f_1(A,B)$，$f_2=f_2(B,C)$，$f_3=f_3(f_1,B)$，可知 $Y=f_3$，$Z=f_2$。因此用计算机逻辑可以清晰地描述计算机电路的关系。

计算机逻辑可以分为组合逻辑和时序逻辑。组合逻辑的输出仅仅取决于输入的值，换句话说，它组合当前输入值来确定输出值，可以明确地得到输出逻辑函数表达式。之前给出的逻辑门是最简单的组合逻辑元件，它们的输出逻辑函数表达式是最基本的逻辑式。组合逻辑的基本问题是组合逻辑分析和组合逻辑设计。

组合逻辑分析是根据给定的组合逻辑图确定其逻辑功能的过程，即找出输出与输入之间的逻辑关系。逻辑分析对于分析某个逻辑的设计思想，评价某个逻辑技术指标的合理性，仿制、维修和改进产品具有重要意义。

组合逻辑设计是逻辑分析的逆过程，即根据给定的逻辑功能要求，确定一个能实现这种功能的最简逻辑图。

4.1　小型组合逻辑的分析

由基本逻辑门组成的小型组合逻辑分析，一般可按以下几个步骤进行。

① 根据所给的逻辑图，写出输出逻辑函数表达式。一般从输入端开始，逐级写出各级门的输

出函数，直到整个逻辑的输出端。

② 根据已写出的输出逻辑表达式，列出真值表。

③ 由真值表或表达式分析逻辑功能。

下面举例说明。

【例 4.1】 分析图 4.2 所示组合逻辑的功能。

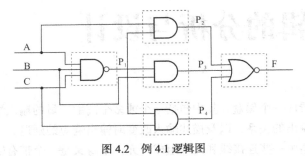

图 4.2 例 4.1 逻辑图

解：

① 写出输出函数逻辑表达式。从输入端开始分析。

$$P_1 = \overline{ABC}$$

$$P_2 = A \cdot P_1 = A \cdot \overline{ABC}$$

$$P_3 = B \cdot P_1 = B \cdot \overline{ABC}$$

$$P_4 = C \cdot P_1 = C \cdot \overline{ABC}$$

$$F = \overline{P_2 + P_3 + P_4} = \overline{A \cdot \overline{ABC} + B \cdot \overline{ABC} + C \cdot \overline{ABC}} = \overline{\overline{ABC}(A + B + C)} = ABC + \overline{ABC}$$

② 列出真值表，见表 4.1。

表 4.1　　　　　　　　　　　　　　　例 4.1 真值表

A	B	C	F
0	0	0	1
0	0	1	0
0	1	0	0
0	1	1	0
1	0	0	0
1	0	1	0
1	1	0	0
1	1	1	1

③ 说明逻辑功能。

由真值表或者由输出函数逻辑表达式可以看出，当 3 个输入变量 A、B、C 全为 0，输出为 1，故称此电路为"一致电路"。"一致电路"可用于一些高可靠性设备的监测上。高可靠性设备往往几套同时工作，其中一套实际工作，另外的开机待命。只要一出故障，"一致电路"就立即输出信号，切除有故障的设备，投入好的设备去工作。

【例 4.2】 分析图 4.3 所示组合逻辑的功能。

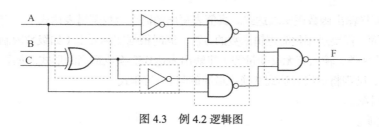

图 4.3　例 4.2 逻辑图

解：

① 写出输出函数逻辑表达式。

$$F = \overline{\overline{A} \cdot (B \oplus C) \cdot A \cdot \overline{(B \oplus C)}} = \overline{A}(B \oplus C) + A \cdot \overline{B \oplus C} = \overline{A}\overline{B}C + \overline{A}B\overline{C} + A\overline{B}\overline{C} + ABC$$

② 列出真值表见表 4.2。

表 4.2　　　　　　　　　　　　　　　例 4.2 真值表

A	B	C	F
0	0	0	0
0	0	1	1
0	1	0	1
0	1	1	0
1	0	0	1
1	0	1	0
1	1	0	0
1	1	1	1

③ 说明逻辑功能。

由真值表可以看出，输入变量 A、B、C 的取值组合中，有奇数个 1 时，输出 F 为 1，否则，F 为 0，故称此电路为"输入奇校验电路"。奇（或偶）校验电路可用于校验所传送的二进制代码是否有错。

从以上例子可以看出，分析组合电路时，前两步并不困难，而由真值表或由输出函数逻辑表达式说明电路功能时，需要具备一定经验积累。

4.2　小型组合逻辑的设计

通常，设计由小规模集成电路构成的组合电路时，强调的基本原则是获得最简的电路，即所用的门电路最少以及每个门的输入端数最少。一般可以按以下步骤进行。

① 由实际问题列出真值表。一般首先根据事件的因果关系确定输入、输出变量，进而对输入、输出进行逻辑赋值，即用 0、1 表示输入、输出各自的两种不同状态；再根据输入、输出之间的逻辑关系列出真值表。N 个输入变量，应有 2^n 个输入变量取值的组合，即真值表中有 2^n 行。但有些实际问题，只出现部分输入变量取值的组合。未出现者，在真值表中可以不列出。如果列出，可在相应的输出处记上"×"号，以示区别，化简逻辑函数时，可做无关项处理。

② 由真值表写出输入函数逻辑表达式。对于简单的逻辑问题，也可以不列真值表。而直接根据逻辑问题写出输入函数逻辑表达式。

③ 化简，变换输出函数逻辑表达式。真值表写出的输出函数逻辑表达式不一定是最简式，为使所设计的电路最简，需要运用化简逻辑函数的方法。同时根据实际要求（如级数限制等）和客观条件（如使用门电路的种类，输入有无反变量等）将输出表达式变换成适当的形式。如要求用与非门来实现所设计的电路，则需将输出表达式变换成最简的与非-与非式。

④ 画出逻辑图。

下面举例说明。

【例 4.3】 试用与非门设计一个三变量表决电路。

解：

① 列真值表。

设 A、B、C 分别代表参加表决的 3 个输入变量，F 为表决结果。规定 A = 1，B = 1，C = 1 表示赞成，反之表示不赞成；F = 1 表示多数赞成，即通过，反之表示不通过。表决电路的原则（即功能）是"少数服从多数"，故可列出真值表见表 4.3。

表 4.3　　　　　　　　　　　　　　　　例 4.3 真值表

A	B	C	F
0	0	0	0
0	0	1	0
0	1	0	0
0	1	1	1
1	0	0	0
1	0	1	1
1	1	0	1
1	1	1	1

② 写出最简的输出函数逻辑表达式。

由真值表画出卡诺图如图 4.4（a）所示，经化简并变换得：

$$F = AB + BC + AC = \overline{\overline{AB} \cdot \overline{BC} \cdot \overline{AC}}$$

③ 画出逻辑图，如图 4.4（b）所示。

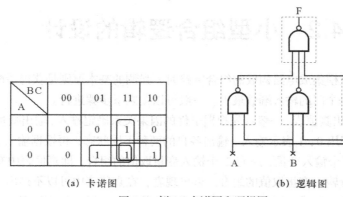

（a）卡诺图　　　　　　　　　（b）逻辑图

图 4.4　例 4.3 卡诺图和逻辑图

【例 4.4】 设计一个 8421BCD 码（表示一位十进制数 N）监视器，监视 8421BCD 码的传输情况。当传输的数 $N \geq 4$ 时，监视器输出为 1，否则输出为 0。

解：用 ABCD 表示 8421BCD 码输入，用 F 表示监视器输出。列出真值表见表 4.4。因为 8421BCD 码只有 0000～1001 这 10 个状态，其余 1010～1111 这 6 个状态不能出现，相应的 6 个最小项就是无关项，可以利用来化简逻辑函数。

表 4.4　　　　　　　　　　　　　　例 4.4 真值表

N	A	B	C	D	F
0	0	0	0	0	0
1	0	0	0	1	0
2	0	0	1	0	0
3	0	0	1	1	0
4	0	1	0	0	1
5	0	1	0	1	1
6	0	1	1	0	1
7	0	1	1	1	1
8	1	0	0	0	1
9	1	0	0	1	1

本例卡诺图如图 4.5（a）所示，经化简得 F 的最简式：$F = A + B$。由于没有限制使用门的种类，最后画出逻辑图如图 4.5（b）所示。

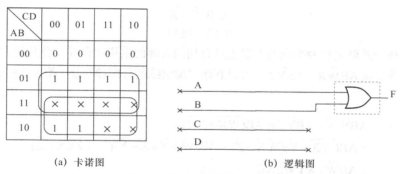

(a) 卡诺图　　　　　　　　　　　　　　(b) 逻辑图

图 4.5　例 4.4 卡诺图和逻辑图

与或式称为二级逻辑，因为它在第一级与门中连接所有的输入信号，然后再连接到第二级的或门。有时会用多于两个级别的逻辑门建立电路。这些多级组合逻辑使用的硬件比二级组合逻辑更少。常见的应用是设计无反变量输入的三级与非门逻辑。

【例 4.5】　在无反变量提供时，用与非门实现如下函数。

$$F(A,B,C) = \sum m(3,4,5,6)$$

解：首先按照二级逻辑设计方法借助卡诺图获得该函数的最简与或式，并且对式子做如下变换。

$$F = A\overline{B} + A\overline{C} + BC\overline{A} = A(\overline{B} + \overline{C}) + BC\overline{A} = \overline{\overline{A\overline{AB}C}} + \overline{BC\overline{ABC}} = \overline{\overline{A\overline{AB}C} \cdot \overline{BC\overline{ABC}}}$$

由最后结果画出的逻辑图，如图 4.6（b）所示。可见它比图 4.6（a）节省了 3 个门。

从上例表达式的变换过程可知，为获得三级与非门的简化电路，可采取以下两条措施。

① 合并最简与或表达式中具有相同原变量因子的乘积项，以减少式中乘积项数目，从而减少了第二级门的数目。例如，乘积项 $A\overline{B}$ 和 $A\overline{C}$ 具有相同的变量因子 A，故可合并为：

$$\overline{A\overline{B}} + \overline{A\overline{C}} = \overline{A(\overline{B} + \overline{C})} = \overline{A\overline{BC}}$$

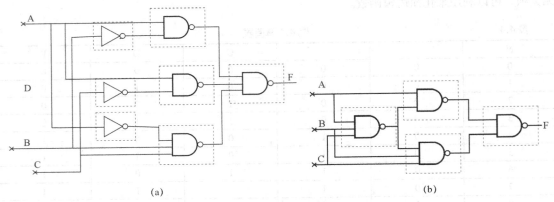

(a)   (b)

图 4.6　例 4.5 逻辑图

减少一个乘积项，使第二级门节省了一个门。一般情况下，一个乘积项（或合并后的乘积项）由两部分组成：不带"非"号的部分（称为乘积项的头部）和带"非"号的部分（或称为乘积项的尾部）。如：

$$A \cdot B \cdot \overline{W} \cdot \overline{X}$$
头部　　尾部

因此，上述合并就是将两个或两个以上具有相同头部的乘积项合并。合并的方法是这样的，例如，有两个乘积项 $AB\overline{WX} + AB\overline{YZ}$，可以利用"加对乘的分配律"及"德·摩根定理"来进行。其过程如下。

$$AB\overline{WX} + AB\overline{YZ} = AB(\overline{WX} + \overline{YZ})$$
$$= AB(\overline{WX} + \overline{Y})(\overline{WX} + \overline{Z}) = AB(\overline{W} + \overline{Y})(\overline{X} + \overline{Y})(\overline{W} + \overline{Z})(\overline{X} + \overline{Z})$$
$$= AB\overline{WY}\,\overline{XY}\,\overline{WZ}\,\overline{XZ}$$

② 寻找公共的尾因子，以减少式中各项尾因子的种类，从而减少了第三级门的数目。

一个乘积项的尾因子可以根据需要加以扩展，其方法是：将头部因子的各种组合分别乘入其尾因子，从而得到扩展的尾因子。如乘积项 $BC\overline{A}$ 的尾因子是 $\overline{A}$，将头部因子 B、C 的各种组合 B，C 的各种组合 B、C、BC 分别乘入 $\overline{A}$ 中，得到扩展尾因子 $\overline{AB}$、$\overline{AC}$、$\overline{ABC}$。可以证明，用这些扩展的尾因子代替原来的尾因子 $\overline{A}$，乘积项的值不变，即

$$BC\overline{A} = BC\overline{AB} = BC\overline{AC} = BC\overline{ABC}$$

这些扩展的尾因子称为代替尾因子。

综上所述，在输入不提供反变量的情况下，对于设计三级与非门电路，可在二级门设计方法的基础上，采用并项和代替尾因子的方法获得最简的电路。需要指出的是，当实现一个比较复杂的逻辑函数时，往往需要综合考虑，多加比较才能最后得到最简的电路。在设计过程中，还应当注意，在用卡诺图将函数化为最简式时，剩余项的圈选是有讲究的。另外，获得最简式后，适当引入多余项有时会更加有利。下面结合举例介绍设计的综合步骤及要注意的问题。

【例 4.6】 设输入只有原变量而无反变量时，用三级与非门电路实现函数 F（A，B，C，D)
$= \sum m(0,1,4,6,7,9,14)$。

解：

① 将函数表示在卡诺图上，如图 4.7（a）所示。

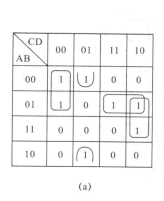

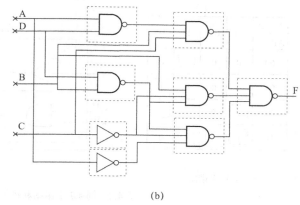

（a）   （b）

图 4.7 例 4.6 逻辑图

② 找出只被一个最大圈覆盖的 1 方格，并圈出相应的圈（和该圈对应的乘积项称为必要项，以后把这一步称为"圈出必要项"）。

本例有：$\sum(6,7) = \overline{A}BC$ $\sum(1,9) = \overline{B}\,\overline{C}D$ $\sum(6,14) = BC\overline{D}$

③ 圈出剩余项。本例剩余项有 m_0、m_4。它们只能构成一个最大的圈，即 $\sum(0,4) = \overline{A}\,\overline{C}\,\overline{D}$。故得最简的与或式：

$$F = BC\overline{A} + D\overline{B}\,\overline{C} + BC\overline{D} + \overline{A}\,\overline{C}\,\overline{D}$$

若按照二级门设计方法，到此就为止了。但按三级门设计要将头部相同的项合并，得

$$F = BC\overline{A}\overline{D} + D\overline{B}\,\overline{C} + \overline{A}\,\overline{C}\,\overline{D}$$

上式已经不能再用代替尾因子进一步化简了，故需 9 个与非门才能实现。

④ 考虑多余项。从图 4.7（a）卡诺图中可以看出，本例有两个多余项。

$\sum(0,1) = \overline{A}\,\overline{B}\,\overline{C}$ （可和 $\sum(0,4) = \overline{A}\,\overline{C}\,\overline{D}$ 合并）

$\sum(4,6) = \overline{B}\,\overline{A}\,\overline{D}$ （它和前面所得各项的头部都不相同，故舍去）

当引如多余项 $\sum(0,1)$ 后，得

$$F = BC\overline{A}\overline{D} + D\overline{B}\,\overline{C} + \overline{A}\,\overline{C}\,\overline{B}\,\overline{D}$$

此式说明，引入多余项后，总项数并未改变，但却获得了新的尾部因子。然后再寻找代替因子，则得

$$F = BC\overline{A}\overline{D} + D\overline{B}\,\overline{D}\overline{C} + \overline{A}\,\overline{C}\,\overline{B}\,\overline{D}$$

故只需 8 个与非门就能实现。说明适当引入多余项有可能减少第三级门数目。但必须注意，多余项的引入并非一定有利。

⑤ 画出逻辑图。将上面最后所得经二次求反变换为与非-与非式。

$$F = \overline{\overline{BC\overline{A}\overline{D}} \cdot \overline{D\overline{B}\,\overline{D}\overline{C}} \cdot \overline{\overline{A}\,\overline{C}\,\overline{B}\,\overline{D}}}$$

画出逻辑图如图 4.7（b）所示。

【例 4.7】 设输入只有原变量而无反变量时，用三级与非门电路实现函数 $F(A,B,C,D) = \sum m(3,6,8,9,11,12,14)$。

解：

① 将函数表示在卡诺图上，如图 4.8（a）所示。

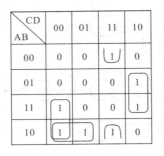

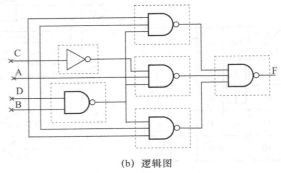

(a) 卡诺图　　　　　　　　　　　(b) 逻辑图

图 4.8　例 4.7 卡诺图和逻辑图

② 圈出必要项。本例必要项有

$$\sum(3,11) = CD\overline{B}$$

$$\sum(6,14) = BC\overline{D}$$

③ 圈选剩余项。本例剩余项有 m_8、m_9、m_{12}，至少能圈出两个圈，其方案有 3 种。

方案 1 为 $\sum(8,9) + \sum(8,12) = A\overline{BC} + A\overline{CD}$。

方案 2 为 $\sum(8,9) + \sum(12,14) = A\overline{BC} + AB\overline{D}$。

方案 3 为 $\sum(9,11) + \sum(8,12) = AD\overline{B} + A\overline{CD}$。

若按照二级门设计方法，这 3 种方案随便选择一种，皆可获得最简与或式。但按三级门设计方法选择第一种是有利的。因为和这两个圈对应的乘积项 $A\overline{BC}$ 和 $A\overline{CD}$ 可以合并为 $A\overline{BC} + A\overline{CD} = A\overline{CBD}$，有利于减少乘积项数目。而其他两种方案不具备此条件。这样得到最简式：

$$F = CD\overline{B} + BC\overline{D} + A\overline{CBD}$$

寻找尾因子后，得：

$$F = CD\overline{BD} + BC\overline{BD} + A\overline{CBD}$$

④ 考虑多余项。上一步既然采用了第一方案，那么，多余项即为

$$\sum(9,11) = AD\overline{B}$$

$$\sum(12,14) = AB\overline{D}$$

这两项的头部和上一步所得式中各项的头部皆不相同，故不能采用。因此，所得 F 为最简式。

$$F = \overline{\overline{CD\overline{BD}} \cdot \overline{BC\overline{BD}} \cdot \overline{A\overline{CBD}}}$$

画出逻辑图，如图 4.8（b）所示。

4.3　逻辑运算元件

到现在为止，学习了小型组合逻辑的分析与设计，使用门电路作为基本元件实践了这些过程。这一节将介绍一些常用的组合逻辑元件。这些元件都是进行逻辑设计的重要工具。

4.3.1　多路选择器

多路选择器是由几路数据输入、一位或多位的选择控制，和一路数据输出所组成的。多路选择器从多路输入中选取其中一路将其传送到输出。由选择控制信号值决定输出的是第几路输入信号，选择控制信号也称为"地址"。图 4.9 中展示的是一个 2 选 1 多路选择器。图 4.9（a）给出了常用的 2 选 1 多路选择器的逻辑符号，选择控制 s 的值决定了输出 F 的值等于 w_0，还是 w_1。多路选择器的功能也可用真值表来表示，如图 4.9（b）所示。图 4.9（c）给出了 2 选 1 多路选择器用与或形式表示的逻辑图。

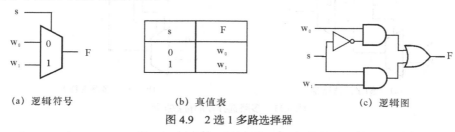

（a）逻辑符号	（b）真值表	（c）逻辑图

图 4.9　2 选 1 多路选择器

图 4.10（a）描绘了一个有 4 路数据输入（w_0 w_1 w_2 w_3）、两个选择控制信号（s_1 s_0）、规模较大的多路选择器。如图 4.10（b）中真值表所描述的那样，s_1 s_0 组成了一个两位的二进制数，由 s_1 s_0 的值选定多路选择器的输出值。图 4.10（c）是 4 选 1 多路选择器的逻辑图，用与或形式门表示。它实现的逻辑功能如下式所示。

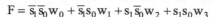

$$F = \overline{s_1}\,\overline{s_0}w_0 + \overline{s_1}s_0w_1 + s_1\overline{s_0}w_2 + s_1s_0w_3$$

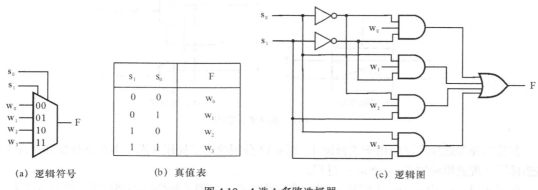

（a）逻辑符号	（b）真值表	（c）逻辑图

图 4.10　4 选 1 多路选择器

同样的方法可以构造出更大的多路选择器。一般情况下，多路选择器中数据输入的路数 n 是 2 的整数幂。拥有 n 路输入的多路选择器（从 w_0 到 w_{n-1}）需要 $\log_2 n$ 个选择控制端。更大规模的多路选择器可以由较简单的多路选择器构成。例如，4 选 1 多路选择器可以用 3 个 2 选 1 多路选择器实现，如图 4.11（a）所示。如图 4.11（b）显示了如何用 5 个 4 选 1 多路选择器组成一个 16 选 1 多路选择器。

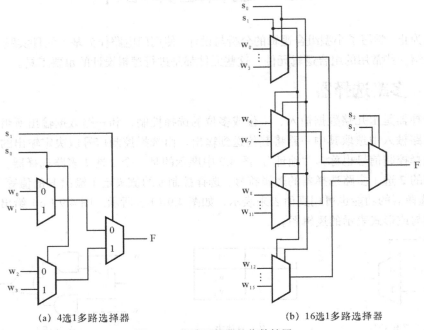

(a) 4选1多路选择器　　　　　　　　　(b) 16选1多路选择器

图 4.11　多路选择器的位数扩展

【例 4.8】用 2 选 1 多路选择器实现由控制端 s 控制电路，当 s = 0 时 x_1 和 y_1 连接，x_2 和 y_2 连接，当 s = 1 时，x_1 和 y_2 连接，x_2 和 y_1 连接。

解：

图 4.12（b）展示了具体的实现方法。多路选择器的选择控制端由输入信号 s 控制，当 s = 1 时，x_1 和 y_2 连接，x_2 和 y_1 连接；而当 s = 0 时，x_1 和 y_1 连接，x_2 和 y_2 连接。

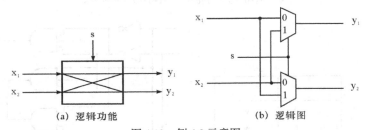

(a) 逻辑功能　　　　　　　　　(b) 逻辑图

图 4.12　例 4.8 示意图

多路选择器选择广泛应用于逻辑设计。图 4.13 分别给出了使用 4 选 1 多路选择器和 2 选 1 多路选择器实现逻辑函数 $F = w_1 \oplus w_2$ 的过程。

在图 4.13（b）中一个输入信号 w_1 被用来作为 2 选 1 多路选择器的选择信号，此时真值表中，对应每个 w_1 值，F 将被重新赋值。当 $w_1 = 0$ 时，F 值与输入值 w_2 相等，而当 $w_1 = 1$ 时，F 值与 $\overline{w}_2$ 相等。

w_1	w_2	F
0	0	0
0	1	1
1	0	1
1	1	0

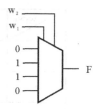

（a）用4选1多路选择器实现异或逻辑

w_1	F
0	w_2
1	$\overline{w}_2$

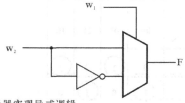

（b）用2选1多路选择器实现异或逻辑

图 4.13　利用多路选择器来进行逻辑设计

【例 4.9】　分别用 2 选 1 多路选择器和 4 选 1 多路选择器实现 3 位信号异或的逻辑 $F = w_1 \oplus w_2 \oplus w_3$。

解：

首先给出 3 位信号异或的真值表，见表 4.5。

表 4.5　　　　　　　　　　　　　　例 4.9 真值表

w_1	w_2	w_3	F
0	0	0	0
0	0	1	1
0	1	0	1
0	1	1	0
1	0	0	1
1	0	1	0
1	1	0	0
1	1	1	1

根据真值表，画出卡诺图，并进行圈画。图 4.14（a）为卡诺图。

图 4.14（b）说明了如何用 2 选 1 多路选择器来实现函数 $F = w_1 \oplus w_2 \oplus w_3$。由于是 2 选 1 多路选择器，假设以 w_1 作为选择信号，于是，在进行卡诺图圈画时将 $w_1=0$ 和 $w_1=1$ 的两部分切开分别进行圈画。可以得到当 $w_1=0$ 时，$F = w_2\overline{w}_3 + \overline{w}_2 w_3 = w_2 \oplus w_3$；当 $w_1=1$ 时，$F = w_2 w_3 + \overline{w}_2\overline{w}_3 = \overline{w_2 \oplus w_3}$。

对于 4 选 1 多路选择器，如图 4.14（c）所示的卡诺图，假设以 $w_1 w_2$ 作为选择信号，于是根据 $w_1 w_2$ 的不同取值，将卡诺图分成四部分可知，当 $w_1 w_2 = 0$，$F=w_3$；当 $w_1 w_2 = 01$，$F = \overline{w}_3$；当 $w_1 w_2 = 10$，$F = \overline{w}_3$；当 $w_1 w_2 = 11$，$F = w_3$。

注意在该例中，根据需要将卡诺图分割成不同区域，分别圈画。2 路选择，则分割成 2 个区域；4 路选择，则分割成 4 个区域。

w₁ \ w₂w₃	00	01	11	10
0	0	1	0	1
1	1	0	1	0

F

（a）原始卡诺图

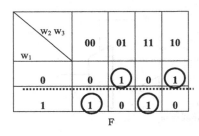

（b）按 2 选 1 圈画

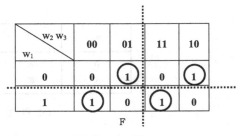

（c）按 4 选 1 圈画

图 4.14　例 4.9 卡诺图

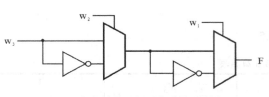

（a）用2选1多路选择器实现的逻辑图

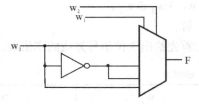

（b）用4选1多路选择器实现的逻辑图

图 4.15　多路选择器来实现例 4.9

图 4.15 分别给出了用 2 选 1 多路选择器和 4 选 1 多路选择器实现例 4.9 的逻辑图，当然对于图 4.15（a）采用异或门也是可以实现的。

任何布尔函数 $F(w_1,......,w_n)$ 都可以表示成如下形式。

$$F(w_1,......,w_n) = \overline{w}_1 F(0, w_2,......,w_n) + w_1 F(1, w_2,......,w_n)$$

这种形式，可以称为香农展开。以 3 位输入的异或函数为例，可得：

$$F = w_1 \oplus w_2 \oplus w_3 = \overline{w}_1(w_2 \oplus w_3) + w_1 \overline{w_2 \oplus w_3}$$

在香农展开式中 $F(0, w_2,......,w_n)$ 项称为对应于的 $\overline{w}_1$ 的 F 余因子式，简写作 $F_{\overline{w}_1}$。同样，$F(1, w_2,......,w_n)$ 项称为对应于 w_1 的 F 的余因子式，简写作 F_{w_1}。所以香农展开可以简写成：

$$F = \overline{w}_1 F_{\overline{w}_1} + w_1 F_{w_1}$$

一般来说，若函数表达式对应于变量 w_i 展开，则 F_{w_i} 可表示为 $F(w_1, w_2,......, w_{i-1}, 1, w_{i+1},......, w_n)$，且 $F(w_1,......,w_n) = \overline{w}_i F_{\overline{w}_i} + w_i F_{w_i}$。

多路选择器可以实现任何组合逻辑函数，用多路选择器来实现逻辑函数，要求给出该逻辑函数的表达式，然后将表达式分解成由选择输入变量确定的几部分。可以用香农展开实现这个步骤。

【例 4.10】　分别以 A、B、C 对逻辑表达式 $F(A,B,C) = \sum m(1,2,3,6)$ 做香农展开。

解：　$F(A,B,C) = \sum m(1,2,3,6) = \overline{A}\overline{B}C + \overline{A}B\overline{C} + \overline{A}BC + AB\overline{C}$

如果以 A 对逻辑式进行香农展开可得：

$$F(A,B,C) = \overline{A}\overline{B}C + \overline{A}B\overline{C} + \overline{A}BC + AB\overline{C} = \overline{A}\,(\,\overline{B}C + B\overline{C} + BC\,) + AB\overline{C} = \overline{A}\,(\,B + C\,) + AB\overline{C}$$

如果以 B 对逻辑式进行香农展开可得：

$$F(A,B,C) = \overline{A}\overline{B}C + \overline{A}B\overline{C} + \overline{A}BC + AB\overline{C} = \overline{B}\overline{A}C + B\,(\,\overline{A}\overline{C} + \overline{A}C + A\overline{C}) = \overline{B}\overline{A}C + B(\overline{A} + \overline{C})$$

如果以 C 对逻辑式进行香农展开可得：

$$F(A,B,C) = \overline{A}\overline{B}C + \overline{A}B\overline{C} + \overline{A}BC + AB\overline{C} = \overline{C}(\overline{A}B + AB) + C(\overline{A}\overline{B} + \overline{A}B) = \overline{C}B + C\overline{A}$$

香农展开也能以多个变量进行分解，在上例中，如果以 AB 对逻辑式进行香农展开可得：

$$F(A,B,C) = \overline{A}\overline{B}C + \overline{A}B\overline{C} + \overline{A}BC + AB\overline{C} = \overline{A}\overline{B}C + \overline{A}B1 + A\overline{B}0 + AB\overline{C}$$

如果以 BC 对逻辑式进行香农展开可得：

$$F(A,B,C) = \overline{A}\overline{B}C + \overline{A}B\overline{C} + \overline{A}BC + AB\overline{C} = \overline{B}\overline{C}0 + \overline{B}C\overline{A} + BC1 + B\overline{C}\overline{A}$$

如果以 AC 对逻辑式进行香农展开可得：

$$F(A,B,C) = \overline{A}\overline{B}C + \overline{A}B\overline{C} + \overline{A}BC + AB\overline{C} = \overline{A}\overline{C}B + \overline{A}C1 + A\overline{C}B + AC0$$

上述展开式可用 4 选 1 多路选择器实现。

【例 4.11】　4 选 1 多路选择器实现逻辑函数 $F(A,B,C,D) = \sum m(1,2,4,9,10,11,12,14,15)$。

解：首先作出函数的卡诺图，如图 4.16（a）所示。其次从函数的 4 个变量中选择两个作为地址变量，这两个地址变量按其取值的组合将卡诺图划分为 4 个区域——4 个子卡诺图（都是二变量卡诺图），如图中虚线所示。各子卡诺图对应的函数就是与其地址码对应的数据输入函数余因子式，再化简并求出数据输入，数据输入函数的化简可在各子卡诺图中进行。

需要注意的是，由于一个数据输入对应一个地址码，因此画圈时不能越过图中的虚线。化简结果如图 4.16（a）所示。标注这些圈的合并项时，去掉地址变量。于是可得各数据输入函数。

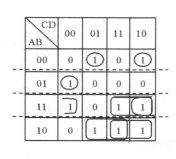
以AB为地址圈画

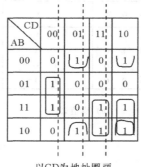
以CD为地址圈画

（a）卡诺图

图 4.16　例 4.11 图

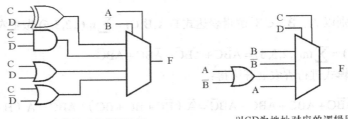

以AB为地址对应的逻辑图　　　　以CD为地址对应的逻辑图

（b）逻辑图

图 4.16　例 4.11 图（续）

以 AB 进行香农展开得：

$$F(A,B,C,D) = \overline{A}\,\overline{B}(C \oplus D) + \overline{A}B(\overline{C}\,\overline{D}) + A\overline{B}(C + D) + AB(C + \overline{D})$$

以 CD 进行香农展开得：

$$F(A,B,C,D) = \overline{C}\,\overline{D}B + \overline{C}D\overline{B} + C\overline{D}(A + \overline{B}) + CDA$$

对应逻辑图如图 4.16（b）所示。同样，还可以以 AC 和 BD 进行香农展开，这里不再赘述。

4.3.2　编码器

在 n 位 2 进制码中，若码的变化只是对应不同的一位被置为 1，其余各位都为 0，则该 2 进制编码被称为独热码编码，意思是那个被置为 1 的码位看起来是"热"的。独热码编码用于控制信号逻辑清晰，但用于数据存储和传输时则由于位数众多，难以处理。编码器可以用来减少给定独热码信息的比特数。

二进制编码器把来自于 2^n 条输入线的独热码信息编码转换成 n 位二进制码，如图 4.17 所示。编码器的输出信号为一个二进制数，表明对应的哪个输入位为 1。

图 4.18（a）给出了 4 位输入 2 位输出编码器（4-2 编码器）的真值表，输入为 4 位独热码，输出为二进制数。观察真值表可知，当输入 w_1 或 w_3 为 1 时，输出 y_0 为 1，

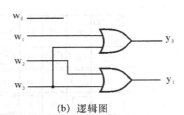

图 4.17　编码器

当输入 w_2 或 w_3 为 1 时，输出 y_1 为 1。因此这些输出信号能由图 4.18（b）所示逻辑图表示。

w_3	w_2	w_1	w_0		y_1	y_0
0	0	0	1		0	0
0	0	1	0		0	1
0	1	0	0		1	0
1	0	0	0		1	1

（a）真值表　　　　　　　　　　　　　　（b）逻辑图

图 4.18　4-2 编码器

如果输入并不是独热码，就需要编码器根据输入信号的优先级进行编码，称为优先编码器。在有多位有效输入时，优先编码器只对优先级最高的位进行编码，其他优先级较低位上的输入变

化全被忽略。图 4.19 所示的真值表列出了 4-2 优先编码器的逻辑关系。该真值表说明，w_0 的优先级最低，w_3 的优先级最高。

　　分析真值表中的最后一行可以很容易明白优先编码器的行为逻辑。当 $w_3 = 1$ 时，输出 = 11，因为优先级最高，w_2、w_1 和 w_0 的输入值对输出无影响。为了反映它们的值对输出无关紧要，它们的值在真值表中用×来表示。真值表中的倒数第二行表明当 $w_3 = 0$ 时，若 $w_2 = 1$，则输出 = 10。同样的，当 w_3 和 w_2 都为 0 时，若 $w_1 = 1$，则输出 01，且只有在 $w_0 = 1$ 时，输出才被置成 00。当所有的输入都等于 0 时，z 被置为 0。在这种情况下，y_1 和 y_0 就没有意义。

w_3	w_2	w_1	w_0	y_1	y_0	z
0	0	0	0	×	×	0
0	0	0	1	0	0	1
0	0	1	×	0	1	1
0	1	×	×	1	0	1
1	×	×	×	1	1	1

图 4.19　4-2 优先编码器的真值表

　　分析真值表，由此推导得：

$$y_1 = \bar{w}_3 w_2 + w_3$$
$$y_0 = \bar{w}_3 \bar{w}_2 w_1 + w_3$$
$$z = \bar{w}_3 \bar{w}_2 \bar{w}_1 w_0 + \bar{w}_3 \bar{w}_2 w_1 + \bar{w}_3 w_2 + w_3$$

　　常见的编码器有 10-4 优先编码器 74147 和带使能输入和使能输出端的 8-3 优先编码器 74148，它们都以低电平输入有效，输出也以低电平有效。如图 4.20 所示是两种优先编码器的逻辑符号。

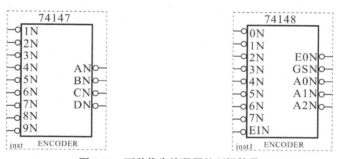

图 4.20　两种优先编码器的逻辑符号

4.3.3　译码器

　　译码器的作用与编码器的作用相反，它对已编码的信息进行译码。二进制译码器（见图 4.21）是一个有 n 路输入和 2^n 路输出的逻辑电路。每组输入值对应于一个输出信号，即对应每次输入，只有一条输出信号值为真。译码器有一个使能信号（En），用来控制输出信号使能。若 En = 0，则译码器没有任何输出，即所有输出均为 0。若 En = 1，输入 $w_{n-1}w_{n-2}\cdots w_0$ 的值则决定了输出信号的值。

图 4.21　译码器

　　2-4 译码器（见图 4.22），它的输入信号为 w_1 和 w_0。对每个二进制输入信号，译码器的输出是在 4 位中选择 1 位，使其变为有效。译码器的输出能被设计成高电平有效或低电平有效，在图 4.22 中采用的是高电平有效。当输入信号分别为 00、01、10、11 时，对应输出分别为 1。该译码器的逻辑符号如图 4.22（b）所示，而它的逻辑图则如图 4.22（c）所示。

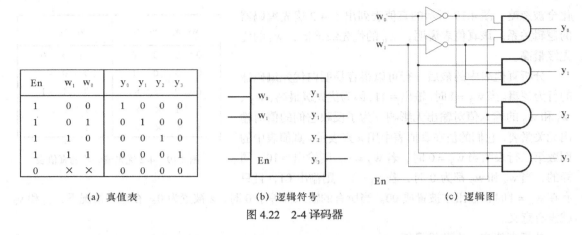

En	w_1	w_0	y_0	y_1	y_2	y_3
1	0	0	1	0	0	0
1	0	1	0	1	0	0
1	1	0	0	0	1	0
1	1	1	0	0	0	1
0	×	×	0	0	0	0

(a) 真值表　　　　　　　　(b) 逻辑符号　　　　　　　　(c) 逻辑图

图 4.22　2-4 译码器

更大的译码器可以由如图 4.22（c）所示的与或结构组成，也可以由小译码器构成。图 4.23（a）说明如何用两个 2-4 译码器来组成一个 3-8 译码器。输入信号驱动这两个译码器的使能输入。若 $w_2 = 0$，则图中上面那个译码器使能，若 $w_2 = 1$，则下面的那个译码器使能。由此思路可以构成任何大小的译码器。图 4.23（b）说明了怎样用 5 个 2-4 译码器来组成一个 4-16 译码器。该译码器的结构呈现树状，因此被称为译码树。

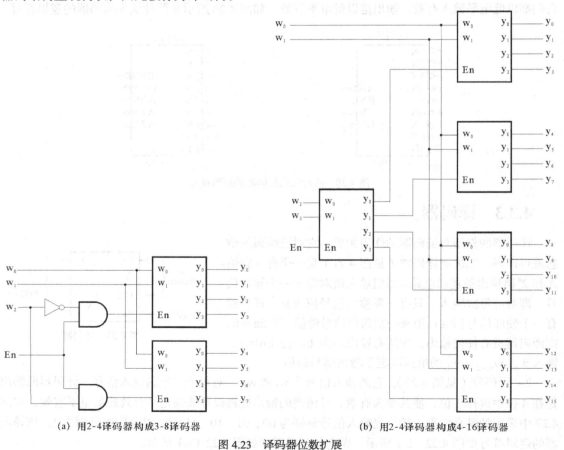

(a) 用2-4译码器构成3-8译码器　　　　　　　　　(b) 用2-4译码器构成4-16译码器

图 4.23　译码器位数扩展

【例 4.12】　使用 2-4 译码器和若干门实现多路选择器。

解：译码器的作用是对输入的信号值进行区分，如图 4.24 所示，译码器使能信号被置为 1。译码器的 4 个输出可用作多路选择器的 4 个选择控制信号，从 4 个输入中选取 1 个将其输出。

多路选择器的用途是在选择信号的控制下把输入的 n 路数据中的一路转接到输出端。多路分配器的作用正好与此相反，即把单路输入数据转接到多路的某一路输出，所以称为多路分配器。多路分配器能用译码器来实现。例如，2-4 译码器能起到 1 到 4 多路分配器的作用。如图 4.22 所示，输入使能信号 En 可看成是多路分配器的数据输入信号，而输出多路信号为 y_0 至 y_3，$w_1 w_0$ 的值则决定 y_0 至 y_3 中哪一路输出 En 的值。为了弄清楚该电路是怎样工作的，分析图 4.22（a）中的真值表。当 En=0 时，所有的输出都被置为 0（包括由 $w_1 w_0$ 值所选中的输出信号），而当 En =1 时，值所对应的那路输出被置为 1。总的来说，一个 n 位译码器电路都能用作 1 到 2^n 多路分配器。在上一例中，正是将译码器看成一个多路分配器，根据地址将使能信号送到 y_0 至 y_3 中的一个，从而实现了多路选择的功能。

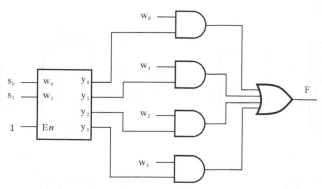

图 4.24　用译码器来构建一个 4 选 1 的多路选择器

图 4.25 显示了一个 2 位多路分配器的真值表。可以使用译码器将使能端的信号根据译码器的输入送到相应的输出位上。如果使能端为 0，则相应输出位的信号为 0，如果使能端为 1，则相应输出位的信号为 1。

En	w_1	w_0	y_0	y_1	y_2	y_3
D	0	0	D	0	0	0
D	0	1	0	D	0	0
D	1	0	0	0	D	0
D	1	1	0	0	0	D

图 4.25　多路分配器真值表

任何组合逻辑函数都可以写成最小项之和或最大项之积的形式。而二进制译码器能产生输入信号的全部最小项。因此，附加适当的门，就可以实现任何组合逻辑函数。

【例 4.13】　试用 3-8 译码器和门实现下列函数。

$$F(Q, X, P) = \sum m(0,1,4,6,7) = \prod M(2,3,5)$$

解：可以用下列几种方法实现该逻辑函数。

① 利用高电平有效输出的译码器和或门。

$$F(Q, X, P) = \sum m(0,1,4,6,7) = m_0 + m_1 + m_4 + m_6 + m_7$$

② 利用低电平有效输出的译码器和与非门。

$$F(Q, X, P) = \sum m(0, 1, 4, 6, 7) = \overline{\overline{m}_0 \overline{m}_1 \overline{m}_4 \overline{m}_6 \overline{m}_7}$$

③ 利用高电平有效输出的译码器和或非门。

$$F(Q, X, P) = \sum m(0, 1, 4, 6, 7) = \prod M(2, 3, 5) = \overline{m_2 + m_3 + m_5}$$

④ 利用低电平有效输出的译码器和与门。

$$F(Q, X, P) = \sum m(0, 1, 4, 6, 7) = \prod M(2, 3, 5) = \overline{m}_2 \overline{m}_3 \overline{m}_5$$

4 种不同结果的逻辑图，分别如图 4.26（a）（b）（c）（d）所示，在图中 C 为输入最高位，A 为输入最低位，逻辑图采用 quartusII 绘制，分别采用高电平输出有效的译码器 74137 和低电平输入有效的译码器 74138。

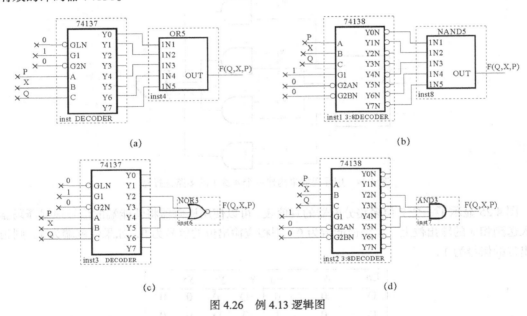

图 4.26　例 4.13 逻辑图

由上例可以看出，对任何逻辑函数，只需要将其化为最小项和的形式或者最大项积的形式，就能够方便地用译码器进行表示。也就是说，同多路选择器一样，译码器同样可以方便地表示所有的逻辑函数。

4.3.4　码型转换器

编码器和译码器电路的用途是把一种形式的编码（输入）转换为另一种形式的编码（输出）。举例来说，3-8 译码器是把输入的 3 位二进制数转换为 8 位独热码送到输出端。而 8-3 编码器的作用正好相反。

除此之外，还存在着许多种类型的码型转换器。常见的是将 BCD 码转换为七段数码管显示用的译码器，它把二进制编码的十进制数（BCD）转换成驱动数码显示管的信息。逻辑符号如图 4.27（a）所示，该电路把输入的 BCD 码转换成为用于驱动数码管各段显示的 7 个信号。数码管的每一段是一个小发光二极管（LED），当有电信号驱动时，它便发光。在图 4.27 中，这 7 段分别用字母 a～g 来标记。BCD 码转换成 7 段码的译码器真值表如图 4.27（c）所示，这里采用的是共阴级二极管，因此低电平有效。同样也可以列出共阳极二极管的真值表，此时高电平有效。由于输入是 BCD 码，因此完整的 16 行真值表的最后 6 行在图中并没有示出。这里都可以作为无关项进行考虑。

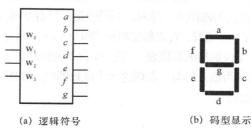

（a）逻辑符号　　　　　　　　　（b）码型显示

w_3	w_2	w_1	w_0	a	b	c	d	e	f	g	显示
0	0	0	0	1	1	1	1	1	1	0	0
0	0	0	1	0	1	1	0	0	0	0	1
0	0	1	0	1	1	0	1	1	0	1	2
0	0	1	1	1	1	1	1	0	0	1	3
0	1	0	0	0	1	1	0	0	1	1	4
0	1	0	1	1	0	1	1	0	1	1	5
0	1	1	0	1	0	1	1	1	1	1	6
0	1	1	1	1	1	1	0	0	0	0	7
1	0	0	0	1	1	1	1	1	1	1	8
1	0	0	1	1	1	1	1	0	1	1	9

(c)共阴极二极管的真值表

图 4.27　码型转换器

由真值表画出卡诺图可以得到各二极管的输出表达式。

$a = \sum m(0,2,3,5,6,7,8,9) = w_3 + w_1 + \overline{w}_2\overline{w}_0 + w_2w_0$

$b = \sum m(0,1,2,3,4,7,8,9) = \overline{w}_2 + \overline{w}_3w_1\overline{w}_0 + \overline{w}_3\overline{w}_1w_0$

$c = \sum m(0,1,3,4,5,6,7,8,9) = \overline{w}_0 + \overline{w}_3w_2 + \overline{w}_3w_0$

$d = \sum m(0,2,3,5,6,8,9) = w_3 + w_1\overline{w}_0 + \overline{w}_2\overline{w}_0 + \overline{w}_2w_1 + w_2\overline{w}_1w_0$

$e = \sum m(0,2,6,8) = \overline{w}_2\overline{w}_0 + w_1\overline{w}_0$

$f = \sum m(0,4,5,6,8,9) = w_3 + \overline{w}_1\overline{w}_0 + w_2\overline{w}_0 + w_2\overline{w}_1$

$g = \sum m(2,3,4,5,6,8,9) = w_3 + w_1\overline{w}_0 + w_2\overline{w}_1 + \overline{w}_2w_1$

由这些表达式，不难画出码型转换器的逻辑图。本书从略。

4.4　算术运算元件

之前的逻辑元件以逻辑运算功能为主，接下来介绍的组合逻辑元件主要完成算术运算功能。

4.4.1 加法器

算术运算主要是加、减、乘、除 4 个类型，而加运算最为基础，因为其他的几种运算都可以分解成若干步加法运算进行。因此，加法器是算术运算的基本单元电路。

无符号数加法与十进制加法的操作是一样的，不同的是它只有 0 和 1 两个数值。如图 4.28（a）所示，两个 1 位的数相加共有 4 种情况，右边那位叫作"和"（sum，s），左边那位叫作"进位"（carry，c）。在图 4.28（b）中列出了 1 位加法的真值表。表示和（s）的位是以 x 和 y 为输入的异或函数，而表示进位的位（c）是以 x 和 y 为输入的与，实现这两个函数的电路如图 4.28（c）所示。只对两个位进行加运算的电路叫作"半加器"。

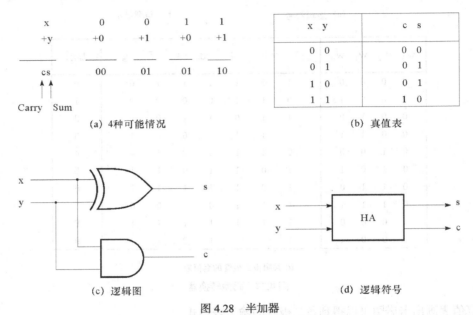

图 4.28 半加器

多位数相加时，不仅每相应位各自做加法，前一位的进位同样也需要加到当前位上。因此，对于除了最低位外的第 i 位，它的输入包括的 x_i、y_i 以及来自低位的进位 c_{i-1}。

表 4.6 列出了输入变量为当前位加数 x_i、y_i、低位进位 c_{i-1}，输出变量为和 s_i 与进位项 c_i 的真值表。

表 4.6 全加器真值表

x_i	y_i	c_{i-1}	c_i	s_i
0	0	0	0	0
0	0	1	0	1
0	1	0	0	1
0	1	1	1	0
1	0	0	0	1
1	0	1	1	0
1	1	0	1	0
1	1	1	1	1

可得表达式：

$s_i = \overline{x}_i\overline{y}_ic_{i-1} + \overline{x}_iy_i\overline{c}_{i-1} + x_i\overline{y}_i\overline{c}_{i-1} + x_iy_ic_{i-1} = x_i \oplus y_i \oplus c_{i-1}$

$c_i = x_iy_i + x_ic_{i-1} + y_ic_{i-1}$

变换可得：

$s_i = (\overline{x}_i\overline{y}_i + x_iy_i)c_{i-1} + (\overline{x}_iy_i + x_i\overline{y}_i)\overline{c}_{i-1} = \overline{s}c_{i-1} + s\overline{c}_{i-1} = s \oplus c_{i-1}$

$c_i = (\overline{x}_iy_i + x_i\overline{y}_i)c_{i-1} + x_iy_i = sc_{i-1} + c$

可以看出全加器是由两个半加器构成的，如图 4.29 和图 4.30 所示。

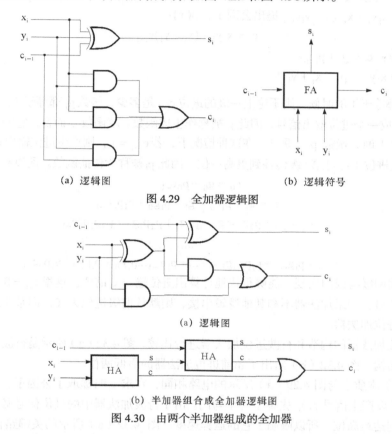

(a) 逻辑图　　　　　　　　　　　　　(b) 逻辑符号

图 4.29　全加器逻辑图

(a) 逻辑图

(b) 半加器组合成全加器逻辑图

图 4.30　由两个半加器组成的全加器

在逻辑电路进行加法运算时可以采用手算加法相同的办法。每一位用全加器电路表示，如图 4.31 所示，将全加器连接起来。为了习惯起见最低有效位全加器画在最右侧。产生的进位从全加器的左侧输出，从右侧进入较高一位全加器的进位输入。

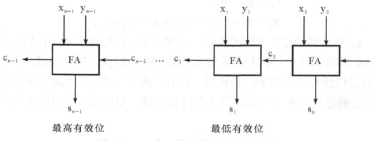

最高有效位　　　　　　　　　　最低有效位

图 4.31　一个 n 位的行波进位加法器

  x 和 y 作为加法器的输入，在求得稳定的加法运算的和值 s 之前，需要一段时间。每一个全加器在输出其有效的 s_i 和 c_i 值之前都需要一定的时间延迟，设它是 Δt，这就意味着最终的和 s 必须等待 $n\Delta t$ 时间后才能得到。由于进位信号像波浪一样在全加器队列中传播，因此图 4.31 所示的被称作行波进位加法器。当加数和被加数为 32 或 64 位数时，延迟就会长得不可接受。因为全加器电路的结构已经没有大幅度缩短信号延迟的空间，所以必须寻找 n 位加法器的新结构。

  为了减少由于行波进位加法器中的进位所引起的延迟，可以尝试快速判断每一位加法器的上一位的进位是 0，还是 1。如果在相对较短的时间里做出正确的判断，加法器的整体性能就能得到提高。由于 $c_i = x_iy_i + x_ic_{i-1} + y_ic_{i-1}$ 提出公因子，得到：

$$c_i = x_iy_i + (x_i + y_i)c_{i-1}$$

将上式改为： $c_i = g_i + p_ic_{i-1}$

其中： $g_i = x_iy_i$ ， $p_i = x_i + y_i$

  若 x_i 和 y_i 都等于 1 的时候，则不论上一级的进位 c_{i-1} 是多少，函数 g_i 都等于 1。在这种情况下第 i 级一定会生成一个进位输出信号，因此 g 被称作生成函数。就函数 p_i 而言，它的两个输入 x_i 和 y_i 至少有一个为 1 时，函数 p_i 才是 1，在这种情况下，若 $c_{i-1} = 1$，则产生进位输出 $c_i = 1$。p_i 为 1 的效果相当于使进位 1 经过第 i 级传播到更高一位，因此 p_i 被称为传播函数。所以有如下关系。

$$c_0 = g_0 + p_0c_{-1}$$
$$c_1 = g_1 + p_1c_0 = g_1 + p_1g_0 + p_1p_0c_{-1}$$
$$c_2 = g_2 + p_2c_1 = g_2 + p_2g_1 + p_2p_1g_0 + p_2p_1p_0c_{-1}$$
$$\cdots\cdots$$
$$c_i = g_i + p_ig_{i-1} + p_ip_{i-1}g_{i-2} + \ldots + p_ip_{i-1}\ldots p_1g_0 + p_ip_{i-1}\ldots p_1p_0c_{-1}$$

  上式可以用两级与或门实现，能够很快地计算出进位输出 c_i 的值。这里 $c_{-1} = 0$ 表示前级逻辑送过来的进位信号，如果加法器不和其他逻辑串接，则默认前级进位为 0，即基于此表达式的加法器称作超前进位加法器。

  把超前进位加法器的构造和行波进位加法器进行比较，图 4.32（a）所示是行波加法器的最初两级加法器的结构，图 4.32（b）给出了超前进位加法器的最低两位。

  图 4.32（a）本质上与图 4.29（a）所示的电路相同，在求 c_i 时提取了公因子，所以实现时添加了一个或门（以产生信号 p_i），去掉了一个与门。由于行波加法器中的进位信号必须经过很长路径的传播才能到达最高位，所以限制了它的运算速度。图 4.32（a）所示的关键路径是从输入 x_0 和 y_0 到输出 c_1，共经过了 5 个门。n 位加法器的后面几级所经历的路径与第一级相同，因此其关键路径上总共有 2n+1 个门的延迟。

  图 4.32（b）给出了超前进位加法器的最低两位，其进位输出函数即

$$c_0 = g_0 + p_0c_{-1}$$
$$c_1 = g_1 + p_1c_0 = g_1 + p_1g_0 + p_1p_0c_{-1}$$

  在该电路中，c_1 与 c_0 都经过 3 个门的延迟，同时输出。若把这个电路扩展到 n 位，则最后一级的进位信号 c_{n-1} 也同样经过 3 个门的延迟后输出。所有的 g_i 和 p_i 信号在经过一个门的延迟后就已经确定，要得到所有进位信号还要两个门的延迟。最后，再有一个门的延迟（异或门）来生成所有的和位。这样，n 位超前进位加法器总共需要 4 个门的延迟。相比行波进位加法器快很多。

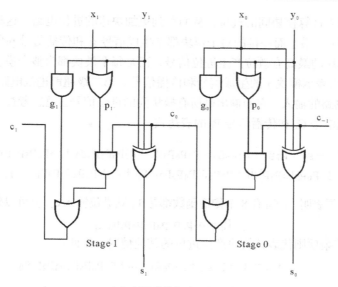

(a) 行波进位加法器前两位

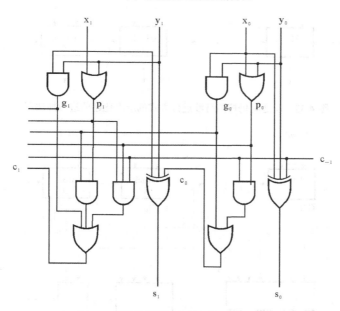

(b) 超前进位加法器前两位

图 4.32　行波进位加法器与超前进位加法器

　　虽然超前进位加法器比行波进位加法器快很多，但当 n 增大时 n 位超前进位加法器的复杂程度也迅速增加。为了降低复杂度可以使用分层结构来设计规模大的加法器。假设要设计一个 32 位加法器，可以先把它分解为 4 个 8 位模块，b_{7_0} 位为模块 0，b_{15_8} 位为模块 1，b_{23_16} 位为模块 2，b_{31_24} 位为模块 3，然后其中的每一块都可以将其当作 8 位超前进位加法器来设计。4 个模块的进位输出信号分别是 c_7、c_{15}、c_{23} 和 c_{31}。

　　可以采用两种办法来产生进位。第一种办法是将这 4 个加法器模块按照行波进位加法器的 4 级连接起来。这样每个模块中进行超前进位的计算，而模块之间则按行波进位的规则传播进位信号，其电路如图 4.33 所示。第二种方法是模块间的进位不使用行波逐位进位的结构，而是添加一级超前进位的结构来计算模块间的进位，从而得到更加快速的进位电路。这种"分级超前进位加法器"如图 4.34 所示。最上面一排的每个模块都是生成信号 g_i 和传播信号 p_i 的 8 位超前进位加法器。不是从每个模块的最高有效位产生进位信号，而是每个模块都为整个模块产生生成和传播信号。令 G_j 和 P_j 分别表示模块 j 的生成信号和传播信号。第二级超前进位电路见图 4.34 的底部，G_j 和 P_j 是此进位电路的输入，它的输出是所有模块间的进位信号。通过考查 c_7 的表达式，可以推导出模块 0 的生成信号 G_0 和传播信号 P_0 的表达式。

$$c_7 = g_7 + p_7g_6 + p_7p_6g_5 + p_7p_6p_5g_4 + p_7p_6p_5p_4g_3 + p_7p_6p_5p_4p_3g_2$$
$$+ p_7p_6p_5p_4p_3p_2g_1 + p_7p_6p_5p_4p_3p_2p_1g_0 + p_7p_6p_5p_4p_3p_2p_1p_0c_{-1}$$

上式的最后一项表明，若所有 8 个传播函数都是 1，则进位输入 c_{-1} 就可以传过整个模块，因此：
$$P_0 = p_7p_6p_5p_4p_3p_2p_1p_0c_{-1}$$

c_7 表达式的其余项则代表该模块产生进位的其他情况，因此：
$$G_0 = g_7 + p_7g_6 + p_7p_6g_5 + \ldots + p_7p_6p_5p_4p_3p_2p_1g_0$$

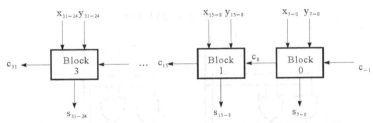

图 4.33　块之间仍按照行波进位方式的层次化超前进位加法器

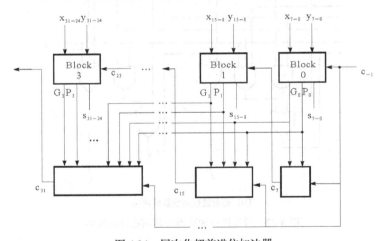

图 4.34　层次化超前进位加法器

由上面的推导，在层次结构的加法器中，可以将 c_7 的表达式写成：
$$c_7 = G_0 + p_0c_{-1}$$

对于模块 1 来说 G_1 和 P_1 的表达式与模块 0 的 G_0 和 P_0 的表达式的形式相同，除了下标 i 用 i+8 替代之外。信号 G_2、P_2、G_3 和 P_3 的表达式也可以用同样的方法求出。现在可以写出模块 1 的进位输出信号 c_{15} 的表达式为：
$$c_{15} = G_1 + P_1c_7 = G_1 + P_1(G_0 + P_0c_{-1}) = G_1 + P_1G_0 + P_1P_0c_{-1}$$

同样，可以写出 c_{23} 和 c_{31} 的表达式如下：

$$c_{23} = G_2 + P_2 c_{15} = G_2 + P_2 G_1 + P_2 P_1 G_0 + P_2 P_1 P_0 c_{-1}$$

$$c_{31} = G_3 + P_3 c_{23} = G_3 + P_3 G_2 + P_3 P_2 G_1 + P_3 P_2 P_1 G_0 + P_2 P_1 P_0 c_{-1}$$

使用这种结构，在产生 G_j 和 P_j 之后，还需两个门（一个与门和一个或门）的延迟，才能产生进位信号 c_7、c_{15} 和 c_{23}。因为产生 G_j 和 P_j 需要 3 个门的延迟，所以 c_7、c_{15} 和 c_{23} 需要 5 级门延迟后才可以建立。因此计算两个 32 位数相加所需的时间除了上面介绍的 5 级门的延迟外，还需要加上另外两级门的延迟来产生模块 1、2、3 的内部进位，产生每一个和位还需要一个异或门的延迟。因此求得两个 32 位数相加和值总共需要 8 级门的延迟。

使用行波加法器来计算两个数的加法需要 $2n+1$ 级门延迟。对于 32 位数的加法器而言，则需要 65 级门延迟。显然，超前进位结构的加法器在速度性能上有了很大幅度的提升，所付出的代价是电路结构变得更加复杂。

前面的延迟分析是建立在不限制门电路输入个数的假设上的。当前门电路的实现技术实际上输入端口的个数被限制在一个很小范围。因此必须考虑扇入限制的因素。前 8 个进位表达式如下。

$$c_0 = g_0 + p_0 c_{-1}$$

$$c_1 = g_1 + p_1 g_0 + p_1 p_0 c_{-1}$$

$$\cdots\cdots$$

$$c_7 = g_7 + p_7 g_6 + p_7 p_6 g_5 + p_7 p_6 p_5 g_4 + p_7 p_6 p_5 p_4 g_3 + p_7 p_6 p_5 p_4 p_3 g_2$$

$$+ p_7 p_6 p_5 p_4 p_3 p_2 g_1 + p_7 p_6 p_5 p_4 p_3 p_2 p_1 g_0 + p_7 p_6 p_5 p_4 p_3 p_2 p_1 p_0 c_{-1}$$

假设门的最大扇入是 4 个输入。那么，这些表达式就不可能用两级与或门电路来实现。最大的问题是 c_7，因为它的其中一个与门需要 9 个输入，而且或门也同样需要 9 个输入。为了满足扇入限制的要求，可以将 c_7 表达式重新改写成：

$$c_7 = (g_7 + p_7 g_6 + p_7 p_6 g_5 + p_7 p_6 p_5 g_4) +$$

$$[(p_7 p_6 p_5 p_4)(g_3 + p_2 g_2 + p_3 p_2 g_1 + p_3 p_2 p_1 g_0)] +$$

$$(p_7 p_6 p_5 p_4)(p_3 p_2 p_1 p_0) c_{-1}$$

用电路实现上面的表达式，需要使用 11 个与门和 3 个或门。c_8 的传播延迟由 4 项延迟组成：产生所有 g_i 和 p_i 的一个门延迟，产生括号里所有积之和项的两级门延迟，方括号里的乘积项的一个门延迟，最终各项或运算的延迟。因此要得到 c_7 的有效值需要经过 5 级门的延迟，而非前面分析过的不考虑扇入限制时的 3 级门延迟。因为扇入的限制降低了超前进位加法器的速度，某些低扇入器件的内部添置了实现快速加法器的专用电路。FPGA 就是这类器件的一个例子，有兴趣的读者可以参考相关书籍。

4.4.2　加/减法器

之前的加法器基于无符号的加法，然而在计算机等电子设备中，更多采用的是有符号数。有符号数采用补码表示，图 4.35 展示了补码的加法。由这些例子可以看出，补码的加法运算十分简单。操作数的符号是什么，加法运算的过程都是一样的。可以由一个加法器电路来实现。

减法运算最简单的方法是先求出减数的补码，再进行加法运算，减一个数就相当于加上一个负数。如图 4.36 所示。不必考虑两个操作数的符号。因此，可以用同一个加法器电路来实现加法和减法。

设 X 和 Y 是两个操作数，做加法时 Y 是加数，做减法时 Y 是减数。补码可以从反码加 1 得到。要在最小数位加 1，只需将进位 c_{-1} 设为 1 即可。将 Y 各位取反得到 Y 的反码，用非门就可以实现，但需要一个更加灵活的逻辑电路，借助图 4.37 所示的逻辑图，可以用原码做加法，而用它的补码做减法。

$$
\begin{array}{cc}
(+5) & 0101 \\
-(+2) & -0010 \\
\hline
(+3) &
\end{array}
\Longrightarrow
\begin{array}{c}
0101 \\
+1110 \\
\hline
10011 \\
\uparrow \\
\text{忽略}
\end{array}
$$

$$
\begin{array}{cc}
(+5) & 0101 \\
+(+2) & +0010 \\
\hline
(+7) & 0111
\end{array}
\qquad
\begin{array}{cc}
(-5) & 1011 \\
+(+2) & +0010 \\
\hline
(-3) & 1101
\end{array}
$$

$$
\begin{array}{cc}
(-5) & 1011 \\
-(+2) & -0010 \\
\hline
(-7) &
\end{array}
\Longrightarrow
\begin{array}{c}
1011 \\
+1110 \\
\hline
11001 \\
\uparrow \\
\text{忽略}
\end{array}
$$

$$
\begin{array}{cc}
(+5) & 0101 \\
+(-2) & +1110 \\
\hline
(+3) & 10011 \\
 & \uparrow \\
 & \text{忽略}
\end{array}
\qquad
\begin{array}{cc}
(-5) & 1011 \\
+(-2) & +1110 \\
\hline
(-7) & 11001 \\
 & \uparrow \\
 & \text{忽略}
\end{array}
$$

$$
\begin{array}{cc}
(+5) & 0101 \\
-(-2) & -1110 \\
\hline
(+7) &
\end{array}
\Longrightarrow
\begin{array}{c}
0101 \\
+0010 \\
\hline
0111
\end{array}
$$

$$
\begin{array}{cc}
(-5) & 1011 \\
-(-2) & -1110 \\
\hline
(-3) &
\end{array}
\Longrightarrow
\begin{array}{c}
1011 \\
+0010 \\
\hline
1101
\end{array}
$$

图 4.35 补码加法举例   图 4.36 补码减法举例

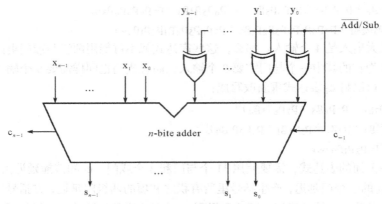

图 4.37 加法/减法器单元

异或门可以用来实现用一个输入信号控制输出是另一个输入信号的原值或者反相值。$\overline{\text{Add}}/\text{Sub}$ 可以选择究竟进行加法还是减法。现在让 Y 的每一位依次接到每个 XOR 门的一个输入端，而所有 XOR 门的另一个输入端都接到 $\overline{\text{Add}}/\text{Sub}$，则当 $\overline{\text{Add}}/\text{Sub}=0$ 时，XOR 门输出的就是 Y 的原来值，做原码加法，当 $\overline{\text{Add}}/\text{Sub}=1$ 时，XOR 门输出的就是 Y 的反码。如图 4.37 所示，主要部分是一个 n 位加法器，控制端 $\overline{\text{Add}}/\text{Sub}$ 同时也连到加法器的最低位的进位输入端 c_{-1}。若这样连接，当 $c_{-1}=1$ 时将 1 加到 Y 的反码上，便可得到补码，就可进行减法运算了。在进行加法运算时，$c_{-1}=0$，不影响原码相加。

假定加法和减法的运算结果的位数都在数的有效表示范围之内。若用 n 位表示一个有符号数，则运算结果必须在 -2^{n-1} 到 $2^{n-1}-1$ 范围之内。若结果超出此范围，则说明发生溢出。为了保证算术运算逻辑电路能正确工作，逻辑中必须有能够检测是否发生溢出的机制。图 4.38 列出了绝对值为 7 和 2 的两个数（以补码形式）相加的 4 种情况。可以看出，判断溢出是否发生的关键是 c_2 和 c_3 的取值是否相同。

(+7)	0111	(−7)	1001
+(+2)	+0010	+(+2)	+0010
(+9)	1001	(−5)	1001
	$c_3=0$		$c_3=0$
溢出	$c_2=1$		$c_2=0$
(+7)	0111	(−7)	1001
+(−2)	+1110	+(−2)	+1110
(+5)	10101	(−9)	10111
	$c_3=1$		$c_3=1$
	$c_2=1$	溢出	$c_2=0$

图 4.38 算术溢出

可以发现溢出 $o_3 = c_3 \oplus c_2$ ，对于 n 位数字加法溢出 $o_{n-1} = c_{n-1} \oplus c_{n-2}$ 。由此可知，若对图 4.37 稍做修改，添加一个异或门，便可以指示是否发生算术溢出。

4.4.3 比较器

计算机经常需要比较两个数的大小或是否相等。为完成这一功能的各种逻辑电路统称为比较器。一位比较器的真值表如表 4.7 所示。根据此表可写出各输出逻辑表达式。

表 4.7 一位比较器真值表

A B	$Y_{(A>B)}$	$Y_{(A<B)}$	$Y_{(A=B)}$
0 0	0	0	1
0 1	0	1	0
1 0	1	0	0
1 1	0	0	0

$$Y_{(A>B)} = A\overline{B}$$

$$Y_{(A<B)} = \overline{A}B$$

$$Y_{(A=B)} = \overline{\overline{A}B + A\overline{B}} = \overline{A \oplus B}$$

由以上逻辑表达式画出逻辑图如图 4.39 所示。比较两个多位数 A 和 B，应从最高位开始，逐位进行比较。现以两个 4 位二进制数为例。设 $A = A_3A_2A_1A_0$ ，$B = B_3B_2B_1B_0$ ，若 $A_3 > B_3$ （或 $A_3 < B_3$ ），则不管低位数值如何，必有 A > B（或 A < B），A3 = B3，则需比较次高位，依次类推。显然，只有对应的每一位都相等时，则 A = B。4 位比较器的功能表见表 4.8。

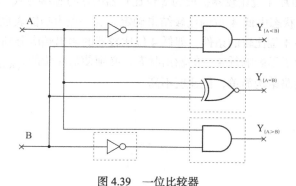

图 4.39 一位比较器

表 4.8   4 位比较器功能表（7485）

数据输入				级联输入			输出		
A_3 B_3	A_2 B_2	A_1 B_1	A_0 B_0	$I_{(A>B)}$	$I_{(A<B)}$	$I_{(A=B)}$	$Y_{(A>B)}$	$Y_{(A<B)}$	$Y_{(A=B)}$
$A_3 > B_3$	×	×	×	×	×	×	1	0	0
$A_3 < A_3$	×	×	×	×	×	×	0	1	0
$A_3 = B_3$	$A_2 > B_2$	×	×	×	×	×	1	0	0
$A_3 = B_3$	$A_2 < B_2$	×	×	×	×	×	0	1	0
$A_3 = B_3$	$A_2 = B_2$	$A_1 < B_1$	×	×	×	×	1	0	0
$A_3 = B_3$	$A_2 = B_2$	$A_1 > B_1$	×	×	×	×	0	1	0
$A_3 = B_3$	$A_2 = B_2$	$A_1 = B_1$	$A_0 > B_0$	×	×	×	1	0	0
$A_3 = B_3$	$A_2 = B_2$	$A_1 = B_1$	$A_0 < B_0$	×	×	×	0	1	0
$A_3 = B_3$	$A_2 = B_2$	$A_1 = B_1$	$A_0 = B_0$	1	0	0	1	0	0
$A_3 = B_3$	$A_2 = B_2$	$A_1 = B_1$	$A_0 = B_0$	0	1	0	0	1	0
$A_3 = B_3$	$A_2 = B_2$	$A_1 = B_1$	$A_0 = B_0$	0	0	1	0	0	1

功能表中，输出变量 $Y_{(A>B)}$、$Y_{(A<B)}$、$Y_{(A=B)}$ 是总的比较结果。输入变量 $A_3 A_2 A_1 A_0$ 和 $B_3 B_2 B_1 B_0$ 是两个相比较的 4 位二进制数。$I_{(A>B)}$、$I_{(A<B)}$、$I_{(A=B)}$ 是另外两个低位数比较结果。设置低位数比较结果输入端是为了与其他比较器连接，以便扩展成更多位比较器。如果只比较两个 4 位数，应将 $I_{(A>B)}$、$I_{(A<B)}$ 接低电平，将 $I_{(A=B)}$ 接高电平。由功能表写出各输出逻辑表达式如下。

$$Y_{(A>B)} = A_3 \overline{B_3} + \overline{A_3 \oplus B_3} A_2 \overline{B_2} + \overline{A_3 \oplus B_3} \overline{A_2 \oplus B_2} A_1 \overline{B_1}$$
$$+ \overline{A_3 \oplus B_3} \overline{A_2 \oplus B_2} \overline{A_1 \oplus B_1} A_0 \overline{B_0} + \overline{A_3 \oplus B_3} \overline{A_2 \oplus B_2} \overline{A_1 \oplus B_1} \overline{A_0 \oplus B_0} I_{(A>B)}$$

$$Y_{(A<B)} = \overline{A_3} B_3 + \overline{A_3 \oplus B_3} \overline{A_2} B_2 + \overline{A_3 \oplus B_3} \overline{A_2 \oplus B_2} \overline{A_1} B_1$$
$$+ \overline{A_3 \oplus B_3} \overline{A_2 \oplus B_2} \overline{A_1 \oplus B_1} \overline{A_0} B_0 + \overline{A_3 \oplus B_3} \overline{A_2 \oplus B_2} \overline{A_1 \oplus B_1} \overline{A_0 \oplus B_0} I_{(A<B)}$$

$$Y_{(A=B)} = \overline{A_3 \oplus B_3} \overline{A_2 \oplus B_2} \overline{A_1 \oplus B_1} \overline{A_0 \oplus B_0} I_{(A=B)}$$

集成 4 位比较器 7485，就是根据以上逻辑表达式设计的，利用上述 4 位比较器可以扩展为更多位比较器。扩展方法有串行接法和并行接法两种。

图 4.40 所示为用两片 4 位比较器扩展为 8 位比较器的串行连接方式。对于两个 8 位数，若高 4 位相同，则总的输出状态由低 4 位的比较结果确定。这一点由功能表也可以看出。因此，低 4 位的比较结果应作为高 4 位比较的条件，即低 4 位比较器的输出端应分别和高 4 位比较器的级联输入端连接。另外，为了不影响低 4 位的输出状态，必须使低 4 位的 $I_{(A>B)}$、$I_{(A<B)}$ 接低电平，将 $I_{(A=B)}$ 接高电平。电路结构简单，但速度不高。

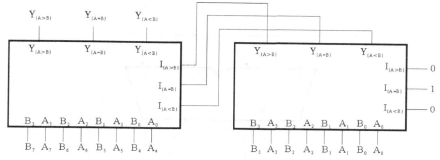

图 4.40　8 位比较器

图 4.41 所示为用 5 片 4 位比较器扩展为 16 位比较器的并行连接方式。由图 4.41 可见，采用的是两级比较法。将 16 位按高低为次序组成 4 组，每组 4 位。每组的比较是并行进行的，将每组的比较结果组再经 4 位比较器比较后得到结果。这种并行工作方式，从输入到稳定输出，只需 2 倍集成电路芯片的延迟时间。若用串行连接方式，比较 16 位数则需 4 倍集成电路芯片的延迟时间。

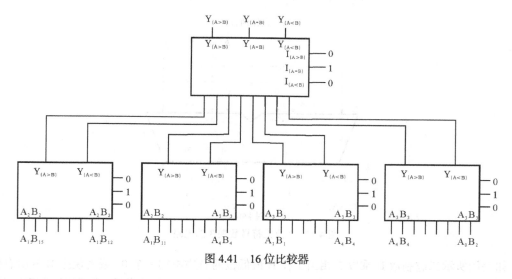

图 4.41　16 位比较器

4.4.4　乘法器

乘法器是用加法器作为基本单元进行设计的。假设需要设计一个 8 位无符号数与 3 相乘的乘法器。令这个数为：$A = a_7a_6.....a_1a_0$，令最终的乘积 $P = p_9p_8....p_1p_0$，即 $P = 3A$。简单方法是用加法器把 A 加 3 次，如图 4.42（a）所示。用字母 x_i、y_i、s_i 和 c_i 表示输入和输出。第一个加法器计算 $A+A = 2A$。它产生的计算结果是 8 位的和值以及向最高位的进位。第二个加法器计算 $2A+A = 3A$。由于第一个加法器产生的 2A 共有 9 位，因此第二个加法器必须能处理由第一个加法器产生的 9 位数据。而第二个加法器的 y_i 输入是由只有 8 位的 A 信号驱动的，所以应把第 9 个输入端 y_8 接 0。

这种方法效率太低。要得到 2A 可以将 A 的各位均向左移动 1 位，得到 $a_7a_6.....a_1a_00$。因为 $3A = 2A+A$，所以计算 3A 其实只用一个加法器就已足够，如图 4.42（b）所示。该加法器与图 4.42（a）所示的第二个加法器本质上具有相同的电路结构。

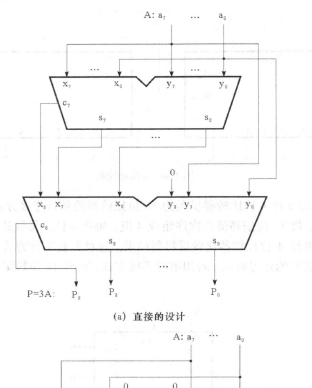

(a) 直接的设计

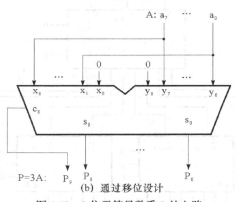

(b) 通过移位设计

图 4.42   8 位无符号数乘 3 的电路

如上例所示二进制数 B 乘以 2 相当于在 B 最低位的右边添加一个 0，或者说把 B 的所有位左移 1 位。因此若 $B = b_{n-1}b_{n-2}...b_1b_0$，则 $2 \times B = b_{n-1}b_{n-2}...b_1b_0 0$。以此类推，B 乘以 2^k 相当于把 B 左移 k 位，这对有符号数和无符号数都是正确的。

在完成了上述乘法的特殊情况分析之后，现在讨论乘法的一般情况。

还应当考虑把一个二进制数 B 右移 k 位的情形。根据数的位置表示法，这相当于 B 被 2^k 除。对于无符号二进制数，这相当于在其最高位添加 k 个 0。例如，若 B 是无符号数，则 $B \div 2 = 0b_{n-1}b_{n-2}...b_2b_1$。可以发现，右移时 b_0 被丢失了。对于有符号数，右移时应当保持符号位不变。具体做法是：将每一位的值向右移 1 位，而符号位保持不变。假定 B 是一个有符号数，则 $B \div 2 = b_{n-1}b_{n-1}b_{n-2}...b_2b_1$。

例如，若 $B = 011000 = (24)_{10}$，则 $B \div 2 = 001100 = (12)_{10}$，$B \div 4 = 000110 = (6)_{10}$ 同样，若 $B = 101000 = -(24)_{10}$，则 $B \div 2 = 110100 = -(12)_{10}$，$B \div 4 = 111010 = -(6)_{10}$。读者也应该观察到，绝对值小的正数，其第一个 1 的左侧有较多的 0，绝对值小的负数，其第一个 0 的左侧有较多的 1。

1．无符号数阵列乘法器

设有两个 4 位无符号二进制整数：$A = a_3a_2a_1a_0$，$B = b_3b_2b_1b_0$，求 $P = A \times B$。按手算方法的运算过程为：

在手算算式中，每个 a_ib_j（$i = 0 \sim 3$，$j = 0 \sim 3$）都是由两个 1 位的二进制数相乘得到的，称为位积，每个位积都可以用一个二输入端的与门予以实现。两个 4 位的二进制整数相乘所得的乘积的有效位数最多可达到 8 位，即 $P = P_7P_6P_5P_4P_3P_2P_1P_0$。利用二进制加法器将位权相等的位积相加，即可得到相应位的乘积。如图 4.43 所示。

				a_3	a_2	a_1	a_0
			$\times$	b_3	b_2	b_1	b_0
				a_3b_0	a_2b_0	a_1b_0	a_0b_0
			a_3b_1	a_2b_1	a_1b_1	a_0b_1	
		a_3b_2	a_2b_2	a_1b_2	a_0b_2		
	a_3b_3	a_2b_3	a_1b_3	a_0b_3			
P_7	P_6	P_5	P_4	P_3	P_2	P_1	P_0

图 4.43　无符号数的乘法

例如，位积 a_3b_0、a_2b_1、a_1b_2、a_0b_3 的位权都是 2^3，可以利用 3 个加法器逐次对它们求和。其过程是：先对 a_3b_0、a_2b_1 求和，产生的和数与 a_1b_2 及相邻低位（a_2b_0 加 a_1b_1）来的进位相加，然后再将所得的和数与 a_0b_3 及相邻低位来的进位相加，最后形成相应位的乘积 P_3 以及向高位 P_4 的进位。分析了手算过程后，可以想到如果把大量的加法器单元电路按一定的阵列形式排列起来，直接实现手算算式的运算过程，就可以避免在一位和两位乘法中所需的大量重复的相加和移位操作，从而提高乘法运算的速度。

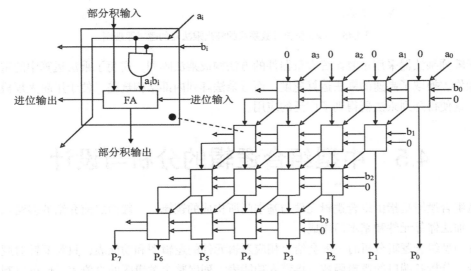

图 4.44　4×4 位无符号数阵列乘法器的逻辑原理图

图 4.44 给出了一个 4×4 位无符号数阵列乘法器的逻辑原理图。图中方框内由一个与门和一个一位全加器 FA 组成，内部结构如图中左上角的电路所示。其中与门用于产生位积，全加器用于位积的相加。图中方框的排列阵列与笔算乘法的位积排列相似，阵列的每一行送入乘数的一位

数位 b_i，而各行错开形成的每一斜列则送入被乘数的一位数位 a_i。

2. 带符号数阵列乘法器

在无符号数阵列乘法器的基础上增加符号处理电路和求补电路，即可实现带符号数乘法器。带符号阵列乘法器既可以实现原码乘法，也可以实现补码乘法。

设被乘数和乘数分别为 $n+1$ 位带符号数，$A=a_f.a_{n-1}a_{n-2}...a_0$，$B=b_f.b_{n-1}b_{n-2}...b_0$。图 4.45 给出了一个 $(n+1)\times(n+1)$ 位带符号数乘法的阵列乘法器的逻辑原理图。在图 4.45 中，如果需要进行原码乘法运算，则不用算前求补器与算后求补器，直接把被乘数和乘数的绝对值送入乘法阵列中进行计算，得到 $2n$ 位乘积的绝对值 $p_{2n-1}p_{2n-2}...p_1p_0$，将被乘数 a_f 和乘数的符号 b_f 通过异或门的处理得到积的符号 P_f，将积的符号加入到乘积的绝对值中，即得到 $2n+1$ 位原码形式的乘积 $P_fP_{2n-1}P_{2n-2}...P_1P_0$。

如果需要进行补码乘法，则需要由两个算前求补器先将两个补码操作数转换为两数的绝对值，然后再送入无符号乘法阵列中计算，即可得到 $2n$ 位的乘积绝对值 $p_{2n-1}p_{2n-2}...p_1p_0$。然后根据异或门输出的积的符号 P_f 控制算后求补器对 $p_{2n-1}p_{2n-2}...p_1p_0$ 求补，将求补结果与符号 P_f 结合，就得到 $2n+1$ 位的补码形式的乘积 $P_fP_{2n-1}P_{2n-2}...P_1P_0$。

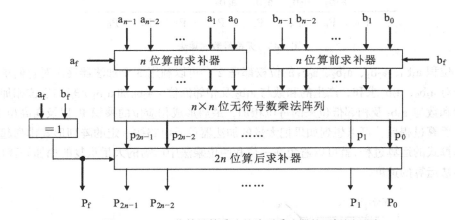

图 4.45　$n\times n$ 位符号数乘法的阵列乘法器的逻辑原理图

由于阵列乘法器采用重复设置大量器件的方法构成乘法阵列，避免了乘法运算中的重复相加和移位操作，换取了高速的乘法运算速度。而且乘法阵列内部结构规整，便于用超大规模集成电路实现，这使得阵列乘法器得到了广泛的应用。

4.5　中型组合逻辑的分析与设计

中型组合逻辑是指由组合逻辑元件与基本门所构成的逻辑。一般由之前介绍的多路选择器、译码器、加法器等元件和基本门构成。

进行中型组合逻辑分析时一般会给出相应逻辑元件的逻辑图和功能表，只需要针对逻辑元件的功能表，分析各端口的逻辑函数，再带入功能表，列出整个逻辑图的真值表，便可以判断逻辑的功能。之前在介绍相应逻辑元件时也给出了一些例子。下面再给出一些例子说明。

【例 4.14】 试分析如图 4.46（a）所示的逻辑，其中，3-8 译码器 74138 的逻辑符号与功能图如图 4.46（b）所示。

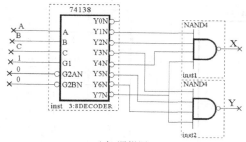

(a) 逻辑图

G1	G2AN	G2BN	C	B	A	输出
0	×	×	×	×	×	全部为1
1	0	×	×	×	×	全部为1
1	×	0	×	×	×	全部为1
1	0	0	0	0	0	Y0N=0
1	0	0	0	0	1	Y1N=0
1	0	0	0	1	0	Y2N=0
1	0	0	0	1	1	Y3N=0
1	0	0	1	0	0	Y4N=0
1	0	0	1	0	1	Y5N=0
1	0	0	1	1	0	Y6N=0
1	0	0	1	1	1	Y7N=0

(b) 3-8译码器74138逻辑符号和功能表

图 4.46　例 4.14 图

解：

根据功能表可知所给译码器 74138 是一个低电平输出有效的译码器，因此与和与非门一起构成与非-与非逻辑，等价于与或逻辑，因此可知图 4.46（a）输出逻辑为：

$$X = \sum m(1,2,4,7) = \overline{C}\overline{B}A + \overline{C}B\overline{A} + C\overline{B}\overline{A} + CBA = C \oplus B \oplus A$$

$$Y = \sum m(3,5,6,7) = \overline{C}BA + C\overline{B}A + CB\overline{A} + CBA = CB + CA + BA$$

其形式与全加器形式相同，可得该逻辑图实现的是一个全加器逻辑，S 为和，Y 为进位，A、B、C 分别为本级加数和前级进位。

【例 4.15】 写出图 4.47 所示逻辑输出的最小项之和的表达式。

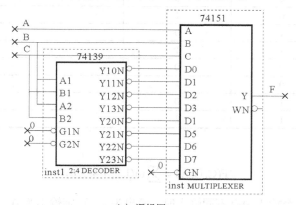

(a) 逻辑图

图 4.47　例 4.15 图

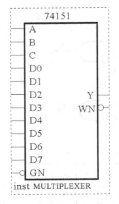

GN	C	B	A	输出
1	×	×	×	×
0	0	0	0	Y=D0
0	0	0	1	Y=D1
0	0	1	0	Y=D2
0	0	1	1	Y=D3
0	1	0	0	Y=D4
0	1	0	1	Y=D5
0	1	1	0	Y=D6
0	1	1	1	Y=D7

(b) 8选1多路选择器74151逻辑符号和功能表

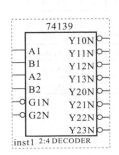

G1N	G2N	B1	A1	B2	A2	输出
1	×	×	×	×	×	全部为1
×	1	×	×	×	×	全部为1
0	0	0	0	×	×	Y10N=0
0	0	0	1	×	×	Y11N=0
0	0	1	0	×	×	Y12N=0
0	0	1	1	×	×	Y13N=0
0	0	×	×	0	0	Y20N=0
0	0	×	×	0	1	Y21N=0
0	0	×	×	1	0	Y22N=0
0	0	×	×	1	1	Y23N=0

(c) 2-4译码器74139逻辑符号和功能表

图4.47 例4.15图（续）

解：

列出真值表见表4.9。

表4.9 例4.15真值表

C	B	A	输出 F
0	0	0	0
0	0	1	1
0	1	0	1
0	1	1	1
1	0	0	1
1	0	1	1
1	1	0	1
1	1	1	0

可得表达式为：

$$F(C, B, A) = \sum m(1, 2, 3, 4, 5, 6)$$

经分析发现，当3个输入中有不同输入时，输出为1，否则输出为0。该逻辑电路为判断输入是否一致的一致逻辑。

【例 4.16】 试分析以下 PROM 给出的逻辑功能。

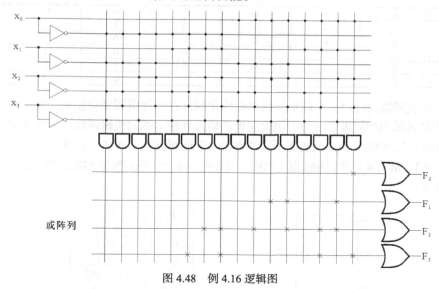

图 4.48　例 4.16 逻辑图

解：

根据第 2 章介绍可知 PROM 是一个与阵列固定、或阵列可编程的 PLD，固定的与阵列正好给出 4 位输入的 16 个最小项，而或阵列当中可编程部分给出了哪些最小项为 1。由图 4.48 可知，该逻辑输出的表达式为：

$$F_0 = \sum m(15) = x_0 x_1 x_2 x_3$$

$$F_1 = \sum m(10,11,14) = x_0 \bar{x}_1 x_2 \bar{x}_3 + x_0 \bar{x}_1 x_2 x_3 + x_0 x_1 x_2 \bar{x}_3$$

$$F_2 = \sum m(6,7,9,11,13,14) = \bar{x}_0 x_1 x_2 \bar{x}_3 + \bar{x}_0 x_1 x_2 x_3 + x_0 \bar{x}_1 \bar{x}_2 x_3 + x_0 \bar{x}_1 x_2 x_3 + x_0 x_1 \bar{x}_2 x_3 + x_0 x_1 x_2 \bar{x}_3$$

$$F_3 = \sum m(5,7,13,15) = \bar{x}_0 x_1 \bar{x}_2 x_3 + \bar{x}_0 x_1 x_2 x_3 + x_0 x_1 \bar{x}_2 x_3 + x_0 x_1 x_2 x_3$$

列出真值表，见表 4.10。设输入 $A = x_0 x_1$，$B = x_2 x_3$，输出 $C = F_0 F_1 F_2 F_3$，由真值表可以看出如下关系。

$$C = A \times B$$

可知该逻辑的功能是给出二位二进制乘法表。

表 4.10　　　　　　　　　　　　　　　例 4.16 真值表

x_0	x_1	x_2	x_3	F_0	F_1	F_2	F_3
0	0	0	0	0	0	0	0
0	0	0	1	0	0	0	0
0	0	1	0	0	0	0	0
0	0	1	1	0	0	0	0
0	1	0	0	0	0	0	0
0	1	0	1	0	0	0	1
0	1	1	0	0	0	1	0
0	1	1	1	0	0	1	1
1	0	0	0	0	0	0	0
1	0	0	1	0	0	1	0
1	0	1	0	0	1	0	0

续表

x₀	x₁	x₂	x₃	F₀	F₁	F₂	F₃
1	0	1	1	0	1	1	0
1	1	0	0	0	0	0	0
1	1	0	1	0	0	1	1
1	1	1	0	0	1	1	0
1	1	1	1	1	0	0	1

在中型组合逻辑设计时，一般也会给出相应逻辑元件的逻辑图和功能表，设计的目标是根据逻辑元件的逻辑图和功能表求出中型组合逻辑各输入和输出端的逻辑函数，最终画出逻辑图，之前在设计相应逻辑元件时本身也使用了这种方法。下面再给出一些例子说明。

【例 4.17】 试用 4 位并行加法器（7483）设计将一位余 3 码转换为 8421BCD 码的代码转换器，如图 4.49 所示。

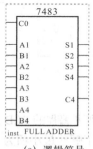

(a) 逻辑符号

引脚	功能
A4~~A1	被加数
B4~~B1	加数
S4~~S1	和数
C4	进位（输出）
C0	低位（输入）

(b) 功能表

图 4.49　例 4.17 逻辑符号和功能表

解：设 X($X_4X_3X_2X_1$)为余 3 码，Y($Y_4Y_3Y_2Y_1$)为 8421BCD 码，则可知，8421BCD 码和余 3 码相差 3，即 8421BCD 码加 3 为相应的余 3 码，则 X = Y+3，则有 Y = X–3，根据减法和加法的关系，可得

$$Y = X+1101$$

于是可以画出逻辑图，如图 4.50 所示。

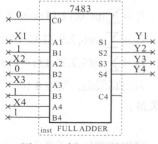

图 4.50　例 4.17 逻辑图

【例 4.18】给出一位二进制全减器的逻辑关系，如图 4.51 所示。试用一个双 4 选 1 数据选择器 74153 和少量门实现。

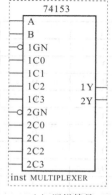

(a) 逻辑符号

1GN	2GN	B	A	输出
1	1	×	×	1Y=0,2Y=0
×	0	0	0	1Y=1C0,2Y=2C0
0	0	0	1	1Y=1C1,2Y=2C1
0	0	1	0	1Y=1C2,2Y=2C2
0	0	1	1	1Y=1C3,2Y=2C3
1	×	×	×	1Y=0
×	1	×	×	2Y=0

(b) 功能表

图 4.51　例 4.18 逻辑符号和功能表

解：设 B 为被减数，A 为减数，C 为低位来的借位，输出 X 为本位结果，Y 为向前的借位。则可得真值表，见表 4.11。

表 4.11　　　　　　　　　　　　　　　　　　例 4.18 真值表

B	A	C	输出 X	输出 Y
0	0	0	0	0
0	0	1	1	1
0	1	0	1	1
0	1	1	0	1
1	0	0	1	0
1	0	1	0	0
1	1	0	0	0
1	1	1	1	1

可以求得输出 X 和输出 Y 的逻辑式分别为：

$$X = \overline{B}\overline{A}C + \overline{B}A\overline{C} + B\overline{A}\overline{C} + BAC$$
$$Y = \overline{B}\overline{A}C + \overline{B}A + BAC$$

逻辑图如图 4.52 所示。

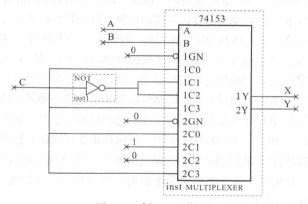

图 4.52　例 4.18 逻辑图

【例 4.19】　试用 PROM 实现下列逻辑函数。

$$Y_1(A,B,C) = \prod M(0,2,7)$$
$$Y_2(A,B,C) = \sum m(2,3,7)$$
$$Y_3 = \overline{A}B + A(B \oplus C)$$

解：

由第 2 章可知，使用 PROM 的设计逻辑时，首先要给出逻辑的最小项和的形式，因此根据题意将几个逻辑化成最小项和的形式，有

$$Y_1(A,B,C) = \sum m(1,3,4,5,6)$$
$$Y_2(A,B,C) = \sum m(2,3,7)$$
$$Y_3(A,B,C) = \overline{A}B + A\overline{B}C + AB\overline{C} = \sum m(2,3,5,6)$$

逻辑图如图 4.53 所示。

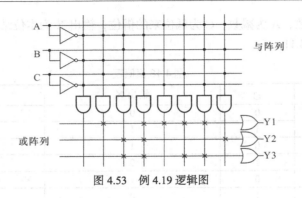

图 4.53 例 4.19 逻辑图

4.6 小   结

本章介绍了组合逻辑的分析与设计的基本方法。这是进行复杂的计算机逻辑设计的基础。

首先介绍了由基本门所构成的小型组合逻辑的分析方法与设计方法。

接下来介绍了一系列组合逻辑元件,这些组合逻辑元件都是用基本门或者其他组合逻辑元件通过组合逻辑设计的方法建立的。这些逻辑元件包括逻辑运算元件和算术运算元件。逻辑运算元件包括以控制传输为主的多路选择器、编码转换为主的译码器、编码器、码型转换器。多路选择器主要通过"地址码"控制相应数据从输入传递到输出。编码器主要将独热码形式的码编码为二进制,对于不是独热码的输入,优先编码器仍然可以根据优先级进行编码。译码器正好和编码器相反,根据译码器器件的不同,其可以分为低电平有效和高电平有效。码型转换器主要是将一种码型翻译成另一种码型。算术运算元件以加法器为基础,介绍了加法器、加减法器、比较器和乘法器。加法器通过逻辑的形式将二进制码的加法表示出来。并研究了多位加法的扩展。减法和乘法在逻辑上都需要用到加法器,只不过通过逻辑编码的形式进行转换。比较器能够给出输入的两个二进制数的大小关系。

然后,使用组合逻辑元件进行了中型组合逻辑的分析与设计。可以发现多路选择器和译码器对于组合逻辑的设计应用十分广泛。

本章介绍的组合逻辑的分析和设计方法,以及组合逻辑元件都将为后续时序逻辑的分析和设计带来帮助。

习   题

1. 证明如图 P4.1(a)、(b)所示两个逻辑电路具有相同的逻辑功能。

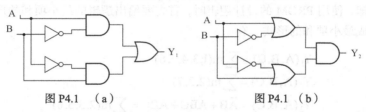

图 P4.1 (a)   图 P4.1 (b)

2. 写出如图 P4.2 所示电路的真值表、最简与或逻辑表达式,并分析该电路逻辑功能。

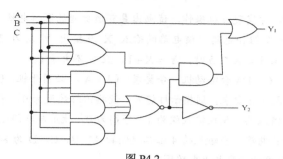

图 P4.2

3. 根据逻辑图 P4.3，写出逻辑函数，并画出 Y 的波形。

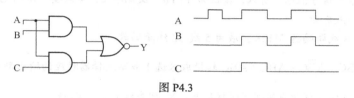

图 P4.3

4. 图 P4.4 所示电路是一个多功能函数发生器，其中 C_2、C_1、C_0 为控制信号，x、y 为数据输入。试列表说明当 $C_2C_1C_0$ 为不同取值组合时，输出端 L 的逻辑功能，即 L（x，y）的表达式。

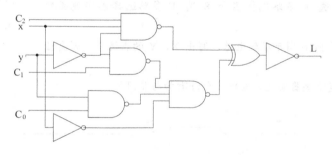

图 P4.4

5. 设 A、B、C 为保密锁的 3 个按键。当 A 键单独按下时，锁既不打开，也不报警；只有当（A、B、C）（A、B）或者（A、C）同时按下时，锁才能被打开；当不符合上述组合状态时，将发出报警信息。设 F 为开锁信号，G 为报警信号，请设计该保密锁的逻辑电路。要求：列出真值表，写出最简与或表达式。

6. 某工厂有 3 个车间，每个车间各需 1kW 电力。这 3 个车间由两台发电机组供电，一台是 1kW，另一台是 2kW。3 个车间经常不同时工作，有时只一个车间工作，也可能有两个车间或 3 个车间工作。为了节省能源，又保证电力供应，请设计一个逻辑电路，能自动完成发电机组的配电任务。要求：列出真值表；写出最简与或表达式。

7. 设计一个两台电机工作故障显示电路，要求：

（1）两台电机同时工作时 F1 灯亮。

（2）两台电机都有故障时 F2 灯亮。

（3）其中一台电机有故障时 F3 灯亮。

8. 为提高报警信号可靠性，在有关部位安置了 3 个同类型的危险报警器，只有当 3 个危险报警器中至少有两个指示危险时，才实现关机操作。试画出具有该功能的逻辑电路。

9. 试用与非门设计一个组合电路，该电路的输入 X 及输出 Y 均为 3 位二进制数，要求：当 $0 \leq X \leq 2$ 时，$Y = X$；当 $3 \leq X \leq 5$ 时，$Y = X + 1$，且 X 不大于 6。

10. 某车间有 A、B、C、D4 台电动机，今要求：（1）A 机必须开机，（2）其他 3 台电动机中至少有两台开机。如果不满足上述要求，则指示灯熄灭。设指示灯熄灭为 0，亮为 1，电动机的开机信号通过某种装置送到各自的输入端，使该输入端为 1，否则为 0。试用与非门组成指示灯亮的逻辑图。

11. 试设计一个码检验电路，当输入的 4 位二进制数 A、B、C、D 为 8421BCD 码时，输出 Y 为 1，否则 Y 为 0。要求写出设计步骤并画电路图。

12. 用门电路设计一个 4 线-2 线二进制优先编码器。编码器输入为 $\overline{A_3}\overline{A_2}\overline{A_1}\overline{A_0}$，$A_3$ 优先级最高，$\overline{A_0}$ 优先级最低，输入信号低电平有效。输出为 $\overline{Y_1}\overline{Y_0}$，反码输出。电路要求加一 G 输出端，以指示最低优先级信号 $\overline{A_0}$ 输入有效。

13. 试用 3 线 8 线译码器 74138 扩展为 5 线-32 线译码器。

14. 将 $Y = \overline{A}BC + A\overline{B}C + ABC + AB\overline{C}$ 转换成 8 选 1 多路选择器对应的输出形式 $Y_i = \sum_{i=0}^{7} m_i D_i$。

15. 图 P4.5 为 4 线-2 线优先编码器逻辑符号，X_0 优先级最高，X_3 优先级最低。试用两个 4 线-2 线优先编码器、两个 2 选 1 多路选择器、一个非门和一个与门，设计一个带无信号编码输入标志的 8 线-3 线优先编码器。

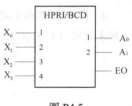

图 P4.5

16. 分别用 4 选 1 多路选择器和 8 选 1 多路选择器实现函数 $F = AB + BC + AC$。

17. （1）分析图 P4.6 所示逻辑电路，写出 X、Y 的表达式，列真值表，简述逻辑功能。

（2）用 3 线-8 线译码器实现该电路（允许附加与非门）。

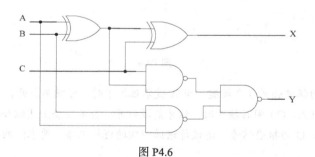

图 P4.6

18. 8 选 1 多路选择器构成的电路如图 P4.7 所示，根据图 P4.7 中对 $D_0 \sim D_7$ 的设置，写出该电路所实现输出函数 F 的表达式。

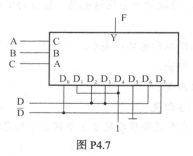

图 P4.7

19.（1）试通过逻辑表达式、真值表分析图 P4.8 所示电路的逻辑功能。

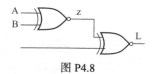

图 P4.8

（2）试用 3-8 译码器和与非门实现该电路的逻辑功能。

20. 试用一片 4 位数值比较器构成一个数值范围指示器，其输入变量 ABCD 为 8421BCD 码，用以表示一位十进制数 X。当 X≥4 时，该指示器输出为 1，否则输出为 0。

21. 试用两片 4 选 1 多路选择器和一片 3 线-8 线译码器 74138 构成一个 3 位并行数码比较器。要求：电路输入为两个 3 位二进制数，输出为 1 位，当输入两数相同时，输出为 0，不同时输出为 1。

22. 已知某组合电路的输入信号 A、B、C 和输出 X 的波形如图 P4.9（a）所示，使用一片 4-16 译码器 74154[其逻辑符号如图 P4.9（b）所示]和与非门设计满足要求的逻辑电路图。

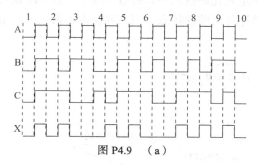

图 P4.9　（a）

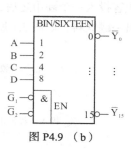

图 P4.9　（b）

23. 设计一个数据处理电路，输入数据 A 和 B 各为 4 位二进制数。当 A>B 时，要求给出 A>B 信号和 A-B 的数值；当 A<B 时，要求给出 A<B 的信号和 B-A 的数值。

24. 设计一个译码电路，将 4 位余 3 码转换为 2421 码。

25. 设计一个译码电路，将 4 位 2421 码转换为格雷码。

26. 用加法器设计实现将余 3 码转换为 8421 码。

27. 试用半加器和全加器设计实现将两位 BCD 码转化为二进制码。

28. 如果用 4 位数值比较器 7485 组成 10 位二进制数的数值比较器，一共需要多少片？应如何连接？

29. 试用两个 4 位数值比较器 7485 组成 3 个数的判断电路。要求能够判别实现各 4 位二进制数 A、B、C 是否相等，A 是否最大，A 是否最小，并分别给出"3 个数相等"、"A 最大"、"A 最小"的输出信号。可以附加必要的门电路。

第5章
时序逻辑元件

组合逻辑每个输出信号值只取决于施加于输入端的信号值。而时序逻辑的输出值不只是取决于当前的输入值，也取决于电路过去的行为。这就需要逻辑元件具有"记忆"功能。例如，有一台自动售饮料的机器，它有一个投币口，规定只允许投入一元面值的硬币。若一罐饮料的价格是2元，则顾客投入一个硬币之后，机器应该记住当前的状态，当顾客投入了第二个硬币之后，机器应该输出一罐饮料，如图5.1所示。

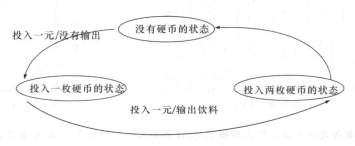

图 5.1　自动售饮料机的例子

在时序逻辑中存储了与过去输入有关的逻辑信号值，这些存储的内容代表了逻辑元件的状态。输入可以使其状态不发生任何变化，也可以使其进入另一状态。因此，可以看出时序逻辑实际上是由组合逻辑和存储单元所构成的，如图5.2所示。

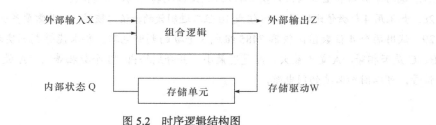

图 5.2　时序逻辑结构图

可以看出外部输入 X、外部输出 Z、内部状态 Q 和存储驱动 W 随着时间变量 t 的变化，构成如下关系。

（1）输出方程

$$Z(t_n)=F(X(t_n)，Q(t_n)) \tag{5.1}$$

（2）驱动方程

$$W(t_n)=G(X(t_n)，Q(t_n)) \tag{5.2}$$

（3）状态方程

$$Q(t_{n+1})=H（W(t_n)，Q(t_n))\tag{5.3}$$

式中 t_n 和 t_{n+1} 表示相邻的两个离散时间，t_n 表示当前时间，t_{n+1} 表示下一个考查状态的时间。则 $Q(t_n)$ 表示当前的逻辑状态，即原态，可记为 Q^n；同样，$Q(t_{n+1})$ 表示下一个的逻辑状态，即次态或新态，可记为 Q^{n+1}。上述各方程具有的内在联系表明，t_n 时刻的输出 $Z(t_n)$ 是由 t_n 时刻的输入 $X(t_n)$ 和该时刻的存储状态 $Q(t_n)$ 所决定的，t_{n+1} 时刻的状态 $Q(t_{n+1})$ 是由 t_n 时刻的存储逻辑的驱动 $W(t_n)$ 和该时刻的存储状态 $Q(t_n)$ 所决定的，$W(t_n)$ 则是由 $X(t_n)$ 和 $Q(t_n)$ 所决定的。由于时间变量 t 的不断变化，此刻的次态，在下一个考查时刻成为原态，使得逻辑不断递推变化下去。

时序逻辑电路的行为可以用很多不同的方法来描述，可以用状态表和状态图来表示时序逻辑的功能。

状态表是一种可以反映时序逻辑输入、原态、输出和新态关系的表格。如图 5.3 所示，在输入 X 的状态下，电路状态从 Q^n 变为 Q^{n+1}，且输出为 Z。

状态图可以更加直观地以图形的形式表示出时序逻辑的状态转换，状态图把逻辑状态表示为节点（用圆形表示），状态之间的转移用曲线表示。图 5.4 表达了同图 5.3 一样的逻辑状态转换。

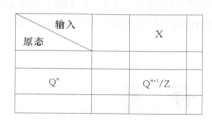

图 5.3 状态表

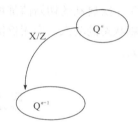

图 5.4 状态图

随着时间的进展，时序逻辑输入信号的变化可以使电路状态发生一系列变化。同样，也可以通过对输入、输出状态对应的波形刻画来表示时序逻辑，这种表示方式称为时序图或波形图。波形图可以通过硬件或软件的模拟仿真来实现，对逻辑的表示更加直观。

时序逻辑是由基本的时序逻辑元件所构成的，这一章将介绍时序逻辑元件。而对于这些逻辑元件的特性，将通过状态表、状态图及波形图来描述。最终刻画出其特性方程和功能。

5.1 双稳态存储单元

双稳态存储单元是构成时序逻辑元件的基本模块，如图 5.5（a）所示。一对反相器组成的环路构成了一个简单的双稳态存储单元。图 5.5（b）重画了相同的电路，以突出其对称性。这种单元又称为交叉耦合反相器。

该逻辑单元没有输入，但有两个输出，Q 和 $\overline{Q}$。与组合逻辑的分析不同：Q 取决于 $\overline{Q}$，$\overline{Q}$ 反过来又取决于 Q。必须考虑两种情况，Q=0 和 Q=1。针对每一种情况的结果，可以得到如下两种情况。

情况 1：Q=0

如图 5.6（a）所示，I2 输入 Q=0，则 $\overline{Q}$ 上的输出为 1。I1 输出 $\overline{Q}$=1，则在 Q 上的输出为 0。这和原来假设的 Q=0 是一致的，电路进入稳态。

情况 2：Q=1

如图 5.6（b）所示，I2 输入为 Q=1，则 $\overline{Q}$ 上输出为 0。I1 输入为 0，Q 上输出为 1，电路进入与情况 1 相反的稳态。

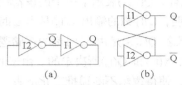

图 5.5　交叉耦合的反相器对

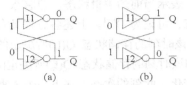

图 5.6　交叉耦合反相器的双稳态操作

具有 N 种稳态的元件可以表示 $\log_2 N$ 位的信息，双稳态元件可以存储 1 位信息。其状态包含在二进制状态变量 Q 中。在交叉耦合反相器中，如果 Q=0，它将永远保持 0 值，如果 Q=1，它将永远保持 1 值。如果 Q 已知，则 $\overline{Q}$ 也已知，所以电路的另外一个节点 $\overline{Q}$ 不包含其他任何信息。另一方面，$\overline{Q}$ 也可以作为一个有效的状态变量值。

当第一次加电使用该逻辑单元时，它的初始值往往未知和不可预料。因为在没有确定初始值的情况下，每一次启动的初始值都可以不同。虽然交叉耦合反相器可以存储 1 位的信息，但由于没有用于控制状态的输入，实用价值不大。锁存器和触发器是提供了可以控制状态变量值的输入的双稳态单元。

5.2　锁　存　器

5.2.1　基本 RS 锁存器

RS 锁存器是最简单的时序逻辑，图 5.7 所示的是由或非门构成的 RS 锁存器。之所以称为 RS 锁存器，是因为它有两个输入信号：Set（置数）、Reset（复位），可以用来改变存储元件的电路状态 Q。图 5.8（a）的画法更清楚地体现出电路中两个或非门交叉耦合的连接方式，也是更常见的画法。图 5.8（b）中的真值表描述了它的行为。

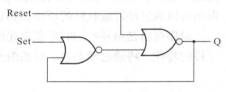

图 5.7　或非门构成的 RS 锁存器

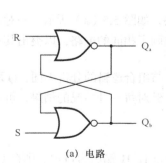

（a）电路

S	R	Q^n	Q^{n+1}	(Q_a)	$\overline{Q}^{n+1}$	(Q_b)
0	0	0	0		1	
0	0	1	1		0	
0	1	0	0		1	
0	1	1	0		1	
1	0	0	1		0	
1	0	1	1		0	
1	1	0	0（禁用）		0（禁用）	
1	1	1	0（禁用）		0（禁用）	

（b）真值表

图 5.8　或非门构成的 RS 锁存器

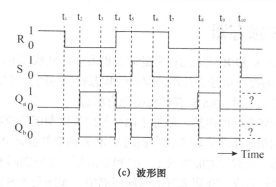

(c) 波形图

图 5.8　或非门构成的 RS 锁存器（续）

当复位端 R、置数端 S 同时为 0 时，锁存器保持原状态。这个状态可能是 $Q_a = 0$，$Q_b = 1$，也可能是 $Q_a = 1$，$Q_b = 0$。当 R = 0，S = 1 时，锁存器置数，$Q_a = 1$，$Q_b = 0$。当 R = 1，S = 0 时，锁存器复位，$Q_a = 0$，$Q_b = 1$。第 4 种情况是 R = S = 1，这时 Q_a、Q_b 均为 0。除了第 4 种情况 Q_a 和 Q_b 的值总是互为反向的。如果 Q_a 表示 RS 锁存器的状态 Q，则 Q_b 表示为 $\overline{Q}$。

图 5.8（c）所示的是锁存器的波形图。在实际电路中，一旦出现 R = S = 1 的情况，电路会发生震荡，由于门的延时总有不同，锁存器最终会停留在两个稳定状态中的某个状态，但无法知道将会稳定在哪一个状态。这种不确定情况在波形图中用虚线标出。可以看出，在 R 和 S 都有效时，Q_a 和 Q_b 不呈现相反的信号。对于 RS 锁存器，一般不允许 R 和 S 都有效（为 1）的情况。

由图 5.8（b）中的真值表画出卡诺图和状态图，如图 5.9 所示。

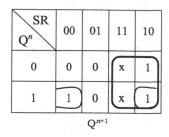

SR\\Q^n	00	01	11	10
0	0	0	x	1
1	1	0	x	1

Q^{n+1}

(a) RS 锁存器卡诺图

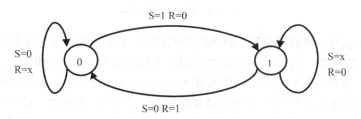

(b) RS 锁存器状态图

图 5.9　RS 锁存器的卡诺图和状态图

如上分析，可以得到 RS 锁存器的特性方程为

$$\begin{cases} Q^{n+1} = S + \overline{R}Q^n \\ SR = 0 \end{cases}$$

（5.4）

5.2.2　门控 RS 锁存器

RS 锁存器的状态随着 S 和 R 输入端信号的改变而改变，其状态的改变总是发生在输入信号改变时。希望能有一特定的控制信号去控制锁存器的状态转换时间。当控制信号有效时，RS 锁存器正常工作；当控制信号无效时，RS 锁存器保持原有状态。

图 5.10（a）所示的为修改后的电路，添加了两个与门提供期望的控制。当控制信号 Clk 等于 0 时，无论信号 S 和 R 的值是多少，输入锁存器的 R′ 和 S′ 的值都会是 0。因此只要 Clk=0，锁存器就会保持它的当前状态。当时钟 Clk 变成 1，R′ 和 S′ 信号将会分别同 S 和 R 信号相同。经过修改，其存储单元的状态变化只发生在定义好的时间间隔中，如同受到时钟的控制一般。定义这些时间间隔的控制信号通常被称为时钟信号。

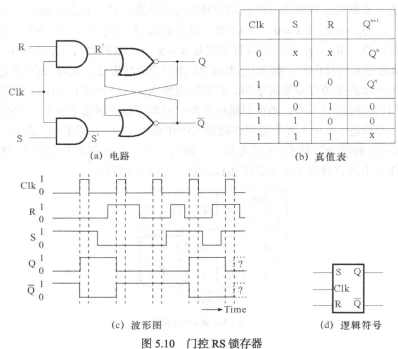

图 5.10　门控 RS 锁存器

这类使用控制信号的锁存器电路，称为门控锁存器。具有如图 5.10 所示置位、复位功能的锁存器称为门控 RS 锁存器。图 5.10（b）真值表描述了它的行为。当 Clk=0 时，无论 R、S 输入端的值是什么，锁存器都将保持原状。这里用 S = x，R = x 表示，x 表示信号值为 0 或者 1。当 Clk=1 时，电路的功能与图 5.8 所示的 RS 锁存器相同。若 S=1，则置数，若 R=1，则复位。真值表的最后一行，S=R=1 时，状态 Q^{n+1} 没有定义，因为不知道它究竟是 0，还是 1。这与之前描写的情况一致。此时，输入信号 S 和 R 均从 1 变成 0，将引起振荡。若 S=R=1，只要 Clk 从 1 变成 0，这种情况立刻就会发生。为确保门控 RS 锁存器的操作有意义，当时钟从 1 变回 0 的时候，必须避免出现 S 和 R 输入信号都等于 1 的情况，这一点是至关重要的。

图 5.10（c）所示的是门控 RS 锁存器的波形图。图中显示的 Clk 信号是一个时间间隔等于 1 的规则周期信号，用以表明 Clk 信号为实际系统中常用的时钟信号。图 5.10(d)所示的为门控 RS 锁存器的逻辑符号。

也可用与非门来构造锁存器。用与非门实现的 RS 锁存器如图 5.11 所示。该逻辑元件的行为可以用图 5.10（b）中的真值表来描述。可以发现该锁存器所有的单元都是与非门，设计起来更加方便。在逻辑符号上，图 5.11 中的 S 和 R 输入信号相比图 5.10 是上下颠倒的。

由之前的分析可知，门控 RS 锁存器的特性方程在 Clk=1 时依然满足式（5.4），当 Clk=0 时保持不变。

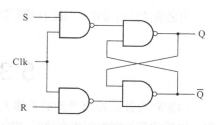

图 5.11　用与非门实现的门控 RS 锁存器

5.2.3　门控 D 锁存器

设计中，经常要进行存储数据操作。简单修改门控 RS 锁存器，便能实现这样的功能。

图 5.12（a）展示了门控 D 锁存器的电路。它基于门控 RS 锁存器，但又有所不同，它的输入端 S 和 R 是不分开的，只有一个数据输入端 D。为了方便起见，图中标出了相当于 S 和 R 的输入端。若 D=1，则 S=1，且 R=0，使锁存器处于状态 Q=1。若 D=0，则 S=0，且 R=1，于是 Q=0，门控 D 锁存器不可能出现 S=R=1 这个被禁用的状态。当然，状态变化只能发生在 Clk=1 时。

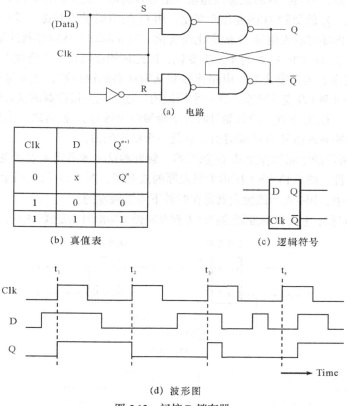

（a）电路

Clk	D	Q^{n+1}
0	x	Q^n
1	0	0
1	1	1

（b）真值表　　　　　　　　（c）逻辑符号

（d）波形图

图 5.12　门控 D 锁存器

门控 D 锁存器只是在 Clk=1 时输出 Q 才跟随着输入 D 值的变化，一旦 Clk 变成 0，锁存器的状态 Q 便保持不变，直到时钟信号变成 1 时为止。因此，在时钟从 1 变为 0 时，门控 D 锁存器把输入信号 D "锁存" 起来。图 5.12 所示的为门控 D 锁存器的真值表、逻辑符号和波形图。

波形图说明在 Clk=1 时，若 D 信号变化，输出 Q 的变化情况。

由之前的分析可知，门控 D 锁存器的特性方程在 Clk=1 时满足式（5.5）。当 Clk=0 时保持不变。

$$Q^{n+1}=D \tag{5.5}$$

5.3 触 发 器

门控锁存器的输出受到时钟输入电平高低的控制，因此这种锁存器被称为电平敏感型锁存器。这样的元件在控制端有效时，输入信号发生的任何变化都会直接引起锁存器输出状态的改变，如果输入信号发生多次改变，输出状态也可能发生多次改变，这一现象称为锁存器空翻。为了解决这个问题，可以设计另一种存储元件，在一个时钟周期内，其状态最多改变一次，这种仅在时钟信号电平发生变化的那一时刻才发生改变的元件称为边沿触发存储元件。

5.3.1 主从 D 触发器

考虑图 5.13（a）所示的电路，它由两个门控 D 锁存器组成。前者称作主锁存器，当 Clock=1 时，改变状态。后者，称作从锁存器，当 Clock=0 时改变状态。此电路的运行情况描述如下。当时钟为高电平的时候，主锁存器的状态跟随输入信号 D 的值，而从锁存器的状态保持不变。换言之，Clock=1 期间，Q_m 的值随 D 的变化而变化，而 Q_s 的值则保持不变。当时钟信号变为 0 后，主锁存器的状态不再随着输入信号 D 的变化而变化。与此同时，从锁存器的输出则跟随信号 Q_m 的变化改变状态。Q_m 在 Clock=0 时不发生变化，因此从锁存器在一个周期内最多发生一次状态的变化。从外部观查者的角度来看，电路连接到从锁存器的输出端，主从电路在时钟的下降沿（时钟由 1 变成 0 时刻）改变其状态。在一个周期内，连接到主锁存器的输入信号 D 可能发生很多次变化，而在信号 Q_s 处观察到的只能是时钟下降沿时刻的 Q_m。换言之，输出信号 Q_s 是在时钟下降沿时刻采集到的输入信号 D 的瞬时值，它是一个稳定的值。

图 5.13（a）所示的电路称作主从 D 触发器。触发器这个术语用来表示在时钟的跳变沿时刻改变状态的存储元件。图 5.13（b）所示为触发器的波形图，图 5.13（c）所示的为逻辑符号。在触发器的逻辑符号中，用 ⌐ 表示该触发器是在时钟下降沿触发的。

由之前的分析可知，主从 D 触发器的特性方程在时钟下降沿时满足式（5.5），其他时候保持不变。

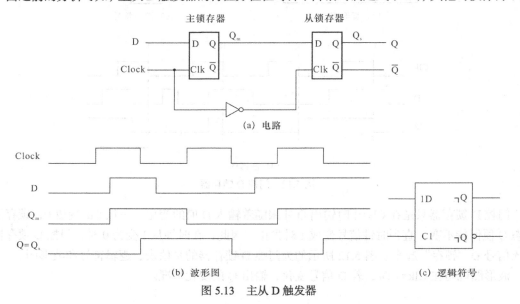

(a) 电路

(b) 波形图

(c) 逻辑符号

图 5.13 主从 D 触发器

5.3.2　主从 RS 触发器

主从 RS 触发器同样也是由主锁存器和从锁存器一起构成的。如图 5.14 所示，在 Clock=0 时，主锁存器的控制门打开，处于工作状态，主锁存器按 S、R 的值改变中间状态 Q_m；从锁存器的控制门关闭，处于保持状态；在 Clock=1 时，主锁存器的控制门关闭，进入保持状态；从锁存器的控制门打开，处于工作状态，电路根据 Q_m 的状态改变输出状态。脉冲不论在低电平或高电平期间，电路的输出状态最多只改变一次。主从 RS 触发器的特性表、特性方程和 RS 锁存器基本相同。在时钟上升沿到来时满足式（5.4）。

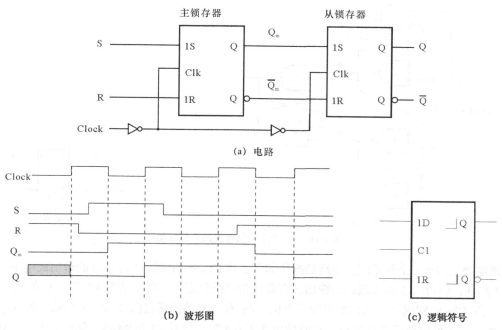

(a) 电路

(b) 波形图　　　(c) 逻辑符号

图 5.14　主从 RS 触发器

然而，主从 RS 触发器抗干扰能力不强。假设一开始触发器处于 0 状态，输入信号 S = R = 0，则触发器在 Clock=1 时应保持原状态，即 $Q^{n+1} = Q^n = 0$。如前所述，当 Clock=0 时，主锁存器选通，电路处于接收数据状态，若在这一时间内，有干扰信号影响 S，如图 5.15 所示，S 出现了短时间的正向脉冲，主锁存器立刻发生变化，由 0 变为 1，而在干扰影响过后，主锁存器就保留了 1 的状态；当 Clock 由 0 变为 1 时，从锁存器的状态（即触发器的状态）随之将变为 1，导致触发器状态的错误转换。这种错误被称为"一次翻转"。

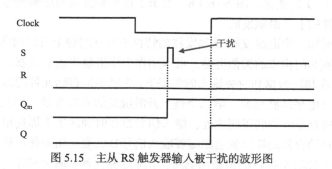

图 5.15　主从 RS 触发器输入被干扰的波形图

5.3.3　边沿触发的 D 触发器

另一类触发器是真正的边沿触发，可以在很大程度上改变主从触发器的"一次翻转"问题。在时钟为稳定的 0 或 1 的时候，数据均不能进入这类触发器，不能对输出产生影响。只有在时钟发生跳变（上升沿或下降沿）期间，触发器才能接受数据，并使输出状态发生转换。这样就只需要保证在时钟发生跳变的极短时间内，输入数据稳定，既避免了锁存器的"空翻"，又避免了主从触发器的一次翻转干扰。

图 5.16（a）所示的为边沿触发的 D 触发器，该电路也可以完成与主从触发器相同的任务。

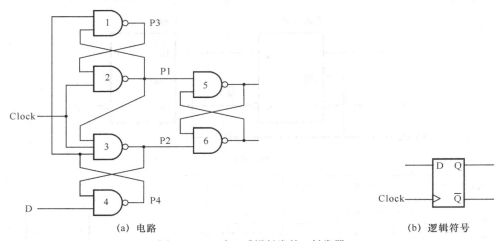

(a) 电路　　　　　　　　　　　　　　(b) 逻辑符号

图 5.16　　一个上升沿触发的 D 触发器

该电路只需要 6 个与非门。电路的操作如下：当 Clock = 0 时，门 2 和 3 的输出高电平。因此 P1 = P2 = 1，使由门 5 和 6 组成的输出锁存器保持当前状态。同时，信号 P3 等于 D 的值，P4 等于 $\overline{D}$。当 Clock 变成 1，就会发生如下变化：P3 和 P4 的值通过门 2 和 3 传输，使 P1 = $\overline{D}$，P2 = D。为了使电路可靠地运行，在时钟由 0 变成 1 时，信号 P3 和 P4 必须保持稳定。因此触发器的建立时间等于 D 输入通过门 4 和门 1 到 P3 点的延迟时间。触发器的保持时间等于门 3 的延迟时间，因为一旦 P2 的值稳定后，D 端再发生变化就没关系了。为了保证电路可靠地运行，有必要说明，在 Clock 变到 1 之后，只要 Clock 等于 1，D 的任何后续变化都不会对锁存器的输出产生影响。必须考虑两种情况。第一种情况，假设在时钟上升沿时刻 D=0，则 P2=0，因而在 Clock=1 期间，门 4 的输出保持为 1（不管输入 D 后续如何变化）。第二种情况，若时钟上升沿时 D=1，则 P1=0，使门 1 和门 3 的输出都等于 1，而不管输入 D 是什么。因此，在 Clock=1 期间，触发器将不理会输入 D 的变化。图 5.16（b）给出了这种触发器的逻辑符号。图中的时钟输入表明该触发器是由时钟的上升沿触发的。

由之前的分析可知，边沿触发的 D 触发器的特性方程在时钟上升沿时满足式（5.5）。而其他时候保持不变。用或非门构成的类似电路，可以用作下降沿触发的触发器。

图 5.17 画出了在相同数据和时钟输入的前提下，3 种不同存储元件的输出波形。第一个元件是门控 D 锁存器，是电平敏感型的。第二个是上升沿触发的 D 触发器，第三个是下降沿触发的 D 触发器。为突出这些存储元件的不同之处，输入信号 D 在时钟的半个周期里变化多次。在时钟为高电平期间，门控 D 锁存器的输出就会跟随着输入信号 D 的变化而变化。而上升沿触发器的输出只在时钟从 0 变到 1 时刻才对 D 的值做出响应，下降沿触发器的输出只在时钟从 1 变到 0 时刻才

对 D 的值做出响应。

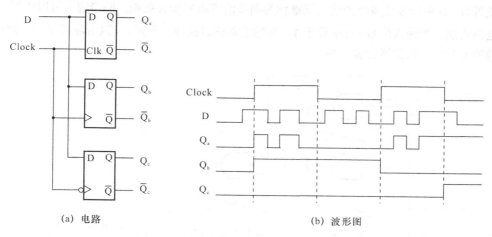

(a) 电路　　　　　　　　　　　　　(b) 波形图

图 5.17　门控锁存器和边沿触发型触发型的比较

5.3.4　带清零和置数信号的 D 触发器

对于实际应用而言，触发器具有清零和置数功能，才能定义初始值或恢复初始状态。提供清零和置数功能的简单方法是在交叉耦合锁存器的每个与非门的输入端加一个输入信号，对于主从 D 触发器，如图 5.18（a）所示，添加的输入信号 Preset 和 Clear 类似于 RS 锁存器的 S 和 R，若输入 Clear = 0，则强迫触发器进入状态 Q = 0，若 Clear = 1，则该输入对于与非门来说没有任何影响。同理，若 Preset = 0，则强制触发器进入状态 Q = 1，而若 Preset = 1，则没有任何作用。为了表明输入信号 Clear 和 Preset 是低电平有效的，在图中的名字上加一横道。应该注意，用这种触发器的电路不能使 Clear 和 Preset 同时为 0。图 5.18（b）所示为这种触发器的逻辑符号。

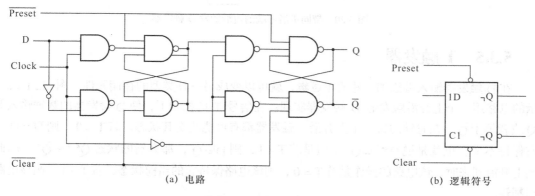

(a) 电路　　　　　　　　　　　　　(b) 逻辑符号

图 5.18　带清零和置数端的主从 D 触发器

对于边沿触发的 D 触发器做相应的改造，使之成为带清零和置数的触发器，如图 5.19(a) 所示。同样，输入信号 Clear 和 Preset 都是低电平有效。当它们等于 1 的时候对触发器不产生任何影响。输入信号 Clear 和 Preset 变为低电平都能立即产生效果。例如，若 Clear = 0，则不管此时刻时钟信号的值是什么，触发器会立刻进入状态 Q = 0，同理，若 Preset = 0，则不管此时刻时钟信号的值是什么，触发器会立刻进入状态 Q = 1。将这种不用考虑时钟信号就能将触发器清零或置数的输入端称为异步清零端或异步置数端。在实际工作中，有时更愿意采用在时钟有效沿情况下的清零或置数，这种清零或置数的输入端被称为同步清零或同步置数端。同步清零可以用图 5.20 所示的电路实现。若输入信号 $\overline{\text{Clear}}$ 等于 1，则触发器正常操作。但是，若 $\overline{\text{Clear}}$ 变成 0，则在下一个时钟的上升沿，触发器会被清零。

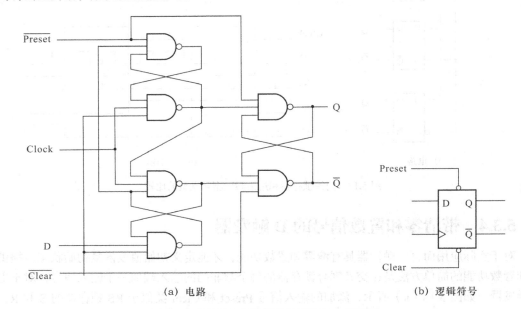

(a) 电路   (b) 逻辑符号

图 5.19　带清零和置数端的边沿触发 D 触发器

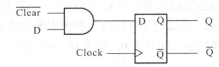

图 5.20　带同步清零端的边沿触发 D 触发器

5.3.5　T 触发器

在 D 触发器输入端添加一些简单逻辑，就可以变成另一种类型的存储元件。图 5.21（a）所示的电路用一个上升沿触发的 D 触发器实现。在信号 T 的控制下，使 D 触发器的数据输入等于 Q 或者等于 $\overline{\text{Q}}$。在时钟的每一个上升沿，触发器都有可能改变其状态。若 T = 0，则 D = Q，状态保持不变，也就是说 $Q^{n+1} = Q^n$。但是若 T = 1，则 D = $\overline{\text{Q}}$，那么新的状态 $Q^{n+1} = \overline{Q}^n$。因此，当上升沿到来时，该电路的操作是若 T = 0，则该电路保持它的当前状态，若 T = 1，则该电路状态翻转。

图 5.21（b）用真值表的形式说明了电路的操作，即可以控制逻辑的保持和翻转，任何可以实现该真值表的逻辑元件都叫做 T 触发器。

由之前的分析可知，T 触发器的特性方程为

$$Q^{n+1} = Q^n \oplus T \tag{5.6}$$

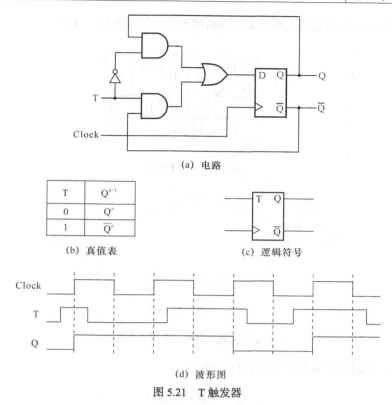

(a) 电路

T	Q^{n-1}
0	Q^n
1	$\overline{Q}^n$

(b) 真值表　　　　　　(c) 逻辑符号

(d) 波形图

图 5.21　T 触发器

5.3.6　JK 触发器

D 触发器可以推导出另一种有趣的电路。该电路有两个输入端，J 和 K，如图 5.22（a）所示。该电路的输入端 D 被定义为：

$$D = J\overline{Q} + \overline{K}Q$$

图 5.22（b）给出了对应的真值表。该电路被称为 JK 触发器。它将 RS 触发器和 T 触发器的行为结合起来。对所有的输入，除了 J = K = 1 以外，若令 J = S，K = R，其行为同 RS 触发器一样。对于 J = K = 1 的情况，RS 触发器必须避免，而此时 JK 触发器将其状态翻转，其功能与 T 触发器相同。JK 触发器是一种很灵活的电路。它可以像 D 触发器和 RS 触发器一样直接用于存储的目的。

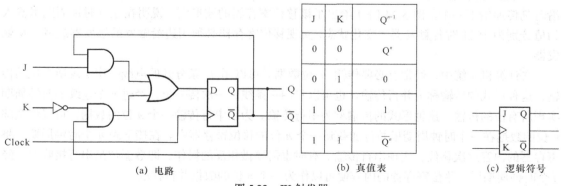

J	K	Q^{n-1}
0	0	Q^n
0	1	0
1	0	1
1	1	$\overline{Q}^n$

(a) 电路　　　　　　　(b) 真值表　　　　　　(c) 逻辑符号

图 5.22　JK 触发器

根据图 5.22（b）中的真值表画出卡诺图和状态图，如图 5.23 所示。

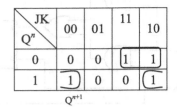

（a）JK 触发器卡诺图

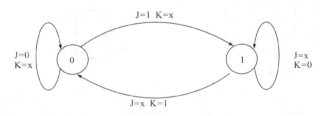

（b）JK 触发器状态图

图 5.23　JK 触发器的卡诺图和状态图

如上分析，可以得到 JK 触发器的特性方程为

$$Q^{n+1} = J\bar{Q}^n + \bar{K}Q^n \tag{5.7}$$

5.4 　寄　存　器

　　一个触发器可以存储一位信息。由 n 个触发器组成的电路可以用来存储 n 位信息，这 n 个触发器称为一个寄存器。寄存器中每个触发器共用同一个时钟，每个触发器都按前面章节中所描述的那样工作。通常寄存器由 n 个 D 触发器构成。

5.4.1 　移位寄存器

　　图 5.24（a）给出了一个 4 位的移位寄存器。数据串行输入。每个触发器的内容在时钟上升沿时刻传递给下一个。图 5.24（b）给出了该移位寄存器的波形图，说明在连续时钟周期里输入的值分别为 1011 时各触发器的变化状态。实现移位寄存器必须用边沿触发的触发器或者主从触发器。

　　在计算机系统中，经常有必要传输 n 位数据。可以用 n 条分开的电线一次实现所有位的传输，这种形式的传输称为并行传输。也可以只用一条线，一次传一位，经过 n 个连续的时钟周期实现所有位的传输，这种形式的传输称为串行传输。为了串行传输一个 n 位的数据，可以将全部 n 位的数据在一个时钟周期里并行加载到一个 n 位的移位寄存器中。在接下来 n 个时钟周期，将寄存器的内容逐次移位，实现串行传输。有时也需要做相反的操作，即数据位是串行接收的，经过 n 个时钟周期后，移位寄存器的内容便可以作为一个 n 位的数据并行存取。

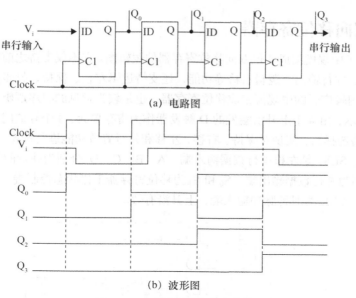

(a) 电路图

(b) 波形图

图 5.24 一个简单的移位寄存器

图 5.25 展示了一个允许并行存取的 4 位移位寄存器。与一般移位寄存器的连接不同，每个触发器的输入 D 连接到两个不同的信号源。一个信号源是前级触发器，用于移位寄存器的操作。另一个信号源是与被加载的触发器逐位对应的外部输入信号，作为并行操作的一部分。控制信号 $\overline{\text{Shift}}/\text{Load}$ 用来选择操作的模式。若 $\overline{\text{Shift}}/\text{Load}=0$，则电路为移位寄存器工作模式；若 $\overline{\text{Shift}}/\text{Load}=1$，则并行输入数据便加载到寄存器中。这两种操作都发生在时钟的上升沿时刻。之所以选择用 Q_3，…，Q_0 来标记触发器是因为移位寄存器经常被用来存储二进制信息。通过观察所有触发器的输出，便可以并行读取寄存器的内容。触发器也可以通过串行的方式存取数据，当寄存器的内容在连续时钟周期下逐位移位时观测 Q_0 的值即可。

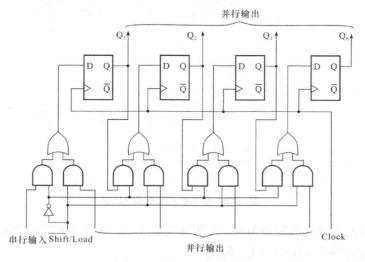

图 5.25 允许并行存取的 4 位移位寄存器

5.4.2　双向移位寄存器

图 5.26 显示了中规模集成 4 位双向移位寄存器的逻辑图。它不仅支持之前移位寄存器的串行输入、并行输入、并行输出、逻辑右移等功能，还支持逻辑左移、保持、异步清零等功能，是一种功能较强、使用较广泛的中规模集成移位寄存器，也是较为常见的时序逻辑元件。

如图 5.26 所示，由 4 个上升沿触发的 D 触发器作为寄存单元，4 个异或门和或非门构成了 4 个 4 选 1 的多路选择器，实现对保持、右移、左移和并行置数功能进行选择。其中 SRSI 是右移串行数据输入端，SLSI 是左移串行数据输入端。A、B、C、D 分别为并行的数据输入端，Q_A、Q_B、Q_C、Q_D 分别为并行数据输出端。S_0 和 S_1 为移位寄存器工作状态控制端，CLRN 为异步清零端，低电平有效。CLK 为时钟脉冲输入端，上升沿有效。

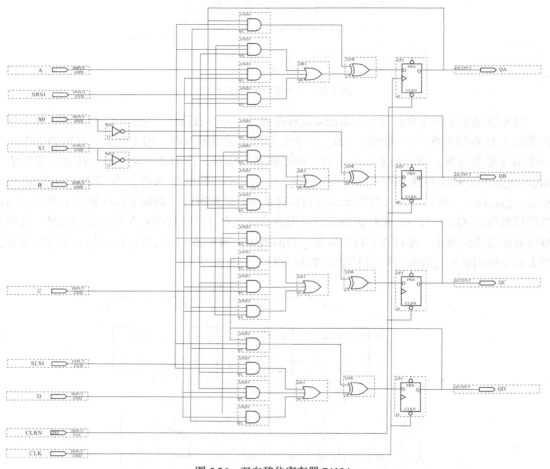

图 5.26　双向移位寄存器 74194

现以输出端 Q_B 所在的触发器为例，分析在 S_0 和 S_1 为不同取值时移位寄存器的逻辑功能。
$$D_B = Q_B{}''\overline{S_0}\,\overline{S_1} \oplus (Q_C{}''\overline{S_0}S_1 + BS_0S_1 + Q_A{}''S_0\overline{S_1})$$

当 S_0S_1=00 时，$D_B = Q_B{}'' \oplus 0 = Q_B{}''$，当 CLK 上升沿到来的时候，$Q_B{}^{n+1} = D_B = Q_B{}''$，触发器状态保持不变。同理，其他触发器也实现"保持"功能。

当 S_0S_1=01 时，$D_B = 0 \oplus Q_C{}'' = Q_C{}''$，当 CLK 上升沿到来的时候，$Q_B{}^{n+1} = D_B = Q_C{}''$，触发器状

态为其右边触发器的状态，实现了左移功能。同理，其他触发器也实现"左移"功能。

当 $S_0S_1=10$ 时，$D_B = 0 \oplus Q_A{}^n = Q_A{}^n$，当 CLK 上升沿到来的时候，$Q_B{}^{n+1} = D_B = Q_A{}^n$，触发器状态为其左边触发器的状态，实现了右移功能。同理，其他触发器也实现"右移"功能。

当 $S_0S_1=11$ 时，$D_B = 0 \oplus B = B$，当 CLK 上升沿到来的时候，$Q_B{}^{n+1} = D_B = B$，触发器状态为外部输入的状态，实现了置数功能。同理，其他触发器也实现"置数"功能。

综上所述，双向移位寄存器的逻辑符号如图 5.27（a）所示，功能表如图 5.27（b）所示。

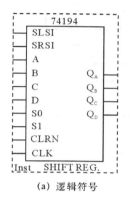

CLRN	S_1	S_0	CLK	功能
0	×	×	×	清零
1	0	0	↑	保持
1	0	1	↑	右移
1	1	0	↑	左移
1	1	1	↑	置数

（a）逻辑符号　　　　　　　　　　　　　（b）功能表

图 5.27　双向移位寄存器 74194 的逻辑符号和功能表

5.5　计　数　器

在计算机系统中计数器的应用非常广泛，也是最常见的时序逻辑元件。计数器可以用来记录特定事件的发生次数，产生控制系统中不同任务的时间间隔，记录特定事件之间的时间间隔等。本节将说明如何用 T 触发器和 D 触发器来设计计数器。

5.5.1　异步计数器

最简单的计数器可以用 T 触发器构成，因为翻转特性很自然地适用于计数操作的实现。图 5.28（a）给出了一个 3 位的计数器，计数范围从 0 到 7。3 个触发器的时钟输入用级联的方式连接。只有第一个触发器直接对 Clock 信号做出响应，即与时钟同步。另两个触发器的时钟输入由前一级的 $\overline{Q}$ 输出驱动。每个触发器的 T 输入端与 1 相连，这意味着触发器的状态在每个时钟的上升沿翻转。该电路可以计算发生在 Clock 输入端的脉冲个数。第一个触发器的时钟输入端与 Clock 线相连。随着前级触发器从 Q＝1 到 Q＝0 的状态改变，$\overline{Q}$ 同时产生上升沿时，后面触发器的状态便发生翻转。像这种几个触发器分别使用不同时钟的计数器称为异步计数器。

图 5.28（b）展示了计数器的波形图。Q_0 的值每个时钟周期改变一次。变化发生在时钟上升沿之后，稍有延迟。延迟是由于触发器的传递延迟引起的。因为第二个触发器由 $\overline{Q_0}$ 作时钟，所以 Q_1 的值在 Q_0 的下降沿之后变化，稍有延迟。同理，Q_2 的值在 Q_1 信号的下降沿之后变化，稍有延迟。若 $Q_2Q_1Q_0$ 的值看作一个数，则波形图说明计数顺序是 0，1，2，3，4，5，6，7，0，1 等。电路是一个模 8 计数器。因为它递增计数，称为递增计数器。

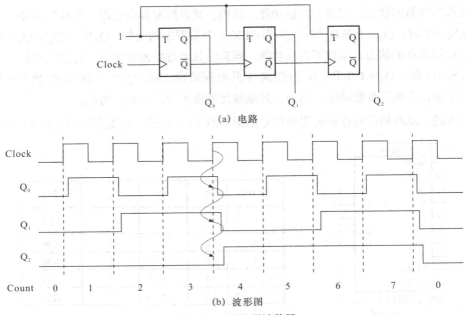

(a) 电路

(b) 波形图

图 5.28　3 位递增计数器

把图 5.28（a）中的电路做简单的修改就得到图 5.29（a）所示的电路。这两个电路的不同之处仅在于图 5.29（a）中的第二个和第三个触发器的时钟输入是由其前级触发器的输出端 Q 驱动，而不是输出端 $\overline{Q}$。图 5.29(b)给出了波形图，说明了这个电路的计数顺序是 0，7，6，5，4，3，2，1，0，7 等。因为它的计数方式是递减的，称为递减计数器。将图 5.28（a）和图 5.29（a）所示的电路结合在一起，便可以构成一个既可以递增，又可以递减的计数器。

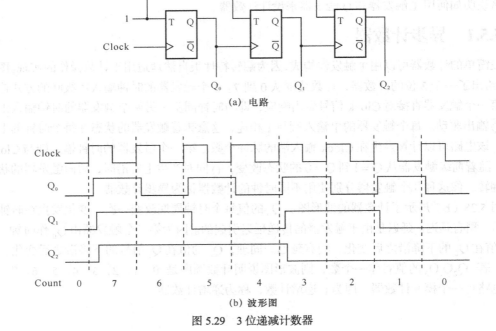

(a) 电路

(b) 波形图

图 5.29　3 位递减计数器

5.5.2 同步计数器

异步计数器运行速度不快。若将所有的触发器用同一时钟触发，可以构建一个速度更快的计数器。

观察 3 位递增二进制数的变化规律，设 3 位二进制数分别为 $Q_2Q_1Q_0$，则 3 位二进制数递增过程如下：000,001,010,011,100,101,110,111。很明显 Q_0 位每个时钟周期都变化。Q_1 位仅在 $Q_0=1$ 的时候变化。Q_2 位仅在 Q_1 和 Q_0 同时为 1 时发生变化。由此可以推出对于一个 n 位的递增计数器，给定的触发器仅在它前面的所有触发器都处在 $Q=1$ 的状态时才会改变状态。若用 T 触发器来实现计数器，则 T 输入端应被定义为：

$$T_0 = 1$$
$$T_1 = Q_0$$
$$T_2 = Q_0Q_1$$
$$T_3 = Q_0Q_1Q_2$$
$$\cdots\cdots$$
$$T_n = Q_0Q_1\cdots Q_{n-1}$$

图 5.30（a）所示的是一个基于以上表达式的 4 位计数器。在这个例子中，由于扇入问题，不采用逐级增加与门的办法，而采用分解的方法，如图 5.30 所示。这样的结构不会使计数器的响应变慢，因为所有的触发器都在时钟上升沿加片刻延时后改变其状态。Q_0 的变化需要通过几个与门的延迟才能传到计数器的高位触发器，传递的时间一定不能超过时钟周期。图 5.30（b）所示的波形图展示了模 16 递增计数器电路的行为。因为所有触发器都使用同一个时钟 Clock 信号，所以该电路被称作同步计数器。

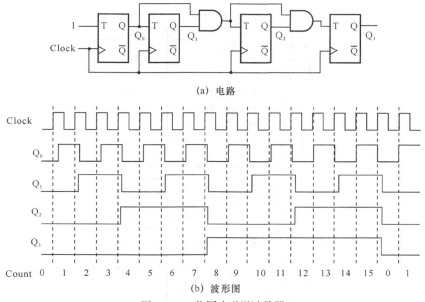

(a) 电路

(b) 波形图

图 5.30　4 位同步递增计数器

每个时钟脉冲的到来都会使计数器改变其计数值。添加一个使能控制信号就可以使计数值保持当前状态。在图 5.30 所示计数器的基础上，增加一个与门，使能信号直接输入第一个触发器的

T 输入端，如图 5.31 所示。若 Enable = 0，则所有触发器的 T 输入都等于 0。若 Enable = 1，则计数器就会像前面那样操作。将所有触发器的清零输入端连在一起，用一个清零控制输入来驱动，就能够实现计数器的初始化清零，如图 5.31 所示。

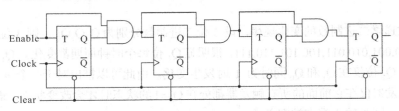

图 5.31　添加了使能和清零能力的递增计数器

用 JK 触发器和 D 触发器也可以用来构建计数器，所用的方法与用 T 触发器相同。

将 JK 触发器的 J 端和 K 端连接在一起，JK 触发器就变成了 T 触发器。

考虑用 D 触发器来达到这个目的。图 5.32 给出了一个 4 位递增计数器，计数顺序是 0，1，2，…，14，15，0，1 等。计数用触发器的输出端 $Q_3Q_2Q_1Q_0$ 表示。同样考虑二进制数递增过程，可以发现若低位均为 1，则当前位会发生变化，根据逻辑运算，变量异或 1 之后会发生翻转，而异或 0 则保持不变。根据这些性质，设使能端 Enable = 1，则触发器的 D 输入端可以用以下表达式来定义。

$$D_0 = Q_0 \oplus 1 = \overline{Q}_0$$
$$D_1 = Q_1 \oplus Q_0$$
$$D_2 = Q_2 \oplus Q_1Q_0$$
$$D_3 = Q_3 \oplus Q_2Q_1Q_0$$

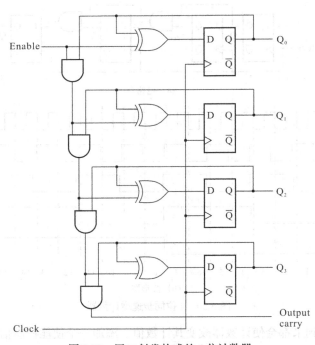

图 5.32　用 D 触发构成的 4 位计数器

更大的计数器的第 i 级用以下表达式定义。

$$D_i = Q_i \oplus Q_{i-1}Q_{i-2}\cdots\cdots Q_1Q_0$$

若 Enable = 1，计数器便可对时钟脉冲进行计数。实际上，为了实现图 5.32 所示的电路，将上面的表达式修改后表示如下。

$$D_0 = Q_0 \oplus Enable$$
$$D_1 = Q_1 \oplus Q_0 \cdot Enable$$
$$D_2 = Q_2 \oplus Q_1 \cdot Q_0 \cdot Enable$$
$$D_3 = Q_3 \oplus Q_2 \cdot Q_1 \cdot Q_0 \cdot Enable$$

图 5.32 所示的计数器本质上与图 5.31 所示的电路相同。门控信号可以将 D 触发器改造为 T 触发器。

$$D = Q\overline{T} + \overline{Q}T = Q \oplus T$$

因此，在图 5.32 所示的每一级，D 触发器和相连的异或门实现了 T 触发器的功能。

5.5.3　并行置数计数器

有时希望计数器从不同的起始值开始计数。为实现这种操作模式，计数器电路必须具有可加载初始值的输入端。用清零和置数两个输入端可以实现这一目标。修改图 5.32，在触发器的输入端 D 前插入一个 2 选 1 多路选择器。多路选择器的一个输入用来产生正常计数操作。另一个输入提供加载数据。当 Load = 0 时，电路计数。当 Load = 1 时，新的初始值 $D_3D_2D_1D_0$ 被加载到计数器中。于是计数器就具有了并行置数功能，如图 5.33 所示。

n 位的递增计数器的功能自然就是模 2^n 计数器的功能。假设希望有一个模不是 2 的幂次的计数器。例如，设计一个模 6 计数器，该计数器的计数序列为 0，1，2，3，4，5，0，1 等。最直接的方法是当计数到 5 时使计数器复位。可以用一个与门检测 5 的到来。实际

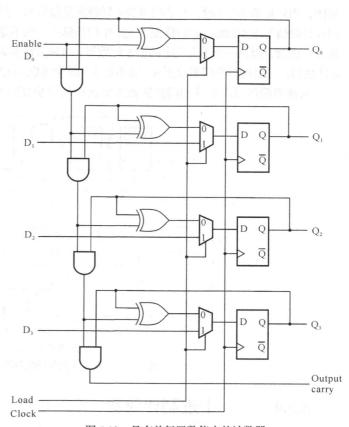

图 5.33　具有并行置数能力的计数器

上，只要 $Q_2 = Q_0 = 1$ 就足够了，因为计数顺序中只有数 5 才有这种情况。图 5.34（a）给出了基于这种方法的电路。该电路使用了图 5.33 所示那种类型的 3 位同步计数器。计数器的并行置数特征用来在计数至 5 时复位计数器。复位行为发生在计数计到 5 后 的 时 钟 上 升 沿 ， 包 括 把 $D_2D_1D_0 = 000$ 加载到触发器中。期望的计数顺序实现了如图 5.34（b）所示的波形图，在一个时钟周期里建立起计数的每个值。因为计数器在时钟有效沿时置为 000，称这种类型的计数器为同步置数计数器。

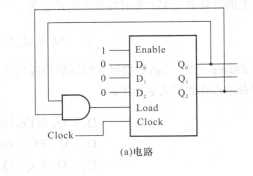

(a)电路

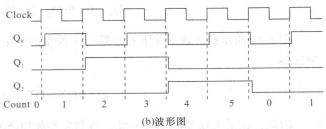

(b)波形图

图 5.34　具有同步置数功能的模 6 计数器

不采用同步置数的方法。图 5.35（a）中的电路给出了实现模 6 计数器的另一种可能性。因为清零输入端低电平有效，可以用与非门来检测 5 的发生，同时复位所有的触发器。图 5.35（b）画出了该电路的波形图，当计数值等于 5 时，与非门就会立即触发复位行为。经过很短时间的延迟，然后立刻被清零。因此计数值等于 5 的维持时间依赖于电路中门的延迟，而不是时钟。该电路并不是一个真正意义上的模 6 计数器，而是一个不太稳定的模 5 计数器。这种方法称为异步复位。如果要采用这种方法实现模 6 计数器，可以用与非门来检测 6，而不是 5，即检测 $Q_2 = Q_1 = 1$ 的状态进行复位。

从波形图可以看出选用同步置数方案比选用异步复位方案好。

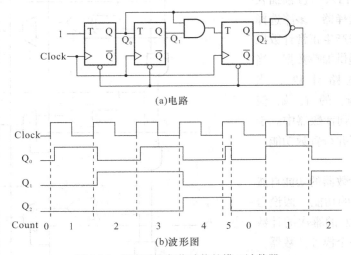

(a)电路

(b)波形图

图 5.35　具有异步复位功能的模 6 计数器

5.5.4　二—十进制计数器

二—十进制（BCD）计数器可以用前一节中解释过的方法设计。图 5.36 展示了一个两位的

BCD 计数器。它由两个模 10 计数器组成，每个 BCD 数字用一个模 10 计数器，该计数器可以用图 5.33 中所示的并行置数 4 位计数器实现。注意，在模 10 计数器中，当计数值达到 9 以后必须将 4 个触发器复位。因此，当 $Q_3 = Q_0 = 1$ 时，每一级的 Load 输入为 1，从而使 0 在下一时钟的上升沿时加载到触发器中。每当表示个位的第 1 级计数器 $BCD_0 = 9$ 时，必须启动表示十位的第 2 级计数器，这样在下一时钟的脉冲到来时，计数值才可以增加。这可以通过使 BCD_1 的 Enable 信号只在 $BCD_0 = 9$ 的时钟周期里为高电平，而其余时间都保持低电平来实现。如图 5.36 所示，在电路中添加两个或门来实现计数器随时清零。当控制输入端 Clear=1 时，可以用来把 0 加载到计数器中。而当控制输入端 Clear=0 时，则在 99 的时候才把 0 加载到计数器中。

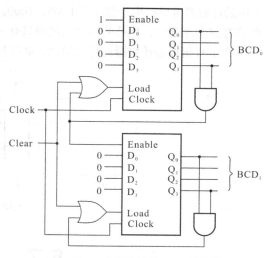

图 5.36　一个两位数的 BCD 计数器

如果并不检测 $BCD_0 = 9$ 和 $BCD_1 = 9$ 的情况，而检测的是任意的数字，则该计数器可以变化成为任意模的计数器。读者可以自行练习设计。

5.6　寄存器型计数器

有一种类型的计数器采用的是移位寄存器加上反馈电路的方法构成，这些计数器产生的码也不是数字计数的码，而具有某种循环特征。本节将介绍环形计数器和扭环形计数器。

5.6.1　环形计数器

图 5.37 所示电路被称为环形计数器，该电路中的每个触发器只有在某特定计数值时 $Q_i = 1$，而在其他所有的计数值时 $Q_i = 0$。移位寄存器的最后一级的输出（Q）反馈至第一级作为输入，从而构成了一种环形结构。若一个 1 进入这个环，则 1 会在连续时钟周期中在这个环中移位。例如，在一个 4 位的环形结构中，则可能产生的码 $Q_0 Q_1 Q_2 Q_3$ 将是 1000，0100，0010，0001。

图 5.37 中的电路通过 Start 控制信号实现，使最左面的触发器置 1，其他触发器则清 0。

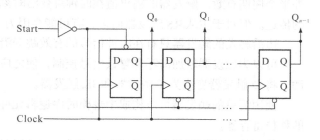

图 5.37　环形计数器

5.6.2　扭环形计数器

若把环形计数器的最后一个触发器的 $\overline{Q}$ 作为反馈接到第一个触发器的输入，就可以得到扭环形计数器，如图 5.38 所示。n 位的这种类型的电路可以产生长度为 $2n$ 的计数序列。例如，一个

4 位的计数器可以产生计数序列 0000，1000，1100，1110，1111，0111，0011，0001，0000 等。注意在这个序列中，相邻的两个码之间只有一位不同。

为了对扭环形计数器进行初始化，必须如图 5.38 所示对所有的触发器进行复位。

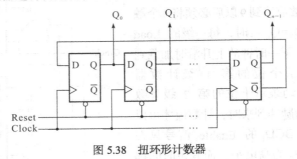

图 5.38　扭环形计数器

5.7　小　　结

本章介绍了计算机系统中的时序逻辑元件，这些基本元件可以构建更大规模的逻辑元件，包括寄存器和计数器，它们也是重要的时序逻辑元件。使用这些时序逻辑元件可以进行复杂的时序逻辑分析与设计。

基本锁存器是两个或非门或者与非门反馈连接组成的电路，该电路可以存储一位的信息。用 S 输入端可将该电路置为 1，用 R 输入端可将该电路复位为 0。门控锁存器包括输入门和控制输入信号的基本锁存器。当控制信号为 0 时，该锁存器保持它已存在的状态，当控制信号为 1 时，其状态可以改变。如果控制输入被规定为时钟，则有两种类型的门控锁存器。

门控 RS 锁存器用输入 S 和 R 分别使锁存器置为 1，或复位为 0。

门控 D 锁存器用输入 D 强迫锁存器进入与输入 D 相同的逻辑状态。

触发器是基于门控锁存器原理的存储元件，它的输出状态的改变一般发生在控制时钟信号的跳变沿。

主从触发器由两个门控锁存器构成。主锁存器在时钟周期的前半个周期有效，从锁存器在另外半个周期有效。触发器的输出值在时钟跳变沿时刻改变，该时钟跳变沿激活了进入从级锁存器的传送。但对于主从 RS 触发器而言，有可能会因为干扰信号产生"一次翻转"。

边沿触发的触发器只有在时钟信号的有效跳变沿时刻，才能接受当前的输入值。

可以为触发器增加清零和置数信号控制，使之应用更加广泛，同样也可以通过增加输入的驱动，将 D 触发器变换为 T 触发器和 JK 触发器。

使用简单的触发器可以构成中规模时序逻辑元件——寄存器，双向移位寄存器是被广泛应用的移位寄存器。

使用简单的触发器也可以构成中规模时序逻辑元件——计数器，使用并行和置数功能，可以实现任意进制计数器的功能。

使用简单的触发器也可以构成类似移位寄存器的环形计数器和扭环形计数器。

本章介绍的这些基本时序逻辑元件都将为后续时序逻辑的分析和设计带来工具。

习　题

1. 试说明描述触发器逻辑功能的几种方法。

2. 分别写出 D 触发器、JK 触发器、D 触发器和 T 触发器的特性方程。

3. 请根据图 P5.1 所示的状态表画出相应的状态图，其中 X 为外部输入信号，Z 为外部输出信号，A、B、C、D 是时序电路的 4 种状态。

Q^{n+1}/Z X Q^n	0	1
A	D / 1	B / 0
B	D / 1	C / 0
C	D / 1	A / 0
D	B / 1	C / 0

图 P5.1

4. 已知主从 RS 触发器的逻辑符号和 Clk、S、R 端的波形如图 P5.2（a）（b）所示，试画出 Q 端对应的波形（设触发器的初始状态为 0）。

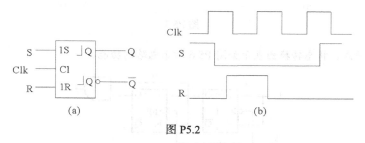

(a)　　　　　　　　　　　　　　　(b)

图 P5.2

5. 边沿型 JK 触发器（下降沿有效）的输入波形如图 P5.3 所示，画出 Q 端的波形。设触发器的初始状态为 "1"。

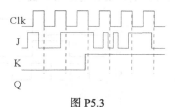

图 P5.3

6. 边沿型 JK 触发器（上升沿有效）的触发信号和输入信号如图 P5.4（a）（b）所示。试画出 Q_1 端的输出波形（所有触发器的初态为 0）。

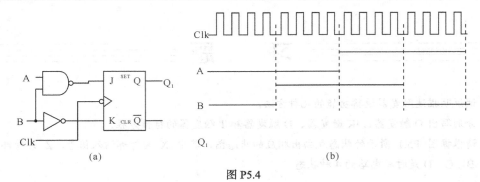

图 P5.4

7. 用主从 D 触发器和边沿触发的 JK 触发器组成的电路如图 P5.5（a）所示。已知触发信号和输入信号，如图 P5.5（b）所示。试画出 Q_1、Q_2 的输出波形（所有触发器的初态为 0）。

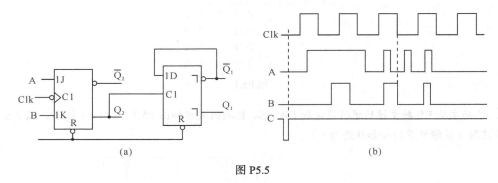

图 P5.5

8. 分别用方程式、状态转换图表示如图 P5.6 所示电路的功能。

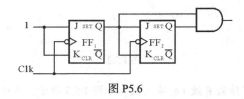

图 P5.6

9. 根据图 P5.7 所示输入信号波形分别画出各电路输出波形，设图中触发器初态为 "0"。

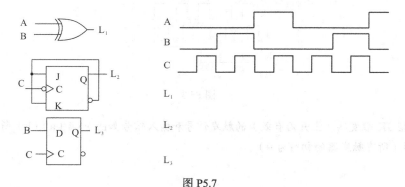

图 P5.7

10. 逻辑单元电路符号和具有 "0"、"1" 逻辑电平输入信号 X_1 如图 P5.8 所示，分别画出各单元电路相应的电压输出信号波形 Y_1、Y_2、Y_3。设各触发器初始状态为 "0" 态。

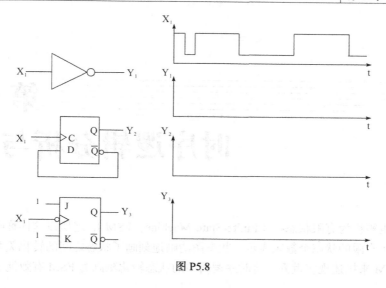

图 P5.8

11. 分析图 P5.9（a）（b）所示电路，画出状态转换图和时序波形图。

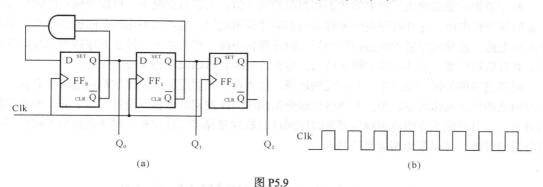

（a）　　　　　　　　　　　（b）

图 P5.9

12. 逻辑电路如图 P5.10（a）（b）所示，对于连续脉冲，试画出 Q_1、Q_2 的波形。

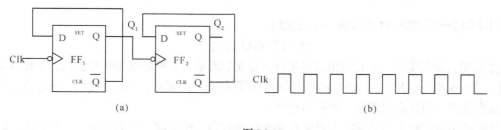

（a）　　　　　　　　　　　（b）

图 P5.10

13. 将图 5.36 中的"一个两位数的 BCD 计数器"改造为模 56 的计数器。

14. 针对一个模 16 的二进制计数器，分别用同步置数法和异步复位法构造一个模 8 计数器。

第6章
时序逻辑分析与设计

时序逻辑也被称为有限状态机（Finite-State Machine，FSM），之所以这样称呼是因为它们的功能行为可以用有限的状态个数来表示。状态图清晰地刻画了状态之间的转化关系。计算机系统中经常使用 FSM 来描述现实世界。将时序逻辑中的状态转化刻画为 FSM 有效地实现了认识上的统一。

时序逻辑的输出取决于过去的状态和当前的输入值。大多数情况下，可以用同一时钟信号来控制时序逻辑电路，这种时序逻辑被称为同步时序逻辑电路。也可以不用同一时钟信号来控制时序逻辑电路，这种时序逻辑电路被称为异步时序逻辑电路。相比之下，同步时序逻辑比较容易设计，并且应用广泛；异步时序逻辑速度快，但设计复杂，难以设计得又稳定又好。

时序逻辑的分析和设计是一对相反的过程，前者在于根据逻辑图给出逻辑功能，后者在于根据逻辑功能设计具体的逻辑图。本书将详细介绍同步时序逻辑的分析与设计，对于异步时序逻辑的分析，本书只简单介绍使用触发器等时序元件的脉冲型异步时序逻辑。对于其他异步时序逻辑的分析与设计，可以参阅相应参考书。

6.1 同步时序逻辑的分析

可以将同步时序逻辑 M 表示成一个五元组。

$$M = (X, Z, Q, \varphi, \lambda)$$

其中，X 是输入信号集合，Z 是输出信号集合，Q 是状态集合。φ 是状态转移函数，又称状态方程，$Q(t_{n+1}) = \varphi[X(t_n), Q(t_n)]$，$Q(t_n)$ 表示当前的逻辑状态，即原态，可记为 Q^n，$Q(t_{n+1})$ 表示下一个的逻辑状态，即次态或新态，可记为 Q^{n+1}。

φ 反映的是逻辑输入与当前状态对新状态变化的影响。根据前一章的介绍，一般来说，时序逻辑都是由组合逻辑和用作存储单元的基本时序逻辑元件（锁存器，触发器）组成的。基本时序逻辑元件都有能够刻画其状态变化的特性方程：$Q(t_{n+1}) = H[W(t_n), Q(t_n)]$，不同的时序元件，其特性方程也不同，但对于同一时序元件而言，其特性方程是固定的。例如，D 触发器的特性方程为 $Q^{n+1} = D$。特性方程中 $W(t_n)$ 表示基本时序逻辑元件的输入，是与输入 $X(t_n)$、当前状态 $Q(t_n)$ 具有组合逻辑关系的一个量。因此只需要求得驱动方程 $W(t_n) = G[X(t_n), Q(t_n)]$，将其带入特性方程，便可得到状态方程。可以看出时序逻辑的状态变化的根源在于基本逻辑元件的状态变化。而把握状态转移函数的本质，则在于抓住基本时序逻辑元件的特性方程和驱动方程 $W(t_n)$。

λ 是输出函数，又称输出方程，描述输出与状态及输入的关系。满足 $Z(t_n) = \lambda[Q(t_n)]$ 的逻辑电路称为摩尔型（Moore）电路，其输出只和其电路当前状态有关。满足关系 $Z(t_n) = \lambda[X(t_n), Q(t_n)]$ 的电路称为米里型（Mealy）电路，其输出不仅和电路当前状态有关，还和输入有关。之所以这么命名是为了纪念 Edward Moore 和 George Mealy，他们在 20 世纪 50 年代研究了上述电路的行为。

可以用状态表和状态图更加直观地表示时序逻辑的功能，如图 6.1、图 6.2 所示。

输入	原态	新态	输出
X	Q^n	Q^{n+1}	Z

（a）摩尔型电路状态表

（b）米里型电路状态表

图 6.1　状态表

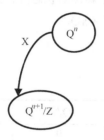

（a）摩尔型电路状态图

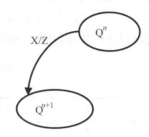

（b）米里型电路状态图

图 6.2　状态图

同步时序逻辑的基本问题在于围绕五元组对时序逻辑进行分析和设计。

分析一个同步时序逻辑，其目标在于根据给定逻辑元件的特性方程、逻辑图，分析出驱动方程，推出状态转移函数 φ 和输出函数 λ，从而最终确定其逻辑功能。

6.1.1　小型同步时序逻辑分析实例

对于只有触发器和门电路组成的小型同步时序逻辑电路，所有触发器都是在同一公共时钟脉冲作用下工作的，因此分析时可以忽略时钟条件。其分析步骤一般如下。

① 根据给定的逻辑图，写出时序逻辑的输出方程和各触发器的驱动方程。

② 将驱动方程带入触发器的特性方程，推导出逻辑图的状态方程。

③ 根据状态方程和输出方程，列出状态分配表。

④ 由状态分配表推出状态表或画出状态图（或画出波形图）。

⑤ 由状态表或状态图（或波形图）说明逻辑图的逻辑功能。

接下来以例子来说明问题。

【例 6.1】　分析如图 6.3 所示逻辑图的功能。

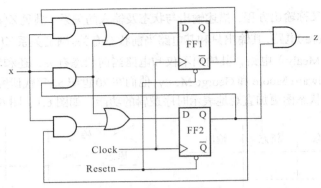

图 6.3　例 6.1 的逻辑图

解：图 6.3 给出了包含两个 D 触发器的时序逻辑。

① 根据逻辑图，可得输出方程为：$z = Q_1^n Q_2^n$

两个 D 触发器的驱动方程为：$D_1 = x\overline{Q}_1^n + xQ_2^n$ 　　　　$D_2 = xQ_1^n + xQ_2^n$

② 将驱动方程带入 D 触发器的特性方程 $Q^{n+1} = D$，可得该逻辑图的状态方程为：

$$Q_1^{n+1} = x\overline{Q}_1^n + xQ_2^n \qquad Q_2^{n+1} = xQ_1^n + xQ_2^n$$

③ 根据状态方程和输出方程，列出状态表见表 6.1。

表 6.1　　　　　　　　　　　　例 6.1 真值表与状态分配表

（a）例 6.1 真值表

x	Q_2^n	Q_1^n	Q_2^{n+1}	Q_1^{n+1}	z
0	0	0	0	0	0
0	0	1	0	0	0
0	1	0	0	0	0
0	1	1	0	0	1
1	0	0	0	1	0
1	0	1	1	0	0
1	1	0	1	1	0
1	1	1	1	1	1

（b）例 6.1 状态分配表

当前状态 $Q_2^n Q_1^n$	下一个状态		输出 z
	x = 0　$Q_2^{n+1}Q_1^{n+1}$	x = 1　$Q_2^{n+1}Q_1^{n+1}$	
00	00	01	0
01	00	10	0
10	00	11	0
11	00	11	1

④ 既然有两个触发器，那么有限状态机（FSM）有 4 个状态。根据状态分配表画出如图 6.4 所示的状态图。

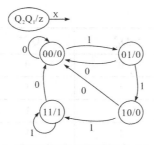

图 6.4　例 6.1 状态图

⑤ 根据表 6.1 和图 6.4 可以清楚地看到，在初始状态 $Q_2Q_1 = 00$ 复位后，若输入 x 连续 3 个周期保持为 1，则有限状态机就会产生输出 z =1。若输入 x 为 0，则 FSM 立刻恢复到初始状态，且输出为 0。因此，该 FSM 所起的作用是 111 串行序列检测器。

综上分析，该例是一个典型的由 D 触发器构成的摩尔型电路，输出直接由 z 的方程得到，与输入无关。

【例 6.2】　分析图 6.5 所示的逻辑图的功能。

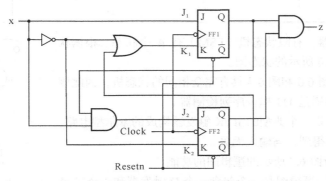

图 6.5　例 6.2 中的逻辑图

解：该逻辑图共有两个 JK 触发器。

① 根据逻辑图，可得输出方程为：$z = Q_1^n Q_2^n$

两个 JK 触发器的驱动方程分别为：

$$J_1 = x \quad K_1 = \overline{x} + \overline{Q}_2^n \quad J_2 = xQ_1 \quad K_2 = \overline{x}$$

② 根据 JK 触发器的特性方程 $Q^{n+1} = J\overline{Q}^n + \overline{K}Q^n$

可知 $Q_1^{n+1} = x\overline{Q}_1^n + xQ_2^n Q_1^n \quad Q_2^{n+1} = x\overline{Q}_2^n Q_1^n + xQ_2^n$

③ 根据状态方程和输出方程，列出状态分配表见表 6.2。

表 6.2　　　　　　　　　　　　　例 6.2 真值表与状态分配表

（a）例 6.2 真值表

x	Q_2^n	Q_1^n	Q_2^{n+1}	Q_1^{n+1}	z
0	0	0	0	0	0
0	0	1	0	0	0
0	1	0	0	0	0
0	1	1	0	0	1

续表

x	$Q_2{}^n$	$Q_1{}^n$	$Q_2{}^{n+1}$	$Q_1{}^{n+1}$	z
1	0	0	0	1	0
1	0	1	1	0	0
1	1	0	1	1	0
1	1	1	1	1	1

（b）例 6.2 状态分配表

当前状态 $Q_2{}^n Q_1{}^n$	下一个状态		输出 z
	x = 0 $Q_2{}^{n+1} Q_1{}^{n+1}$	x = 1 $Q_2{}^{n+1} Q_1{}^{n+1}$	
00	00	01	0
01	00	10	0
10	00	11	0
11	00	11	1

④ 有两个触发器，有限状态机（FSM）有 4 个状态。根据状态分配表画出如图 6.6 所示的状态图。

⑤ 可以看出来图 6.6 和图 6.4 具有完全相同的状态机，因此该逻辑图实现的功能同样是 111 串行序列检测器。

综上分析，该例是一个典型的由 JK 触发器构成的摩尔型电路，输出直接由 z 的方程得到，与输入无关。

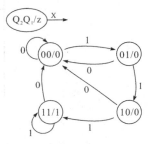

图 6.6　例 6.2 状态图

【例 6.3】　分析图 6.7 所示的逻辑图的功能。

解：图 6.7 给出的逻辑图是一个包含一个 D 触发器和一个 T 触发器的时序逻辑。

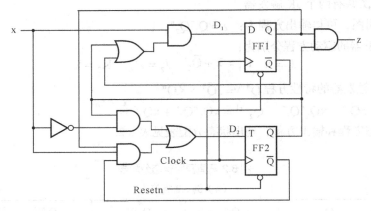

图 6.7　例 6.3 中的逻辑图

① 根据逻辑图，可得输出方程为：$z = Q_1{}^n Q_2{}^n$

两个触发器的驱动方程为：$D_1 = x\overline{Q_1}{}^n + xQ_2{}^n$　　　　　　　$T_2 = \overline{x}Q_2{}^n + xQ_1{}^n\overline{Q_2}{}^n$

② 将驱动方程带入 D 触发器的特性方程 $Q^{n+1} = D$ 和 T 触发器的特性方程 $Q^{n+1} = Q^n \oplus T$，可

得该逻辑图的状态方程为：

$$Q_1^{n+1} = x\overline{Q}_1^n + xQ_2^n \qquad Q_2^{n+1} = x\overline{Q}_2^n Q_1^n + xQ_2^n$$

③ 根据状态方程和输出方程，列出状态分配表见表 6.3。

表 6.3 　　　　　　　　　　例 6.3 真值表与状态分配表

（a）例 6.3 真值表

x	Q_2^n	Q_1^n	Q_2^{n+1}	Q_1^{n+1}	z
0	0	0	0	0	0
0	0	1	0	0	0
0	1	0	0	0	0
0	1	1	0	0	1
1	0	0	0	1	0
1	0	1	1	0	0
1	1	0	1	1	0
1	1	1	1	1	1

（b）例 6.3 状态分配表

当前状态 $Q_2^n Q_1^n$	下一个状态		输出 z
	x = 0 $Q_2^{n+1}Q_1^{n+1}$	x = 1 $Q_2^{n+1}Q_1^{n+1}$	
00	00	01	0
01	00	10	0
10	00	11	0
11	00	11	1

④ 有两个触发器，有限状态机（FSM）有 4 个状态。根据状态分配表画出如图 6.8 所示的状态图。

⑤ 可以看出来图 6.8 和之前两个例子具有完全相同的状态机，因此该逻辑图实现的功能同样是 111 串行序列检测器。

综上分析，该例是一个典型的由 D 触发器和 T 触发器混合构成的摩尔型电路，输出直接由 z 的方程得到，与输入无关。

【例 6.4】 分析图 6.9 所示逻辑图的功能。

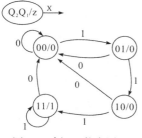

图 6.8　例 6.3 状态图

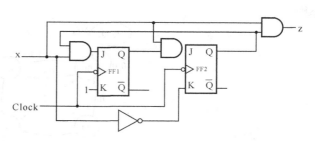

图 6.9　例 6.4 中的逻辑图

解：图 6.9 给出的逻辑图是一个包含两个 JK 触发器的时序逻辑。

① 根据逻辑图，可得输出方程为：$z = xQ_2^n$

两个触发器的驱动方程分别为：

$$J_2 = xQ_1^n \qquad\qquad K_2 = \bar{x}$$
$$J_1 = x\bar{Q}_2^n \qquad\qquad K_1 = 1$$

② 根据 JK 触发器的特性方程 $Q^{n+1} = J\bar{Q}^n + \bar{K}Q^n$，得出如下方程：

$$Q_2^{n+1} = x\bar{Q}_2^nQ_1^n + xQ_2^n$$
$$Q_1^{n+1} = x\bar{Q}_2^n\bar{Q}_1^n$$

③ 根据状态方程和输出方程，列出状态分配表见表 6.4。

表 6.4 　　　　　　　　　　　　例 6.4 真值表与状态分配表

（a）真值表

x	Q_2^n	Q_1^n	Q_2^{n+1}	Q_1^{n+1}	z
0	0	0	0	0	0
0	0	1	0	0	0
0	1	0	0	0	0
0	1	1	0	0	0
1	0	0	0	1	0
1	0	1	1	0	0
1	1	0	1	0	1
1	1	1	1	0	1

（b）状态分配表

当前状态 $Q_2^nQ_1^n$	下一个状态		输出	
	x=0	x=1	x=0	x=1
	$Q_2^{n+1}Q_1^{n+1}$	$Q_2^{n+1}Q_1^{n+1}$	z	z
00	00	01	0	0
01	00	10	0	0
10	00	10	0	1
11	00	10	0	1

④ 有两个触发器，有限状态机（FSM）有 4 个状态。根据状态分配表画出如图 6.10 所示的状态图。

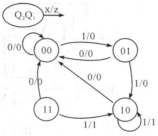

图 6.10　例 6.4 状态图

⑤ 由图 6.10 可以看出，当电路在初始状态 00 时，若接收到信号 1，则进入 01 状态，若接收到信号 0，则保持在 00 状态。在 01 状态时，若接收到信号 1，则进入 10 状态，若接收到信号 0，则回到 00 的初始状态。在 10 状态时，若接收到信号 1，则保持该状态，同时输出 1，若接收到信号 0，则回到初始状态，同时输出 0。根据其输出状态的变化，可以分析出其实现的功能是 111 串行序列检测器。当连续输入 3 个 1 的时候，电路输出为 1。从状态图可以看出 00 状态可以表示为未接收到 1 的状态，01 状态可以表示为接收到一个 1 的状态，10 状态可以表示为接收到两个 1 的状态，因此在 10 状态下如果再输入一个 1，则状态机输出 1，表示检测到了序列 111，而在任何一个状态输入 0，则状态机退回到 00 状态。00,01,10 这 3 个状态能够构成一个闭环，可以表达出完整的逻辑功能，称为有效状态。而 11 状态则由于没有状态能够到达，称为无效状态。在无效状态下输入 0，则进入 00 状态，输出 0；在无效状态输入 1，则进入 10 状态，输出为 1。因此可以理解 11 状态为表示已经有 3 个 1 的不稳定状态。

综上分析，该例是一个典型的由 JK 触发器构成的米里型电路，输出 z 不仅和状态有关，和输入也有关系。和之前的例 6.1、例 6.2、例 6.3 比较，对于实现同一功能来说，米里型电路比摩尔型电路要省一个逻辑状态。

6.1.2 中型同步时序逻辑分析

由寄存器、计数器等逻辑元件组成的中型同步时序逻辑电路，一般都会给出中型同步时序元件的功能表，因此，其分析步骤主要是通过所给功能表或功能转换图，穷举所有的状态，最终推出状态表或画出状态图（或画出波形图）从而判断逻辑图的逻辑功能。所有触发器都是在同一公共时钟脉冲作用下工作的，因此分析时可以忽略时钟条件。

接下来以例子来说明问题。这里的中规模逻辑元件采用 QuartusII 中支持的标准中规模逻辑元件。

【例 6.5】分析图 6.11 中由二进制同步计数器 74163 构成的时序逻辑电路，给出完整的状态图，并说明其功能。

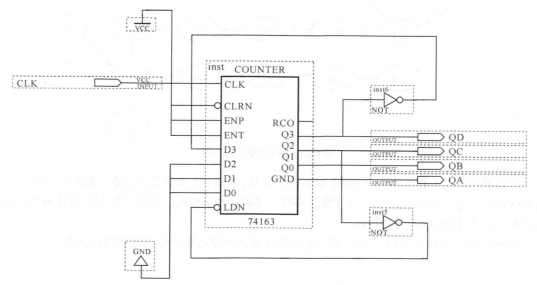

图 6.11 例 6.5 中的逻辑图

表 6.5 同步计数器 74163 功能表

CLK	$\overline{\text{CLRN}}$	$\overline{\text{LDN}}$	ENP	ENT	功能
↑	0	X	X	X	清零
↑	1	0	X	X	置数
X	1	1	0	X	保持
X	1	1	X	0	保持
↑	1	1	1	1	计数

解：

见表 6.5，时序逻辑元件 74163 共有 5 种功能。当使能端 ENT 和 ENP 均有效（为 1），且清零端 CLRN 和置数端 LDN 均无效（为 1）时，电路在时钟沿到来的时候进行计数；当使能端 ENT 和 ENP 有一个无效（为 0），且清零端 CLRN 和置数端 LDN 均无效（为 1）时，电路保持现有状态不变；清零端 CLRN 有效（为 0）时，电路在时钟沿到来的时候清零；当清零端 CLRN 无效（为 1）且置数端有效（为 0）时，电路在时钟沿到来的时候将外部数据 D3～D0 置入当前状态。经过分析可以发现当 $D_3 = \overline{Q_3}$，而 $D_2D_1D_0$ 始终接地为 0，因此置数端置入的数始终为 $\overline{Q_3}000$。发现 $\overline{\text{LDN}} = \overline{Q_2}$，即当 $Q_2=1$ 时的下一个时钟，计数器实现置数功能。该逻辑元件数据状态共 4 位，因此有一共有 2^4 共 16 种状态，根据分析，穷举所有状态画出状态图，如图 6.12 所示。

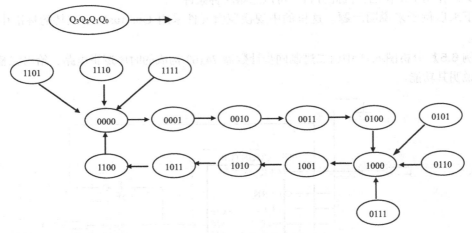

图 6.12 例 6.5 中的状态图

可以看出该状态图中有一个 10 个状态有效循环，而剩下 6 个状态均能在有限的时钟激励下进入有效循环。进一步分析，发现该有效循环符合 5421BCD 编码。因此可以判定该逻辑图的功能为实现一个 5421BCD 码的计数器。

【例 6.6】 分析图 6.13 所示由移位寄存器组成的时序电路，给出完整的状态图。

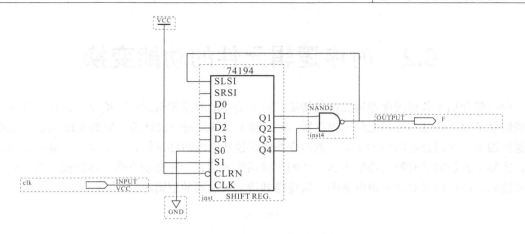

图 6.13　例 6.6 中的逻辑图

表 6.6　　　　　　　　　　　　　　双向移位寄存器 74194 功能表

$\overline{\text{CLRN}}$	S_1	S_0	CLK	功能
0	X	X	X	异步清零
1	0	0	↑	保持
1	0	1	↑	右移 $Q_i \rightarrow Q_{i+1}$
1	1	0	↑	左移 $Q_i \rightarrow Q_{i-1}$
1	1	1	↑	并行置数 $D_i \rightarrow Q_i$

解：

见表 6.6，时序逻辑元件 74194 共有 5 种功能。当清零端 CLRN 有效（为 0）时，电路清零；当清零端 CLRN 无效（为 1）时，电路在时钟沿到来时根据 S_1S_0 组合实现各种功能：当 $S_1S_0=00$，电路保持当前状态；当 $S_1S_0=01$，电路实现右移；当 $S_1S_0=10$，电路实现左移；当 $S_1S_0=11$，电路实现将外部数据 D3～D0 置入当前状态。分析该逻辑图可知 $S_1S_0=10$，电路实现左移功能，而移入数据 $\text{SLSI}=\overline{Q_3^n Q_0^n}$，同时输出 $F=\overline{Q_3^n Q_0^n}$。该逻辑元件一共有 4 位，因此有 2^4 共 16 种状态，根据分析，穷举所有状态画出状态图，如图 6.14 所示。可以看出该状态图中有一个 5 个状态有效循环，而剩下 11 个状态均能在有限的时钟激励下进入有效循环。该逻辑图的逻辑输出为 $F=\overline{Q_3^n Q_0^n}$，同时输出也是每次移入信号。观察有效循环，可得该逻辑是一个连续产生序列 01101 的序列信号发生器。

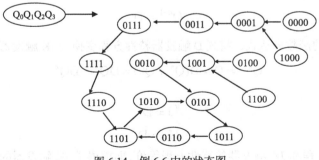

图 6.14　例 6.6 中的状态图

6.2 时序逻辑元件的功能变换

前一章介绍了各种时序逻辑元件的特征，对于基本的时序逻辑元件，给出了其特性方程。时序逻辑就是以这些基本逻辑元件（锁存器、触发器）为基础进行设计的。如图 6.15 所示，基本时序逻辑加上一些组合逻辑作为驱动，就能变换成其他功能的时序逻辑元件。这里，触发器功能变换，实际上就是求已有触发器输入 X、Y 的逻辑函数表达式，即驱动方程。然后根据 X、Y 的函数表达式，即可画出驱动逻辑电路图，最终得到待求触发器的逻辑图。

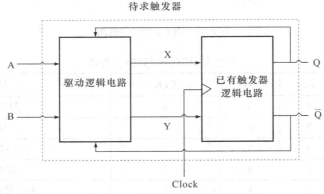

图 6.15　触发器功能变换示意图

$$X = f_1 (A, B, Q^n)$$
$$Y = f_2 (A, B, Q^n)$$

常用的转换方法有代数法和图表法。下面分别举例说明。

代数法通过比较已有触发器和待求触发器的特性方程，可以求出已有触发器的驱动方程。

【例 6.7】 把 JK 触发器转换为 D 触发器。

解：

已有 JK 触发器的特性方程为：

$$Q^{n+1} = J\overline{Q^n} + \overline{K}Q^n$$

而待求 D 触发器的特性方程为：

$$Q^{n+1} = D$$

为了求出 J、K 的函数表达式，将式 D 触发器特性方程变换成 JK 触发器特性方程的相似形式

$$Q^{n+1} = D = D(\overline{Q^n} + Q^n) = D\overline{Q^n} + DQ^n$$

显然，若取

$$\begin{cases} J = D \\ K = \overline{D} \end{cases}$$

则 D 触发器的特性方程和 JK 触发器的特性方程等价，即求得了 JK 触发器的驱动方程，根据它可以画出 JK 触发器转换为 D 触发器的逻辑图，如图 6.16 所示。

【例 6.8】　把 JK 触发器转换为 T 触发器。

解：

T 触发器特性方程为：

$$Q^{n+1} = T \oplus Q^n = T\overline{Q^n} + \overline{T}Q^n$$

将 T 触发器特性方程和 JK 触发器特性方程比较，$Q^{n+1} = J\overline{Q^n} = \overline{K}Q^n$，可以发现，只要使 J=K=T，这两式就完全相等。所以，只要将 JK 触发器的 J 和 K 连接在一起，令其为 T 输入端，就能实现 T 触发器的逻辑功能，如图 6.17 所示。

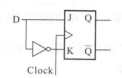

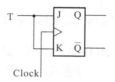

图 6.16　JK 触发器转换为 D 触发器　　　　图 6.17　JK 触发器转换为 T 触发器

用图表法实现触发器逻辑功能转换的步骤如下。

① 列出待求触发器的特性真值表。

② 根据步骤①所列特性表中的 Q^n 转换为 Q^{n+1} 的要求，逐行列出已有触发器的驱动要求（可以从已有触发器的状态图中得知）。需要注意的是，这里的 Q^n 和 Q^{n+1} 也是待求触发器的原态和新态，所以 Q^n 和 Q^{n+1} 的对应关系也反映了对已有触发器的驱动要求。

③ 由步骤②的驱动要求，求驱动方程，最后画出逻辑图。

显然，图表法比较麻烦，但不容易出错；而代数法比较简单，但需要一定技巧。

【例 6.9】　把 RS 触发器转换为 JK 触发器。

解：根据图表法步骤①、②列出 RS 触发器转换为 JK 触发器的功能设计表，见表 6.7。画出 S、R 的卡诺图，如图 6.18 所示，并求出驱动方程。

表 6.7　　　　　　　　　　　　　RS 触发器实现 JK 触发器功能设计表

J	K	Q^n	Q^{n+1}	S	R
0	0	0	0	0	×
0	0	1	1	×	0
0	1	0	0	0	×
0	1	1	0	0	1
1	0	0	1	1	0
1	0	1	1	×	0
1	1	0	1	1	0
1	1	1	0	0	1

由 S、R 驱动方程可得

$$SR = J\overline{Q^n} \cdot KQ^n = 0$$

满足 RS 触发器的约束条件。如果用代数法直接比较特性方程，就有可能得到 $S = J\overline{Q^n}$，$R = K$ 的结果，这样就不能满足 RS 触发器的约束条件，即 $SR \neq 0$，从而可能造成逻辑错误。最后画出逻辑图，如图 6.19 所示。

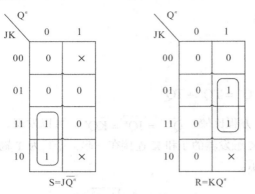

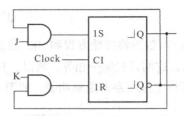

图 6.18 S、R 的卡诺图及表达式

图 6.19 RS 触发器转换为 JK 触发器

【例 6.10】 用 D 触发器和 4 选 1 多路选择器构成一个多功能触发器，该多功能触发器有两个控制变量 L、T，一个数据输入变量 N，其功能表见表 6.8。

表 6.8   多功能触发器功能表

L	T	N	Q^{n+1}
0	0	×	Q^n
0	1	×	$\overline{Q^n}$
1	0	N	N
1	1	N	$\overline{N}$

解：根据图表法步骤①、②列表，见表 6.9，由表 6.9 可画出卡诺图如图 6.20 所示，若将 L、T 作为多路选择器的地址变量，则数据输入信号如卡诺图右侧所示。根据 D_i 表达式，可画出逻辑图，如图 6.21 所示。这种具有多种触发功能特性的触发器是构成许多集成计数器的基本模块。

表 6.9   D 触发器实现多功能触发器设计用表

L	T	N	Q^{n+1}	D
0	0	×	Q^n	Q^n
0	1	×	$\overline{Q^n}$	$\overline{Q^n}$
1	0	N	N	N
1	1	N	$\overline{N}$	$\overline{N}$

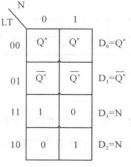

图 6.20 多功能触发器的卡诺图

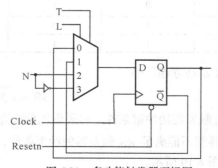

图 6.21 多功能触发器逻辑图

6.3　同步时序逻辑的设计

同步时序逻辑的设计是分析的逆过程，设计一个同步时序逻辑，其目标在于根据需求和给定逻辑元件的特性方程，由状态转移函数 φ 倒推设计出驱动方程，根据输出和输入的关系倒推设计出输出函数 λ，最终刻画出逻辑图。

6.3.1　小型同步时序逻辑设计实例

对于只有触发器和门电路组成的小型同步时序逻辑设计而言，其关键是确定触发器的驱动方程和输出方程。所有触发器都是在同一公共时钟脉冲作用下工作的，因此，可以忽略时钟条件。其设计步骤如下。

① 根据需求建立原始的状态图或状态表。

② 利用状态简化技术，根据实际情况化简状态表，消除多余状态，建立适合设计的有限状态机。对于简单情况，该步骤可以省略。

③ 确定表示全部状态所需要的状态变量个数，并完成状态分配，即将简化后的状态用二进制代码表示。

④ 选择触发器类型。根据编码后得到 φ 和 λ 推导出输出方程和驱动方程。

⑤ 对所有状态进行筛查，确保设计的逻辑能够自启动，即所有无效状态在有限的时钟下都能转移至有效状态。

⑥ 画逻辑图和波形图，实现逻辑表达式所代表的电路。

接下来通过实例讲解来说明时序逻辑的设计过程。

【例 6.11】　设计一个 11 的序列检测器。

解：

这是一个典型的问题，分别用两种方法分别设计摩尔型电路和米里型电路来解决。

1. 第一种方法

（1）建立状态图和状态表

对于该问题，假设初始状态为 A，只要输入 x 为 0，电路不需要做任何反应，这样每一个有效时钟沿时刻都使得电路保持在 A 状态，输出值 z=0。当 x = 1 的下一个有效时钟沿到来的时刻，状态转移到新的状态为 B。因为没有在两个连续的时钟周期内出现 x =1 的情况，电路保持输出值 z = 0。在状态 B 下，如果在下一个有效时钟沿 x = 0，电路应该重新回到状态 A；如果在下一个有效时钟沿 x = 1，电路应该转变到第 3 种状态 C，并且产生输出 z =1。只要保持输入 x = 1，电路就一直持续状态 C，并继续维持输出 z =1。当 x 变为 0 时，状态机应该重新回到状态 A。图 6.22 所示的状态图定义了上述文字说明的行为，状态机具有 3 种不同状态，分别表示为没有收到 1 的状态 A、收到一个 1 的状态 B，以及收到两个 1 的状态 C。对于不同的状态都有相应的输出。

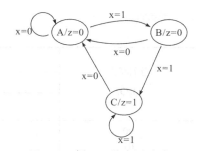

图 6.22　例 6.11 状态图（1）

表 6.10 展示了上述时序逻辑的状态表。这个表格表示了对于不同的输入信号 x，电路从每一

个当前状态到下一个状态的转变。需要注意的是，输出 z 是当前状态下指定的输出，即电路在当前时间内产生的输出。

表 6.10   例 6.11 状态表（1）

| 当前状态 | 下一个状态 | | 输出 |
	x=0	x=1	z
A	A	B	0
B	A	C	0
C	A	C	1

（2）状态分配

表 6.10 的状态表中 A、B 和 C 3 种状态需要用状态变量的特定组合取值来表示。每个状态变量可以用一个触发器实现。由于只有 3 种不同的组合状态，使用两个状态变量就足够了。令这两个状态变量分别为 Q_1 和 Q_2。如图 6.23 所示，两个触发器分别表示状态变量的两位。由表 6.10 可知，输出 z 只由电路的当前状态决定，是典型的摩尔型电路。需要根据输出方程设计一个组合电路，用 Q_1 和 Q_2 作为输入信号，产生正确的输出信号。还需要根据驱动方程，使用反馈回来的 Q_1 和 Q_2 及输入 x，设计组合电路，以此驱动触发器从一个状态转移到下一个状态。

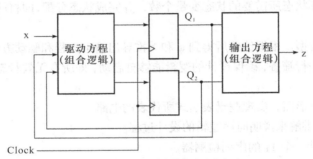

图 6.23   例 6.11 时序逻辑框图（1）

状态分配就是给每个状态指定一组由变量 Q_1 和 Q_2 组成的值。表 6.11(a) 给出了一种可能的赋值，状态 A、B、C 分别用 Q_2Q_1= 00，01 和 10 表示。第 4 种情况 Q_2Q_1=11 在这个例子中是不需要的。表 6.11（a）通常称为状态分配表，可以直接用作输入为 Q_1 和 Q_2，输出为 z 的真值表。尽管对于下一个状态函数 Q_1^{n+1} 和 Q_2^{n+1}，该表没有真值表的外观，但很显然该真值表已经包含了由输入信号 x，Q_1 和 Q_2 的组合逻辑定义的下一个状态函数的所有信息，能够很轻易地化成真值表。

表 6.11   例 6.11 状态分配表和真值表（1）

（a）状态分配表

| 当前状态 $Q_2^n Q_1^n$ | 下一个状态 | | 输出 z |
	x=0 $Q_2^{n+1} Q_1^{n+1}$	x=1 $Q_2^{n+1} Q_1^{n+1}$	
00	00	01	0
01	00	10	0
10	00	10	1
11	××	××	×

（b）真值表

x	Q_2^n	Q_1^n	Q_2^{n+1}	Q_1^{n+1}	z
0	0	0	0	0	0
0	0	1	0	0	0
0	1	0	0	0	1
0	1	1	×	×	×
1	0	0	0	1	0
1	0	1	1	0	0
1	1	0	1	0	1
1	1	1	×	×	×

（3）根据所选择的触发器求驱动方程、输出方程

根据表 6.11(b)的真值表，可以方便地画出对应的卡诺图，如图 6.24 所示。使用卡诺图推导出状态方程和输出方程。

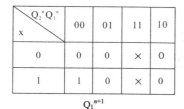

图 6.24　例 6.11 卡诺图（1）

对卡诺图进行圈画，可以推导出时序逻辑的状态方程和输出方程，如图 6.25 所示。

根据卡诺图的圈画可以知道状态方程为：

$$Q_1^{n+1} = x\overline{Q_1^n}\,\overline{Q_2^n}$$
$$Q_2^{n+1} = xQ_1^n + xQ_2^n$$

输出方程为：

$$z = Q_2$$

如果设计时没有特殊的要求，则可以选择最简单的 D 触发器，因为 D 触发器的特性方程 $Q^{n+1}=D$，如果把触发器的输入信号称为 D_1 和 D_2，这些信号与 Q_1^{n+1} 和 Q_2^{n+1} 是一样的。既然 $D_1 = Q_1^{n+1}, D_2 = Q_2^{n+1}$，于是驱动方程为：

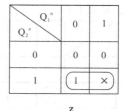

图 6.25　圈画例 6.11 卡诺图（1）

$$D_1 = x\overline{Q_1^n}\,\overline{Q_2^n}$$

$$D_2 = xQ_1^n + xQ_2^n = x(Q_1^n + Q_2^n)$$

如果设计时要求使用 JK 触发器，则根据 JK 触发器的特性方程 $Q^{n+1} = J\overline{Q}^n + \overline{K}Q^n$，可知其驱动端 J 和 K 分别和 $\overline{Q}$ 和 Q 相对应，于是在已知将使用 JK 触发器的前提下，对如图 6.24 所示卡诺图的圈画可以进行修改，刻意将 $\overline{Q}$ 和 Q 分开，以直接求得驱动端 J 和 K。注意图 6.26 中的竖线部分。

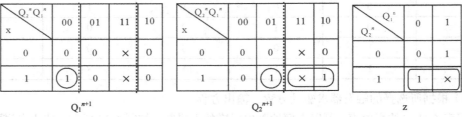

图 6.26　例 6.11 使用 JK 触发器圈画卡诺图（1）

根据卡诺图的圈画可以知道状态方程为：

$$Q_1^{n+1} = x\overline{Q_2^n}\,\overline{Q_1^n} + 0$$

$$Q_2^{n+1} = xQ_1^n\overline{Q_2^n} + xQ_2^n$$

输出方程为：

$$z = Q_2$$

将特性方程和状态方程对照，可得如下式子。

$$J_1 = x\overline{Q_2^n} \quad \overline{K_1} = 0$$

$$J_2 = xQ_1 \quad \overline{K_2} = x$$

于是驱动方程为

$$J_1 = x\overline{Q_2^n} \quad K_1 = 1$$

$$J_2 = xQ_1 \quad K_2 = \overline{x}$$

（4）检查自启动性

对如图 6.25 所示的卡诺图圈画，使其变为如图 6.27 所示的形式。再将其还原成真值表和状态分配表，见表 6.12。

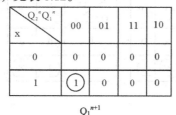
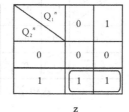

图 6.27　例 6.11 卡诺图圈画后效果（1）

表 6.12　　　　　　　例 6.11 卡诺图圈画后还原真值表及状态分配表（1）

（a）真值表

x	Q_2^n	Q_1^n	Q_2^{n+1}	Q_1^{n+1}	z
0	0	0	0	0	0
0	0	1	0	0	0
0	1	0	0	0	1
0	1	1	0	0	0
1	0	0	0	1	0
1	0	1	1	0	0
1	1	0	1	0	1
1	1	1	1	0	1

（b）状态分配表

当前状态 $Q_2^n Q_1^n$	下一个状态		输出 z
	x=0 $Q_2^{n+1} Q_1^{n+1}$	x=1 $Q_2^{n+1} Q_1^{n+1}$	
00	00	01	0
01	00	10	0
10	00	10	1
11	00	10	1

　　因此如图 6.28 所示，对于原无效状态 11，当输入为 0 时，其会转移至有效状态 00，输入为 1 时，其会转移到有效状态 10。同时在 11 状态，其输出为 1。由此可知，该逻辑所有无效状态在有限时间均能转移至有效状态，所以，能够自启动。

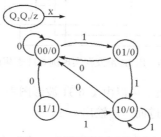

图 6.28　例 6.11 卡诺图圈画后状态图（1）

　　虽然，图 6.27 是针对图 6.21 的圈画还原，但经过比对发现，图 6.26 圈画还原的卡诺图也同样如图 6.27 所示。还原后的真值表和状态分配表也如表 6.12 所示，因此在这里不再重新分析。同样可以判断，使用 JK 触发器的设计也能够自启动。

　　（5）画逻辑图和波形图

　　选用 D 触发器的逻辑图如图 6.29 所示，该电路中包含了一个时钟信号和一个低电平有效的复位信号。虽然逻辑电路本身具有自启动性质，但是把触发器的清零输入与外部的 Resetn 信号连接起来，可以提供一个更加快捷的手段以便强迫电路进入已知的状态。若给电路施加 Resetn=0，则两个触发器都将被清除为 0，使有限状态机进入状态 $Q_2^n Q_1^n = 00$。

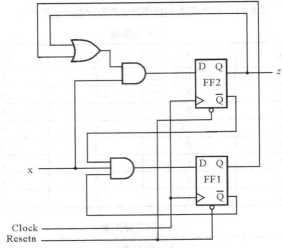

图 6.29　用 D 触发器实现例 6.11 逻辑图（1）

同理，选用 JK 触发器的逻辑图如图 6.30 所示。

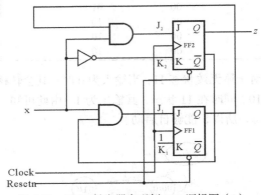

图 6.30　用 JK 触发器实现例 6.11 逻辑图（1）

图 6.29 所示逻辑图的工作情况，可以由图 6.31 波形图表示。x 值必须在连续的两个时钟周期内为 1，才能使电路进入状态 C，进而产生输出 z=1。

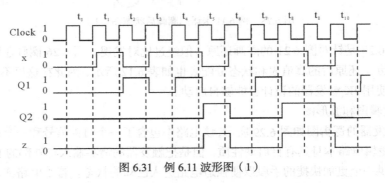

图 6.31　例 6.11 波形图（1）

至此该设计完成，但仍有一些问题有待讨论。在第（2）步状态分配时，如果不像之前那样分配，而是给出另一种状态分配方案，在这种方案中，将 Q_2Q_1=00、01 和 11 分别分配给状态 A、B 和 C，而将 Q_2Q_1=10 设定为无效状态。此时的分配表见表 6.13(a)。

表 6.13　　　　　　　　　　例 6.11 另一种状态分配表和真值表（1）

（a）状态分配表

当前状态 $Q_2^n Q_1^n$	下一个状态		输出 z
	x=0 $Q_2^{n+1} Q_1^{n+1}$	x=1 $Q_2^{n+1} Q_1^{n+1}$	
00	00	01	0
01	00	11	0
11	00	11	1
10	××	××	×

（b）真值表

x	Q_2^n	Q_1^n	Q_2^{n+1}	Q_1^{n+1}	z
0	0	0	0	0	0
0	0	1	0	0	0
0	1	0	×	×	×
0	1	1	0	0	1
1	0	0	0	1	0
1	0	1	1	1	0
1	1	0	×	×	×
1	1	1	1	1	1

对应卡诺图表如图 6.32 所示。

若再次选用 D 触发器来实现，则由该状态分配图可求出驱动方程和输出方程为：

$$D_1 = Q_1^{n+1} = x$$

$$D_2 = Q_2^{n+1} = xQ_1^n$$

$$z = Q_2$$

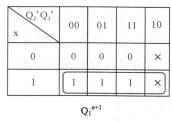
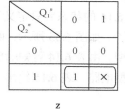

图 6.32　例 6.11 另一种卡诺图圈画（1）

逻辑图如图 6.33 所示。可以看出新电路的成本更低，构建电路所需的门的个数更少些。

实际需要设计的逻辑电路规模通常远比例子大得多，状态分配的不同方案对最终实现电路的成本有着重要影响。规模大的电路，由于方案过多，通过穷举所有可能的方案来寻找最佳的状态分配是不切合实际的。电子设计自动化（EDA）工具经常采用启发式方法进行状态分配的优化。实际上，对例 6.11 的设计还不是最简单的。之前的设计基于摩尔型电路，接下来设计一个米里型电路。

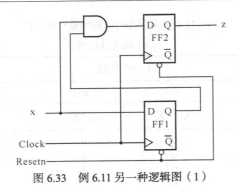

图 6.33　例 6.11 另一种逻辑图（1）

2. 第二种方法

（1）建立状态图和状态表

假设初始状态为 A，只要输入 x 为 0，电路不需要做任何反应，这样每一个有效时钟沿时刻都使得电路保持在 A 状态，同时输出为 0。当 x = 1 时，状态机转换到另一个状态，称为 B，同时输出为 0。在状态 B下，如果在下一个有效时钟沿 x = 0，电路应该重新回到状态A，同时输出为 0；如果在下一个有效时钟沿 x = 1，电路应该保持在状态 B，同时产生输出 z = 1。在这种设计下，实际上只需要两个状态就可以刻画该题的要求。

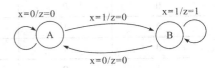

图 6.34　例 6.11 状态图（2）

表 6.14 展示了上述时序电路的状态表。这个表格表示了对于不同的输入信号 x 电路从每一个当前状态到下一个状态的转变。需要注意的是，输出 z 是当前状态下指定的输出，即电路在当前时间内产生的输出。

表 6.14　　　　　　　　　　　　　例 6.11 状态表（2）

当前状态	下一个状态		输出 z	
	x=0	x=1	x=0	x=1
A	A	B	0	0
B	A	B	0	1

（2）状态分配

表 6.14 的状态表只定义了两种状态 A、B。实现两种不同的组合状态，使用一个状态变量 Q就足够了。如图 6.35 所示，两个触发器分别表示状态变量的两位。在这个图中，并没有定义触发器的类型。由表 6.14 可知输出 z 不仅由电路的当前状态决定，还取决于电路的输入状态，是典型的米里型电路。表 6.15 给出了状态分配表。

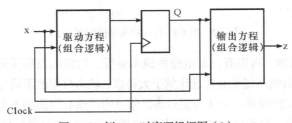

图 6.35　例 6.11 时序逻辑框图（2）

表6.15　　　　　　　　　　　例6.11 状态分配表和真值表（2）

（a）状态分配表

当前状态 Q^n	下一个状态		输出	
	x=0	x=1	x=0	x=1
	Q^{n+1}	Q^{n+1}	z	z
0	0	1	0	0
1	0	1	0	1

（b）真值表

x	Q^n	Q^{n+1}	z
0	0	0	0
0	1	0	0
1	0	1	0
1	1	1	1

（3）根据所选择的触发器求驱动方程、输出方程

根据表 6.15（b）所示的真值表，可以方便地画出对应的卡诺图，如图 6.36 所示。

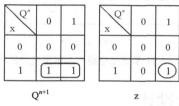

图 6.36　例 6.11 卡诺图（2）

可知状态方程为：$Q^{n+1} = x$，输出方程为：$z=xQ^n$。

很明显，选用 D 触发器，可得驱动方程：$D=Q^{n+1}=x$。

（4）检查自启动性，画逻辑图及波形图

该逻辑没有无效状态，因此满足自启动性质。图 6.37 实现了该逻辑的逻辑图。图 6.38 实现了该逻辑的波形图。

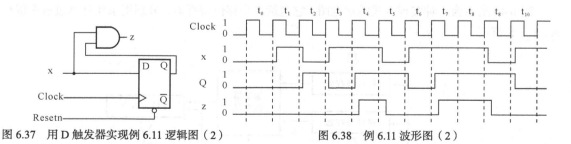

图 6.37　用 D 触发器实现例 6.11 逻辑图（2）　　　　图 6.38　例 6.11 波形图（2）

可以看出米里型电路设计使电路得到简化。虽然图 6.29、图 6.33 和图 6.37 的电路均实现了例 6.11 实现的功能，但可以发现图 6.38 所示的波形图中输出信号与图 6.31 的波形图比较，有一个时钟周期的移位。若想要用米里型电路设计方案产生与图 6.31 完全一致的输出波形，则还需要在图 6.37 的电路添加一个触发器，如图 6.39（b）所示。该触发器只是将信号 z 作为输入，延迟一个时钟周期后，以信号 Z 输出。通过这一修改，可以把米里（Mealy）型电路转换成了输出信号为 Z

的摩尔（Moore）型电路。图 6.39（a）所示的电路与图 6.33 所示的电路是完全一致的。

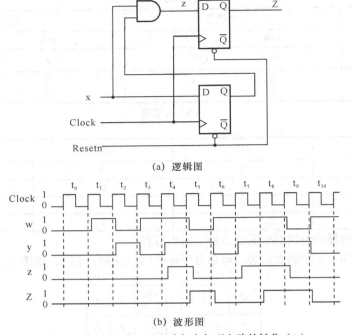

(a) 逻辑图

(b) 波形图

图 6.39　例 6.11 米里型电路与摩尔型电路的转化（2）

6.3.2　串行加法器的设计

【例 6.12】　设 $A = a_{n-1}a_{n-2}\cdots a_0$ 和 $B = b_{n-1}b_{n-2}\cdots b_0$ 为两个无符号数，相加产生 $S = s_{n-1}s_{n-2}\cdots s_0$。设计时序逻辑实现一个周期内的对应位的串行相加。这个过程从 a_0 和 b_0 相加开始。在下个时钟周期，a_1 和 b_1 相加，同时加上可能来自低位的进位，依此类推。

解：

用两种方法分别设计米里型电路和摩尔型电路来解决。

1. **第一种方法**

图 6.40 所示为一种实现方式的示意图。它包括 3 个移位寄存器，分别用来在计算过程中保存 A、B、S 值。

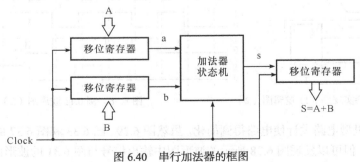

图 6.40　串行加法器的框图

首先将 A 和 B 的值通过并行置数的方法加载到移位寄存器中。之后，在每一个时钟周期，加法器状态机执行一个对应位的加法运算，同时，3 个移位寄存器的内容全部右移一位，使当前的和位移入 S 并把下一对应输入位 a_i 和 b_i 放入加法器的有限状态机。在周期的末尾，相加结果被放入寄存器 S。

显然，加法器状态机是时序逻辑。状态机需要根据进位值为 0 和 1，产生两种不同的状态，G 表示之前的进位值是 0，H 表示之前的进位值是 1。图 6.41 画出了适用于该电路的米里型状态图。当前状态和输入的 a 和 b 的取值决定了输出值 s。每一个状态转移用符号 ab/s 标注，表示与给定输入取值 a、b 对应的输出值为 s。

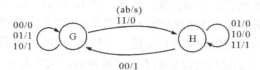

图 6.41　串行加法器的状态图（1）

在状态 G，输入取值 00 将会产生一个输出 s=0，有限状态机的状态保持不变。对于输入值 01 和 10，将产生输出 s = 1，有限状态机会保持在状态 G。对于输入值 11，产生输出 s = 0，状态转移到 H。在状态 H，输入取值 01 和 10 会产生输出 s=0，而输入取值 11 会产生 s=1。在以上 3 种情况中状态机都保持在状态 H。然而，当输入取值为 00 时，产生输出 s 为 1，状态返回 G。

表 6.16　　　　　　　　　　　　　　　　例 6.12 状态表（1）

当前状态	下一个状态				输出 s			
	ab=00	ab=01	ab=10	ab=11	ab=00	ab=01	ab=10	ab=11
G	G	G	G	H	0	1	1	0
H	G	H	H	H	1	0	0	1

对应的状态表见表 6.16，表示两个状态需要使用一个触发器。表 6.17 给出了状态分配表和真值表。

表 6.17　　　　　　　　　　　　　　　例 6.12 状态分配表和真值表

（a）状态分配表

当前状态 Q^n	下一个状态				输出			
	ab=00	ab=01	ab=10	ab=11	ab=00	ab=01	ab=10	ab=11
	Q^{n+1}	Q^{n+1}	Q^{n+1}	Q^{n+1}	s	s	s	s
0	0	0	0	1	0	1	1	0
1	0	1	1	1	1	0	0	1

（b）真值表

a	b	Q^n	Q^{n+1}	s
0	0	0	0	0
0	0	1	0	1
0	1	0	0	1
0	1	1	1	0
1	0	0	0	1
1	0	1	1	0
1	1	0	1	0
1	1	1	1	1

可求得状态方程和输出方程分别为：

$$Q^{n+1} = ab + aQ^n + bQ^n$$

$$s = a \oplus b \oplus Q^n$$

采用 D 触发器可以方便求得驱动方程：$D = Q^{n+1} = ab + aQ^n + bQ^n$

将这些表达式与全加器的表达式相比较，显然，Q^n 是进位输入，Q^{n+1} 是进位输出，s 是全加器的和。因此，直接使用全加器元件实现如图 6.42 所示的加法器状态机的逻辑图。在开始进行加法操作时，可以用 Reset 信号对触发器进行复位。串行加法器是一个简单电路，可以用于任意多位的两个数相加。图 6.40 所示的结构仅受限于移位寄存器的位数大小。

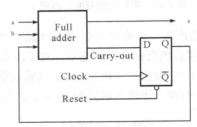

图 6.42　图 6.40 中加法器状态机的逻辑图（1）

2. 第二种方法

之前的方法设计了米里型电路，这里设计摩尔型电路。摩尔型电路的状态决定了输出结果，根据加法器进位输入情况和求和结果分别定义四种状态：状态 G_0 表示进位输入为 0，求和结果为 0；状态 G_1 表示进位输入为 0，求和结果为 1；状态 H_0 表示进位输入为 1，求和结果为 0；状态 H_1 表示进位输入为 1，求和结果为 1；对应的状态图如图 6.43 所示，状态表见表 6.18。

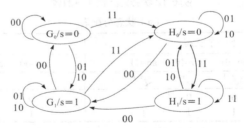

图 6.43　串行加法器的状态图（2）

表 6.18　　　　　　　　　　　　　例 6.12 状态表（2）

当前状态	下一个状态				输出 s
	ab=00	ab=01	ab=10	ab=11	
G_0	G_0	G_1	G_1	H_0	0
G_1	G_0	G_1	G_1	H_0	1
H_0	G_1	H_0	H_0	H_1	0
H_1	G_1	H_0	H_0	H_1	1

表示两个状态需要使用两个触发器。表 6.19 给出了状态分配表。

表 6.19　　　　　　　　　　　　例 6.12 状态分配表（2）

当前状态 $Q_1^n Q_0^n$	下一个状态				输出 s
	ab=00	ab=01	ab=10	ab=11	
	$Q_1^{n+1} Q_0^{n+1}$	$Q_1^{n+1} Q_0^{n+1}$	$Q_1^{n+1} Q_0^{n+1}$	$Q_1^{n+1} Q_0^{n+1}$	
00	00	01	01	10	0
01	00	01	01	10	1
10	01	10	10	11	0
11	01	10	10	11	1

状态方程和输出方程分别是：

$$Q_1^{n+1} = ab + aQ_1^n + bQ_1^n$$

$$Q_0^{n+1} = a \oplus b \oplus Q_1^n$$

$$s = Q_0^n$$

可知 Q_1^n 和 Q_0^n 的表达式分别是全加器的进位和表达式和。

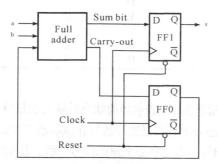

图 6.44　图 6.40 中加法器状态机的逻辑图(2)

逻辑图如图 6.44 所示。比较米里型电路和摩尔型电路，可以发现在摩尔型电路中，输出信号 s 多经过了一个触发器，因此延迟了一个周期。同样的情况在 6.3.1 节中也存在。由此可以推断，米里型电路输入的变化马上影响输出，而摩尔型电路需要等待有效时钟周期沿到来由输入的变化使状态机进入新的状态后，输出才发生变化。

6.3.3　计数器的设计

【例 6.13】　使用同步时序逻辑的一般设计方法进行计数器电路的设计。计数序列为 0,1,2,…,6,7,0,1,…输入信号为 x。在每个时钟周期里，都考虑这个输入信号的值。若 x=0，则当前计数值保持不变；若 x=1，则计数值加 1。

解：

（1）建立状态图和状态表

图 6.45 给出了模 8 计数器的状态图。每个状态对应一个计数值。输出信号被指定为只取决于计数器状态，因此这是摩尔型时序电路。该状态图可以表示为表 6.20 所示的状态表。

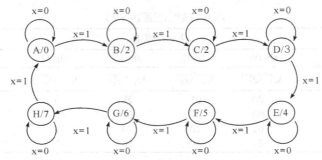

图 6.45　例 6.13 计数器的状态图

表 6.20　　　　　　　　　　　　　　　例 6.13 计数器的状态表

当前状态	下一个状态		输出 z
	x=0	x=1	
A	A	B	0
B	B	C	1
C	C	D	2
D	D	E	3
E	E	F	4
F	F	G	5
G	G	H	6
H	H	A	7

（2）状态分配

8 个状态需要 3 个状态变量来表示。表示当前状态的状态变量分别为 $Q_2^n Q_1^n Q_0^n$。令 $Q_2^{n+1} Q_1^{n+1} Q_0^{n+1}$ 表示下一个状态。最方便的状态分配方式是把计数器在该状态下应该输出的二进制数分配给对应的状态作为状态编码。使输出信号与表示状态变量的信号一致。表 6.21 显示了状态分配表与真值表。

表 6.21　　　　　　　　　　　　　　　例 6.13 状态分配表和真值表

（a）状态分配表

当前状态 $Q_2^n Q_1^n Q_0^n$	下一个状态		输出 z
	x=0 $Q_2^{n+1} Q_1^{n+1} Q_0^{n+1}$	x=1 $Q_2^{n+1} Q_1^{n+1} Q_0^{n+1}$	
000	000	001	000
001	001	010	001
010	010	011	010
011	011	100	011
100	100	101	100
101	101	110	101
110	110	111	110
111	111	000	111

（b）真值表

x	Q_2^n	Q_1^n	Q_0^n	Q_2^{n+1}	Q_1^{n+1}	Q_0^{n+1}	z
0	0	0	0	0	0	0	000
0	0	0	1	0	0	1	001
0	0	1	0	0	1	0	010

续表

x	Q_2^n	Q_1^n	Q_0^n	Q_2^{n+1}	Q_1^{n+1}	Q_0^{n+1}	z
0	0	1	1	0	1	1	011
0	1	0	0	1	0	0	100
0	1	0	1	1	0	1	101
0	1	1	0	1	1	0	110
0	1	1	1	1	1	1	111
1	0	0	0	0	0	1	000
1	0	0	1	0	1	0	001
1	0	1	0	0	1	1	010
1	0	1	1	1	0	0	011
1	1	0	0	1	0	1	100
1	1	0	1	1	1	0	101
1	1	1	0	1	1	1	110
1	1	1	1	0	0	0	111

（3）根据所选择的触发器求驱动方程、输出方程

根据表 6.21（b）的真值表，可以方便地画出对应的卡诺图，如图 6.46 所示。使用卡诺图推导出状态方程和输出方程。

xQ^n_2 \ $Q^n_1Q^n$	00	01	11	10
00	0	0	0	0
01	1	1	1	1
11	1	1	0	1
10	0	0	1	0

Q_2^{n+1}

xQ^n_2 \ $Q^n_1Q^n_0$	00	01	11	10
00	0	0	1	1
01	0	0	1	1
11	0	1	0	1
10	0	1	0	1

Q_1^{n+1}

xQ^n_2 \ $Q^n_1Q^n_0$	00	01	11	10
00	0	1	1	0
01	0	1	1	0
11	1	0	0	1
10	1	0	0	1

Q_0^{n+1}

图 6.46　例 6.13 卡诺图

对卡诺图进行圈画，可以推导出时序逻辑的状态方程和输出方程，如图 6.47 所示。

xQ^n_2 \ $Q^n_1Q^n_0$	00	01	11	10
00	0	0	0	0
01	1	1	1	1
11	1	1	0	1
10	0	0	1	0

Q_2^{n+1}

xQ^n_2 \ $Q^n_1Q^n_0$	00	01	11	10
00	0	0	1	1
01	0	0	1	1
11	0	1	0	1
10	0	1	0	1

Q_1^{n+1}

xQ^n_2 \ $Q^n_1Q^n_0$	00	01	11	10
00	0	1	1	0
01	0	1	1	0
11	1	0	0	1
10	1	0	0	1

Q_0^{n+1}

图 6.47　圈画例 6.13 卡诺图

当使用 D 触发器来实现有限状态机，D 触发器的特性方程为 $Q^{n+1}=D$，因此根据卡诺图可得驱动方程：

$$D_0 = Q_0^{n+1} = \overline{x}Q_0^n + x\overline{Q_0^n}$$
$$D_1 = Q_1^{n+1} = \overline{x}Q_1^n + Q_1^n\overline{Q_0^n} + xQ_1^n\overline{Q_0^n}$$
$$D_2 = Q_2^{n+1} = \overline{x}Q_2^n + Q_2^n\overline{Q_1^n} + Q_2^n\overline{Q_0^n} + x\overline{Q_2^n}Q_1^nQ_0^n$$

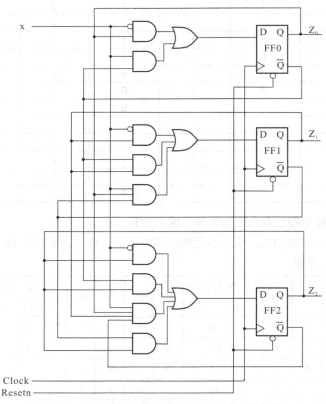

图 6.48　用 D 触发器实现例 6.13 的计数器逻辑图

（4）检查自启动性并画出逻辑图

计数器最后实现的电路如图 6.48 所示。该逻辑没有无效状态，因此满足自启动性质。

逻辑存在扇入问题，对于电路扩展为更大的计数器有阻碍，修改驱动方程的表达式为如下形式，则可以得到类似于图 5.32 所示的计数器。

$$D_0 = Q_0^{n+1} = \overline{x}Q_0^n + x\overline{Q_0^n} = x \oplus Q_0^n$$
$$D_1 = Q_1^{n+1} = \overline{x}Q_1^n + Q_1^n\overline{Q_0^n} + \overline{x}Q_1^nQ_0^n = \overline{x}Q_0^n\overline{Q_1^n} + xQ_0^n\overline{Q_1^n} = xQ_0^n \oplus Q_1^n$$
$$D_2 = Q_2^{n+1} = \overline{x}Q_2^n + Q_2^n\overline{Q_1^n} + Q_2^n\overline{Q_0^n} + x\overline{Q_2^n}Q_1^nQ_0^n = \overline{Q_0^nQ_1^nQ_2^n} + xQ_0^nQ_1^n\overline{Q_2^n} = xQ_0^nQ_1^n \oplus Q_2^n$$

......

另一种实现计数器的方法是使用 JK 触发器。可以采用 6.3.1 节介绍的圈画卡诺图的方法求 JK 触发器的驱动方程。这个方法又快又好，希望读者掌握。

在这里介绍另一种求 JK 触发器驱动方程的方法。

激励表是以当前各触发器的状态和输入为自变量，各触发器的输入激励为因变量的表格。其刻画了触发器发生状态变化所导致的原因。根据表 6.21(a)所示的状态分配表，若使用 JK 触发器来控制，则需要根据列出 JK 触发器的状态图，如图 5.23（b）所示，寻找每种状态变化时的激励信号。创建一个激励表来指定设计中 3 个触发器其 J 和 K 端所需要的输入值，见表 6.22。

表 6.22　　例 6.13 JK 触发器激励表

当前状态 $Q_2^nQ_1^nQ_0^n$	激励输入								输出 Z
	x=0				x=1				
	$Q_2^{n+1}Q_1^{n+1}Q_0^{n+1}$	J_2K_2	J_1K_1	J_0K_0	$Q_2^{n+1}Q_1^{n+1}Q_0^{n+1}$	J_2K_2	J_1K_1	J_0K_0	
000	000	0×	0×	0×	001	0×	0×	1×	000
001	001	0×	0×	×0	010	0×	1×	×1	001
010	010	0×	×0	0×	011	0×	×0	1×	010
011	011	0×	×0	×0	100	1×	×1	×1	011
100	100	×0	0×	0×	101	×0	0×	1×	100
101	101	×0	0×	×0	110	×0	1×	×1	101
110	110	×0	×0	0×	111	×0	×0	1×	110
111	111	×0	×0	×0	000	×1	×1	×1	111

以第一行为例，当前的状态为 $Q_2^nQ_1^nQ_0^n$=000。若 x=0，则下一个状态仍然是 $Q_2^{n+1}Q_1^{n+1}Q_0^{n+1}$=000。因此每个触发器的当前值都是 0，并都保持 0。这意味着 3 个触发器 Q_2、Q_1 和 Q_0 的输入控制均为 $J=0$，$K=\times$。若 $x=1$，下一个状态会是 $Q_2^{n+1}Q_1^{n+1}Q_0^{n+1}$=001。因此触发器 Q_2 和 Q_1 仍然保持为 0，则控制信号 J=0 和 $K=\times$。通过控制 $J_0=1$ 和 $K_0=\times$，使触发器 Q_0 必定完成从 0 到 1 的转变。查询图 5.23（b）用同样方法可以推导得到表中的其他行。D 触发器也有激励表，其激励信号和下一个状态完全相同，可以省略这一步。有了表 6.22 所示的激励表后，也就有了一张输入为 Q_2、Q_1、Q_0 和 x，输出为 $J_2K_2J_1K_1J_0K_0$ 的真值表。

分别画出 $J_2K_2J_1K_1J_0K_0$ 的卡诺图，如图 6.49 所示。

xQ_2^n \ $Q_1^nQ_0^n$	00	01	11	10
00	0	0	0	0
01	×	×	×	×
11	×	×	×	×
10	0	0	1	0

J_2

xQ_2^n \ $Q_1^nQ_0^n$	00	01	11	10
00	0	0	×	×
01	0	0	×	×
11	0	1	×	×
10	0	1	×	×

J_1

xQ_2^n \ $Q_1^nQ_0^n$	00	01	11	10
00	0	×	×	0
01	0	×	×	0
11	1	×	×	1
10	1	×	×	1

J_0

xQ_2^n \ $Q_1^nQ_0^n$	00	01	11	10
00	×	×	×	×
01	0	0	0	0
11	0	0	1	0
10	×	×	×	×

K_2

xQ_2^n \ $Q_1^nQ_0^n$	00	01	11	10
00	×	×	0	0
01	×	×	0	0
11	×	×	1	0
10	×	×	1	0

K_1

xQ_2^n \ $Q_1^nQ_0^n$	00	01	11	10
00	×	0	0	×
01	×	0	0	×
11	×	1	1	×
10	×	1	1	×

K_0

图 6.49　例 6.13JK 触发器激励卡诺图

可以求出驱动方程如下。

$$J_0=x \quad K_0=x$$
$$J_1=xQ_0 \quad K_1=xQ_0$$
$$J_1=xQ_0Q_1 \quad K_2=xQ_0Q_1$$

根据以上表达式，可以画出如图 6.50(a)所示计数器逻辑图。显然，这种设计方法可以很容易地扩展到更大的计数器。表达式 $J_n = K_n = xQ_0Q_1Q_2\cdots Q_{n-1}$ 定义了计数器电路中每级的电路，实质上相当于将 JK 触发器转化为 T 触发器。

乘积项的与门个数随着级数的递增而增加。当顺着计数器的最低位逐级向高位推导时，计数器中表示低位的项可以用来简化表示高位的项。由此便可以求出更规则的电路结构如图 6.50（b）所示。简化后的表达式如下。

$$J_0=K_0=x$$
$$J_1=K_1=xQ_0$$
$$J_2=K_2=xQ_0Q_1=J_1Q_0$$
$$J_n = K_n = xQ_0Q_1Q_2\cdots Q_{n-1} = J_{n-1}Q_{n-1}$$

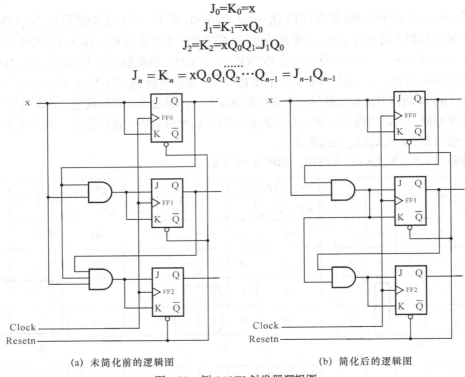

(a) 未简化前的逻辑图   (b) 简化后的逻辑图

图 6.50 例 6.13JK 触发器逻辑图

【例 6.14】 设计一个计数器，对信号线 x 上的脉冲进行计数，当信号线 x=1 时，进行计数。计数序列为 0, 2, 4, 6, 1,3, 5, 7, 0, 2,…。这些计数值由触发器的值直接输出，不需要用更多的门。

解：

因为要对信号线 x 上的脉冲进行计数，所以可用 x 作为触发器的时钟输入。因而计数器电路总是处于使能状态，并只要在 x 信号线上出现下一个脉冲，计数器应该改变其状态。

（1）建立状态图和状态表

需要的计数器可以使用有限状态机方式直接进行设计。表 6.23 给出了状态表。

表 6.23　　　　　　　　　　　　　　　　　　例 6.14 状态表

当前状态	下一个状态	输出 z
A	B	0
B	C	2
C	D	4
D	E	6
E	F	1
F	G	3
G	H	5
H	A	7

（2）状态分配

表 6.24 给出了相应的状态分配表。由于其是摩尔型电路，所以输出和状态一致，因此在真值表中不再列出输出。

表 6.24　　　　　　　　　　　　　　　　例 6.14 状态分配表和真值表

（a）状态分配表

当前状态 $Q_2^n Q_1^n Q_0^n$	下一个状态 $Q_2^{n+1} Q_1^{n+1} Q_0^{n+1}$	输出 z
000	010	000
010	100	010
100	110	100
110	001	110
001	011	001
011	101	011
101	111	101
111	000	111

（b）真值表

Q_2^n	Q_1^n	Q_0^n	Q_2^{n+1}	Q_1^{n+1}	Q_0^{n+1}
0	0	0	0	1	0
0	0	1	0	1	1
0	1	0	1	0	0
0	1	1	1	0	1
1	0	0	1	1	0
1	0	1	1	1	1
1	1	0	0	0	1
1	1	1	0	0	0

（3）根据所选择的触发器求驱动方程、输出方程

$Q_2^n \backslash Q_1^n Q_0^n$	00	01	11	10
0	0	0	1	1
1	1	1	0	0

Q_2^{n+1}

$Q_2^n \backslash Q_1^n Q_0^n$	00	01	11	10
0	1	1	0	0
1	1	1	0	0

Q_1^{n+1}

$Q_2^n \backslash Q_1^n Q_0^n$	00	01	11	10
0	0	1	1	0
1	0	1	0	1

Q_0^{n+1}

图 6.51　例 6.14 卡诺图

同样，本例可以用 D 触发器，也可以用 JK 触发器实现，本题只用 D 触发器，根据状态分配表，即真值表，画出卡诺图如图 6.46 所示，可以求出表示下一个状态的表达式如下。

$$D_2 = Q_2^{n+1} = \overline{Q_2^n}\, Q_1^n + Q_2^n \overline{Q_1^n} = Q_2^n \oplus Q_1^n$$

$$D_1 = Q_2^{n+1} = \overline{Q_1^n}$$

$$D_0 = Q_0^{n+1} = \overline{Q_2^n}Q_0^n + \overline{Q_1^n}Q_0^n + Q_2^n Q_1^n \overline{Q_0^n} = Q_2^n Q_1^n \oplus Q_0^n$$

（4）检查自启动性并画出逻辑图

本例不存在无效状态，因此，满足自启动性质。相应的逻辑图如图 6.52 所示。

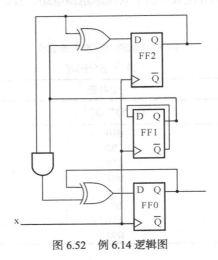

图 6.52　例 6.14 逻辑图

6.3.4　中型同步时序逻辑设计

和小型同步时序逻辑设计一样，由寄存器、计数器等逻辑元件组成的中型同步时序逻辑设计的关键问题还是寻找各个控制端和数据端的驱动方程，以及整个逻辑图的输出方程。只不过并不像触发器那样可以直接通过元件的特性方程得到触发器驱动端和状态方程的关系。中型同步时序逻辑设计时一般都会给出中型同步时序元件的功能表，因此，其设计步骤如下。

① 根据需求建立原始的状态图或状态表。

② 利用状态简化技术，根据实际情况化简状态表，消除多余状态，建立适合设计的有限状态机。同样，有时省去这一步。

③ 确定表示全部状态所需要的状态变量个数，并完成状态分配，即将简化后的状态用二进制代码表示。

④ 给出输出方程，并根据功能表，确定各控制端的驱动方程。

⑤ 画逻辑图和波形图，实现逻辑表达式所代表的电路。

由于前两步的过程与小型同步时序逻辑设计类似，接下来的例子从第 3 步开始。这里的中规模逻辑元件采用 QuartusII 中支持的标准中规模逻辑元件。

【例 6.15】　试用计数器 74163 和相应的组合逻辑，实现如图 6.53 所示的状态图。

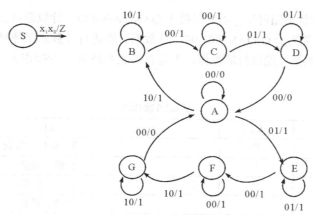

图 6.53　例 6.15 状态图

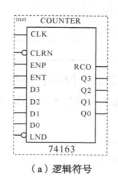

（a）逻辑符号

CLK	$\overline{\text{CLRN}}$	$\overline{\text{LND}}$	ENP	ENT	功能
↑	0	×	×	×	清零
↑	1	0	×	×	置数
×	1	1	0	×	保持
×	1	1	×	0	保持
↑	1	1	1	1	计数

（b）功能表

图 6.54　74163 逻辑符号和功能表

解：

① 根据状态图首先对状态进行编码。

由状态图可见，该图由两个回路构成，分别为 ABCDA 和 AEFGA。因为计数器 74163 具有计数、保持和置数功能，为使电路中的组合部分尽量简单，优先使之进行计数和保持操作，于是做如下编码。

$$A=000, B=001, C=010, D=011, E=100, F=101, G=110$$

经过分配的状态图如图 6.55 所示。

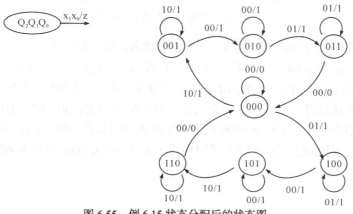

图 6.55　例 6.15 状态分配后的状态图

② 根据编码后的状态图可知，当电路处于 $Q_2Q_1Q_0=000$ 时，计数器可能进行计数、保持或置数这 3 种操作。当电路处于 $Q_2Q_1Q_0=001$ 时，计数器可能进行计数或保持操作。以此类推，可以推出每种状态时，计数器可能进行的操作，于是有如表 6.25 所示的操作表。

表 6.25 例 6.15 操作表

Q_2	Q_1	Q_0	操作
0	0	0	计数、保持、置数
0	0	1	计数、保持
0	1	0	计数、保持
0	1	1	保持、置数
1	0	0	计数、保持
1	0	1	计数、保持
1	1	0	保持、置数
1	1	1	无

根据表 6.25 及对照图 6.54（b）所示功能表，可以画出输出端 Z 及控制端 ENP、ENT、$\overline{LDN}$ 和置数端 $D_2D_1D_0$ 的示意图如图 6.56 所示，由于保持功能的控制端 ENP 和 ENT 类似，设 ENP=ENT，即把 ENP 和 ENT 连在一起。

$Q_2 \diagdown Q_1"Q_0"$	00	01	11	10
0	x_1	$\overline{x}_1$	$\overline{x}_0$	x_0
1	$\overline{x}_0$	x_1	×	$\overline{x}_1$

ENP · ENT

$Q_2 \diagdown Q_1"Q_0"$	00	01	11	10
0		$\overline{x}_0$	1	x_0	1
1	1	1	×	x_1

$\overline{LDN}$

$Q_2 \diagdown Q_1"Q_0"$	00	01	11	10
0	100	×××	000	×××
1	×××	×××	×××	000

$D_2D_1D_0$

$Q_2 \diagdown Q_1"Q_0"$	00	01	11	10
0	x_1+x_0	1	x_0	1
1	1	1	×	x_1

z

图 6.56 例 6.15 设计过程示意图

当 $Q_2Q_1Q_0=000$ 时，74163 进行计数、保持或者置数由输入信号 x_1x_0 决定。

对照状态图，若 $x_1x_0=00$，应为保持，ENP · ENT $=0$，$\overline{LDN}=1$，$D_2D_1D_0=×××$；若 $x_1x_0=10$，应为计数，ENP ·ENT $=1$，$\overline{LDN}=1$，$D_2D_1D_0=×××$；若 $x_1x_0=01$，应为置数，ENP ·ENT $=×$，$\overline{LDN}=0$，$D_2D_1D_0=100$。根据状态图，$x_1x_0=11$ 不会出现，因此在 $Q_2Q_1Q_0=000$ 时，ENP · ENT、$\overline{LDN}$ 及 $D_2D_1D_0$ 以及 Z 可以分别用图 6.57 所示的卡诺图表示。根据卡诺图，可以写出 ENP ·ENT$=x_1$，$\overline{LDN}=\overline{x}_0$，$D_2D_1D_0=100$；同样此图中 Z 的卡诺图描述了在 $Q_2Q_1Q_0=000$ 时输入和输出的关系，可得 $Z=x_1+x_0$。

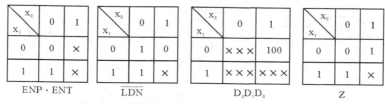

图 6.57 例 6.15 当状态 000 时各控制端卡诺图

当 $Q_2Q_1Q_0$=001 时，74163 只进行计数和保持操作，于是可以断定此时 $\overline{LND}$ = 1，$D_2D_1D_0$=×××。输入信号 x_1x_0 控制 ENP·ENT，从图 6.55 可知此时 x_0 必定为 0，则当 x_1=1 时为保持状态，对照功能表图 6.54（b）ENP·ENT=0；当 x_1=0 时为计数状态，ENP·ENT=1；所以可得 ENP·ENT = $\overline{x_1}$；由于此时的两个输入对应的输出均为 1，所以可得 Z=1。

对于其他状态，同样可以采用这种方法，最终能够得到如图 6.56 所示的设计过程。

③ 画出逻辑图。根据图 6.56 得到的关系，可以写出其逻辑表达式，采用组合逻辑进行实现，本题采用多路选择器来实现，如图 6.58 所示。

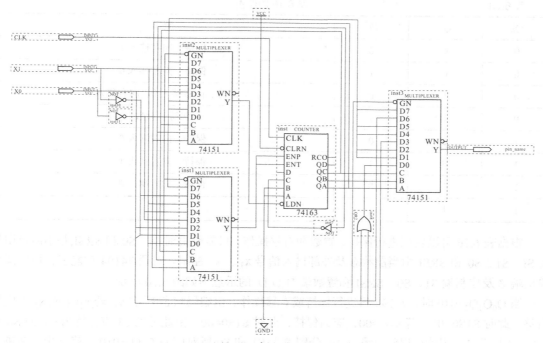

图 6.58 例 6.15 逻辑图

【例 6.16】 试用 74194 双向移位寄存器辅以组合逻辑实现例 6.15 所示逻辑。（74194 逻辑符号和功能表见图 5.27 或例 6.6）

解：

① 状态编码。

74194 具有左移、右移、保持和置数 4 种功能，其功能主要由 S1 和 S0 进行控制。为了充分运用其移位功能，做如下编码。

$$A=010, B=001, C=000, D=100, E=101, F=110, G=011$$

于是经过分配的状态图如图 6.59 所示。

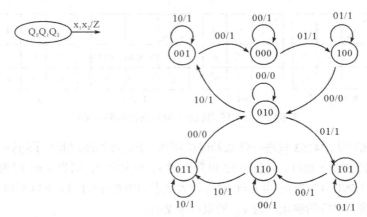

图 6.59　例 6.16 状态分配后的状态图

② 根据编码后的状态图可知，有如表 6.26 所示的操作表。

表 6.26　　　　　　　　　　　例 6.16 操作表

Q_0	Q_1	Q_2	操作
0	0	0	保持、向右移入 1
0	0	1	保持、向右移入 0
0	1	0	保持、向右移入 0、向右移入 1
0	1	1	保持、置数
1	0	0	保持、向右移入 0
1	0	1	保持、向右移入 1
1	1	0	保持、向右移入 0
1	1	1	无

根据表 6.26 可以发现进行保持、置数和右移操作，只需要用到 S1、S0 和 SRSI，并不需要用到 SLSI。S1、S0 和 SRSI 由当前状态及外部输入信号 x_1、x_2 控制。对照 74194 功能表，可以画出输出端 Z 及控制端 S1、S0、SRSI 和置数端 $D_0D_1D_2$ 的示意图如图 6.60 所示。

当 $Q_0Q_1Q_2$=010 时，74194 只进行保持或右移操作，由编码状态图可见，若 x_1=1 或 x_2=1 应为右移，此时 S1S0=01。若 x_1x_2=00，应为保持，此时 S1S0=00。由此可见 S1 应保持为 0，而 S0 在 x_1+x_2=1 时为 1，因此可以将 0 和 x_1+x_2 分别填入 S1 和 S0 所对应 $Q_0Q_1Q_2$=010 的格子中。在进行右移操作时，若 x_2=1，则 SRSI=1，若 x_2=0，则 SRSI=0，因此 SRSI= x_2，将其填入 SRSI 对应卡诺图中 $Q_0Q_1Q_2$=010 的格子。由于 $Q_0Q_1Q_2$=010 时不进行置数，所以 $D_0D_1D_2$=×××。

当 $Q_0Q_1Q_2$=011 时，74194 只进行保持或置数操作，由编码状态图可见，若 x_1=1，应为保持，则 S1S0=00，若 x_1=0，应为置数，则 S1S0=11，因此可得 S1=S0=$\overline{x_1}$。由于不进行右移操作，则 SRSI 为任意值。而 $D_0D_1D_2$=010，以便 x_1=0 置数时，使电路进入 010 状态。

对于其他状态，同样可以采用这种方法，最终能够得到如图 6.60 所示的设计过程。

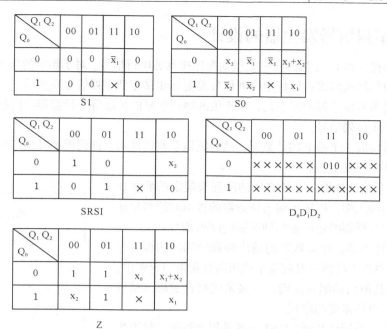

图 6.60　例 6.15 设计过程示意图

③ 画出逻辑图。根据图 6.60 得到的关系，可以写出其逻辑表达式，采用组合逻辑进行实现，本题采用多路选择器来实现，如图 6.61 所示。

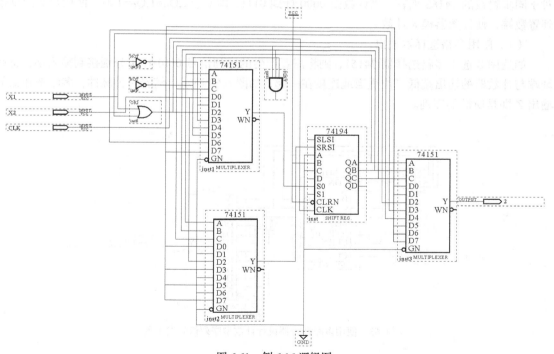

图 6.61　例 6.16 逻辑图

6.3.5　序列信号发生器的设计

序列信号是把一组 0、1 数码按一定规则顺序排列的串行信号。对于给定的序列信号，设计其发生器一般有两种结构形式：计数型序列信号发生器和移存型序列信号发生器。

计数型序列信号发生器的特点是，所产生的序列信号的长度等于计数器的模值，并可根据需要产生一个或多个序列信号。

先用计数器构成一个模 P 的计数器，然后辅以多路选择器、译码器或其他门的组合逻辑可以方便地构成各种序列发生器。

（1）选用多路选择器：把要产生的序列按规定的顺序加在多路选择器的输入端，把地址端与计数器的输出端适当地连接在一起，多路选择器的输出能得到所需的序列信号。

（2）选用译码器：把计数器的输出端和译码器的输入相连，将序列信号中为 1 的信号对应最小项用组合逻辑组合输出。

（3）选用其他门的组合逻辑：直接采用组合逻辑连接计数器的输出。获得所需要的序列。

【例 6.17】　采用计数器 74163 和各种组合逻辑设计产生序列 00010111。

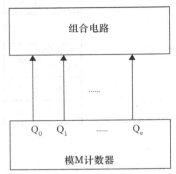

图 6.62　计数型序列信号发生器

解：

序列为 8 位二进制代码，因此，首先构建模 8 的计数器。对于同步置数的 74163 而言，当计数由 0000 计到 0111，即 $Q_A=1, Q_B=1, Q_C=1$ 时，使用与非门反馈到置数端，使计数器模 8 计数。

（1）使用多路选择器输出。

如选用 8 选 1 多路选择器 74151，则将需要产生的序列信号 00010111 分别接到输入端，将地址端与计数器的输出端低三位适当地连接在一起，如图 6.63 所示，随着时钟脉冲，多路选择器的输出 Z 即是所需的序列。

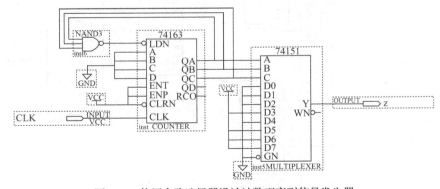

图 6.63　使用多路选择器设计计数型序列信号发生器

（2）使用译码器输出。

如选用低电平输出有效的译码器 74138，则将 8 位序列 00010111 中为 1 的第 3、5、6、7 位通过与非门连接输出。如图 6.64 所示。

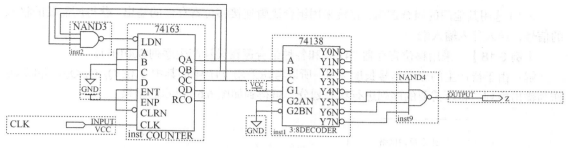

图 6.64　使用译码器设计计数型序列信号发生器

（3）使用一般组合逻辑。

将 8 位序列根据其对应位数填入图 6.65 的卡诺图，并进行圈画，可得逻辑表达式

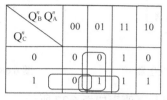

图 6.65　例 6.17 卡诺图

$$Z = Q_A^n Q_B^n + Q_C^n Q_B^n + Q_A^n Q_C^n$$

使用一般组合逻辑的计数型序列信号发生器如图 6.66 所示，随着时钟脉冲，计数器的低三位呈现 000-111 计数，而不同的三位 Q_A, Q_B, Q_C 可以组合成所需的逻辑。

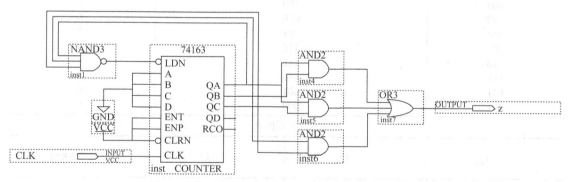

图 6.66　使用一般组合逻辑设计计数型序列信号发生器

移存型序列信号发生器是以移位寄存器作为存储器件，移位寄存器的级数 n 应该满足 2^n 大于等于序列长度，确定移位寄存器是左移还是右移，以移位寄存器中的某位作为序列信号输出，这种序列信号发生器的关键是要求出移进来的数据跟各个触发器的关系。

（1）选用多路选择器：先根据序列确定每个状态需要移入的信号，把要移入的信号加在多路选择器的输入端，把地址端与移位寄存器的输出端适当地连接在一起，多路选择器的输出能得到所需的移入的信号，送入移入输入端。

（2）选用译码器：把移位寄存器的输出端和译码器的输入相连，每个需要移入 1 的最小项用组合逻辑组合送入移入输入端。

（3）选用其他门的组合逻辑：直接采用组合逻辑连接移位寄存器的输出。获得所需要的移入的信号，送入移入输入端。

【例 6.18】　采用移位寄存器 74194 和各种组合逻辑设计产生序列 00010111

解：由于待产生的序列信号长度为 8，所以考虑采用 74194 的其中 3 位 Q_A, Q_B, Q_C，并以 Q_C 作为输出序列。将所需要的序列进行状态划分，可得到如图 6.68 所示的结果。

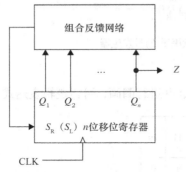

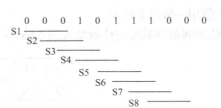

图 6.67　移存型序列信号发生器　　　　　图 6.68　例 6.18 状态划分示意图

根据状态划分可得状态分配表和真值表如表 6.27 所示。

表 6.27　　　　　　　　　　　　　例 6.18 状态分配表和真值表

（a）状态分配表

当前状态	下一个状态	反馈
$Q_A^n Q_B^n Q_C^n$	$Q_A^{n+1} Q_B^{n+1} Q_C^{n+1}$	右移 SRSI
000	100	1
100	010	0
010	101	1
101	110	1
110	111	1
111	011	0
011	001	0
001	000	0

（b）真值表

Q_A^n	Q_B^n	Q_C^n	SRSI
0	0	0	1
0	0	1	0
0	1	0	1
0	1	1	0
1	0	0	0
1	0	1	1
1	1	0	1
1	1	1	0

1）使用多路选择器输出

如选用 8 选 1 多路选择器 74151，则根据表 6.27(b)将需要产生的右移反馈信号根据不同的地址对应分别接到输入端，则 D0-D7 的输入信号分别是 10100110。将地址端与移位寄存器的输出端适当地连接在一起，如图 6.69 所示。Q_C 作为输出可以产生所需要的序列 00010111。

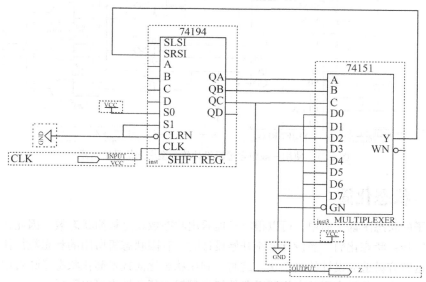

图 6.69　使用多路选择器设计移存型序列信号发生器

2）使用译码器输出

如选用低电平输出有效的译码器 74138，则根据表 6.27(b)将需要产生的右移反馈信号 10100110 中为 1 的第 0、2、5、6 位通过与非门连接到 74194 的右移输入端。如图 6.70 所示。

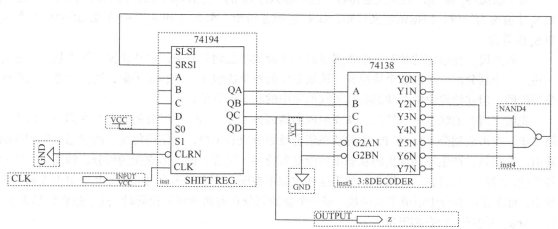

图 6.70　使用译码器设计移存型序列信号发生器

3）使用一般组合逻辑

根据真值表 6.27(b)将需要产生的右移反馈信号同 74194 的输出建立组合逻辑关系，可得逻辑表达式为：

$$SRSI = Q_A^n \overline{Q_B^n} Q_C^n + Q_B^n \overline{Q_C^n} + \overline{Q_A^n Q_C^n}$$

建立相应的逻辑图，如图 6.71 所示。

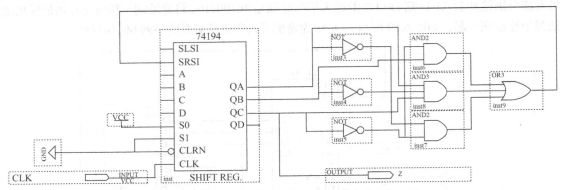

图 6.71　使用一般组合逻辑设计移存型序列信号发生器

6.3.6　状态化简

之前例子的状态图都很简单，可以很容易地看出状态数就是最简状态数，因此在设计过程中都省略了第二步：状态化简。当设计者刚开始设计时，有限状态机所用的状态数往往比实际需要的要多些，这就容易造成设计的复杂化。这时，利用状态化简技术简化状态意味着用于表示状态的触发器可以减少，并且有限状态机所需要的组合逻辑的复杂性也可以降低。

所谓状态化简，就是要获得一个最小化的状态表。这个表不仅能正确地反映设计的全部需求，而且状态的数目最少。若状态数能够减少，则原始设计中必定有一些状态与其他一些状态对状态机整体表现所做的贡献是等价的。可以用下面的定义对此做出更正规的描述。

对于状态 S_i 和 S_j，当且仅当每种可能的输入序列都产生相同的输出序列时，这两个状态 S_i 和 S_j 才被称为等价。根据该定义可知，如果 S_i 和 S_j 等价，那么 S_i 和 S_j 对相同输入的对应次态 S_u 和 S_v 也等价。

一般来说，在给定的状态机中将明显的不等价的状态划分开来，往往比搜寻等价状态更容易一些。一个划分由一个或多个块组成，该划分中的每个块包含一个状态子集，这些状态可能有些是等价的，但在给定块中的状态必须与其他块中的状态不等价。

先假定所有的状态是等价的，从而形成初始划分 P1，在 P1 中所有的状态都在同一个块中。第二步，将形成划分 P2，在 P2 中的状态集合被划分成若干块，以使得每块中的状态产生相同的输出，很明显，产生不同输出的状态不可能是等价的。接着，继续形成新的划分，检测每个块中各个状态的次态是否在同一块中，如果这些次态不在同一块中，那么对应的原状态也不在同一个块中。每次新的划分中形成了新的块。当一个新的划分和前面的划分相同时，这个过程便结束了。任一分块中的所有状态都等价。

做一个表，表的横坐标和纵坐标都是相应的状态集合。如果两个状态等价，则可在表中对应的地方打√；如果两个状态不等价，则在对应的地方打×；如果难以判断两个状态是否等价，则将其对应次态填入相应空格，作为判断依据。这样的表称为隐含表。可以用一个隐含表辅助实现这个划分过程，通过例 6.19 说明问题。

【例 6.19】　表 6.28 所示是某特定状态机的状态表，化简其状态。

表 6.28　　　　　　　　　　例 6.17 状态表

当前状态	下一个状态		输出
	x=0	x=1	Z
A	B	C	1
B	D	F	1
C	F	E	0
D	B	G	1
E	F	C	0
F	E	D	0
G	F	G	0

解：

根据状态表，可以得出图 6.72 所示的隐含表。第一次划分时，将所有的状态放在同一个块中，即

$$P1 = (ABCDEFG)$$

第二次划分，将具有不同输出的状态分开，如图 6.72(a)所示，输出不同的状态肯定不等价。这意味着必须将状态 A、B、D 与状态 C、E、F、G 区分开。因此新的划分有两个块。

A							
B	BD/CF						
C	×	×					
D	CG	GF	×				
E	×	×	√	×			
F	×	×	FE/ED	×	CD		
G	×	×	EG	×	CG	EF/DG	
	A	B	C	D	E	F	G

(a)

A							
B	×						
C	×	×					
D	CG	×	×				
E	×	×	√	×			
F	×	×	×	×	×		
G	×	×	EG	×	CG	×	
	A	B	C	D	E	F	G

(b)

A							
B	×						
C	×	×					
D	√	×	×				
E	×	×	√	×			
F	×	×	×	×	×		
G	×	×	√	×	√	×	
	A	B	C	D	E	F	G

(c)

图 6.72　例 6.19 隐含表

P2=(ABD)(CEFG)

现在必须考虑每个块中的次态。如图 6.72（a）所示，对于块（ABD），决定其是否等价的是 CF、CG、GF 状态是否等价。目前这些状态（CFG）也在 P2 的同一个块中，所以以仍旧应该保留（ABD）作为 P3 的一个块。对于块（CEFG），决定其是否等价的是 CD、CG、DG、ED，由于（CDEG）不在同一块中，所以查看隐含表发现 CD、DG、ED 不是等价状态，因此由这些次态所判断的状态也不是等价状态，即（CEG）和 F 不是等效状态，可得如图 6.72（b）所示的隐含表。查看隐含表可以发现 AB 和 BD 并不是等价状态。于是有：

P3 = (AD)(B)(CEG)(F)

用相同的方法来检查块（AD）和（CEG）。可以发现其对应次态 CG、EG 都在同一块中，所以可得最终划分为：

P4 = (AD)(B)(CEG)(F)

与图 6.72（c）隐含表所示的吻合。没有新的块产生，每个块中的状态都是等价的，所以实现表 6.28 只需 4 个状态。若用符号 A 来表示图中的 A 和 D，用符号 C 来表示状态 CEG，则缩减后的状态表将如表 6.29 所示。

表 6.29　　　　　　　　　　　　例 6.19 化简后的状态表

当前状态	下一个状态		输出 Z
	x=0	x=1	
A	B	C	1
B	A	F	1
C	F	C	0
D	C	A	0

现在只需要用两个触发器便可以实现最简状态表中的 4 个状态，而原先的设计却至少需要 3 个触发器来实现。

【例 6.20】 设计一个可用在饮料售卖机的时序逻辑最简状态图。假设饮料售卖机根据以下条件工作：（1）机器只接收 5 角和 1 元硬币；（2）从机器中得到一瓶饮料需要 1.5 元；（3）如果投入 2 元，机器将不会找零，但会记录多收 5 角，并等待消费者的第二次选购。

解：

设饮料售卖机的硬币接收装置检测到投入 5 角和 1 元时分别产生两个信号，$sense_D$ 或 $sense_N$。因为硬币接收装置是一种机械装置，其响应速度相对于电路来说慢得多，因此投入硬币可以使 $sense_D$ 或者 $sense_N$ 置 1，并维持许多个时钟周期。

假设硬币接收装置还产生另外两个信号，分别为 D 和 N。在 $sense_D$ 变为 1 后，信号 D 被置为 1 只维持一个时钟周期，在 $sense_N$ 变为 1 后，信号 N 被置为 1 只维持一个时钟周期。

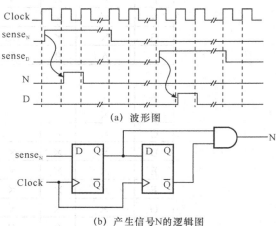

（a）波形图

（b）产生信号 N 的逻辑图

图 6.73　例 6.20 饮料售卖机输入信号

Clock、sense_D、sense_N、D、N 之间的时序关系如图 6.73(a)所示。波形上的截断标志表示 sense_D 和 sense_N 被置为 1 可以维持很多个时钟周期。同时，连续两次投入硬币之间可能会有任意长时间的间隔。硬币接收装置每次只能接收一个硬币，因此不可能同时把 D 和 N 置为 1。图 6.73（b）说明了如何由 sense_N 产生信号 N。

于是可得有限状态机的输入为 D 和 N，起始状态为 S1。没有硬币投入，即 D = N = 0，状态就会保持在 S1，用标有 $\overline{D} \cdot \overline{N} = 1$ 的弧来表示。投入 5 角把状态变为 S2，投入 1 元会把状态变为 S3。在这两种情况下，投入的硬币的总金额都不到 1.5 元，用输出信号 z 等于 0 来表示不足以令饮料售卖机给出饮料。如果 D = N = 0，状态机继续留在状态 S2 或 S3，直到再投入另一枚硬币，状态机才离开状态 S2 或 S3。在状态 S2 下，如果投入 5 角，则可转移到 S4，z=0 表示不足以令饮料售卖机给出饮料；如果投入 1 元，则可转移到 S5，在状态 S5 中，总金额为 1.5 元，可以送出饮料，则输出 z=1，如果 D = N = 0 在下一个有效时钟沿，状态机会转到复位状态 S1；在状态 S4 下，投入 5 角转入状态 S8，投入 1 元转入状态 S9，S8 和 S9 都可以送出饮料，输出 z=1，所不同的是 S8 正好为 1.5 元，状态机会在下一个时钟沿到来的时候在 D=N=0 的输入下复位到状态 S1；对于 S9，表示投入的硬币总金额已经达到 2 元，剩余 5 角，于是状态机会在下一个时钟沿到来的时候在 D=N=0 的输入下转移到状态 S2。同理，在状态 S3，投入一枚 5 角硬币将使状态转移到 S6，而投入一枚 1 元硬币将使状态转移到 S7。可以得到如图 6.74 所示的状态图。

在图 6.74 所示的状态图中，条件 D = N = 1 被表示为无关项。根据题意，5 角和 1 元的硬币不会同时投入，因此，无关项只有可能出现在系统不稳定的情况。画出状态表见表 6.30，并根据状态表画出隐含表进行状态划分，过程如图 6.75 所示。

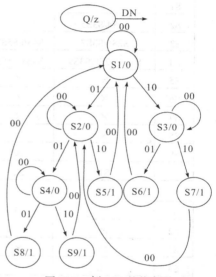

图 6.74　例 6.20 的状态图

表 6.30　　　　　　　　　　　　　例 6.20 状态表

当前状态 Q	下一个状态				输出 Z
	DN = 00	DN = 01	DN = 10	DN = 11	
S1	S1	S2	S3	×	0
S2	S2	S4	S5	x	0
S3	S3	S6	S7	x	0
S4	S4	S8	S9	x	0
S5	S1	x	x	x	0
S6	S1	x	x	x	1
S7	S2	x	x	x	1
S8	S1	x	x	x	1
S9	S2	x	x	x	1

	S1	S2	S3	S4	S5	S6	S7	S8	S9
S1									
S2	S2S4/S3S5								
S3	S2S6/S3S7	S4S6/S5S7							
S4	S1S4/S2S8/S3S9	S4S8/S5S9	S6S8/S7S9						
S5	×	×	×	×					
S6	×	×	×	×	√				
S7	×	×	×	×	S1S2	S1S2			
S8	×	×	×	×	√	√	S1S2		
S9	×	×	×	×	S1S2	S1S2	√	S1S2	

(a)

	S1	S2	S3	S4	S5	S6	S7	S8	S9
S1									
S2	S2S4/S3S5								
S3	S2S6/S3S7	S4S6/S5S7							
S4	S1S4/S2S8/S3S9	S4S8/S5S9	√						
S5	×	×	×	×					
S6	×	×	×	×	√				
S7	×	×	×	×	S1S2	S1S2			
S8	×	×	×	×	√	√	S1S2		
S9	×	×	×	×	S1S2	S1S2	√	S1S2	

(b)

	S1	S2	S3	S4	S5	S6	S7	S8	S9
S1									
S2	×								
S3	×	×							
S4	×	×	√						
S5	×	×	×	×					
S6	×	×	×	×	√				
S7	×	×	×	×	×	×			
S8	×	×	×	×	√	√	×		
S9	×	×	×	×	×	×	√	×	

(c)

图 6.75　例 6.20 隐含表

$$P1 = (S1, S2, S3, S4, S5, S6, S7, S8, S9)$$
$$P2 = (S1, S2, S3, S4)(S5, S6, S7, S8, S9)$$
$$P4 = (S1)(S2)(S3, S4)(S5, S6, S8)(S7, S9)$$
$$P4 = (S1)(S2)(S3, S4)(S5, S6, S8)(S7, S9)$$

最后用 S1 仍表示 S1，S2 仍表示 S2，S3 表示(S3, S4)，S4 表示(S5, S6, S8)，S5 表示(S7, S9)，划分有 5 个块。可得化简后的状态表见表 6.31。

表 6.31　　　　　　　　　　　　　例 6.20 化简后的状态表

| 当前状态 | 下一个状态 | | | | 输出 |
Q	DN=00	DN=01	DN=10	DN=11	Z
S1	S1	S2	S3	×	0
S2	S2	S3	S4	×	0
S3	S3	S4	S5	×	0
S4	S1	×	×	×	1
S5	S2	×	×	×	1

在本例中，使用直接法画出最初的状态图，然后使用划分来进行最小化。画出状态图如图 6.76 所示。假设每个状态对应于已投入硬币的不同总金额。状态 S1、S2、S3、S4、S5 分别对应于已投入硬币总金额为 0 元、0.5 元、1 元、1.5 元、2 元的情况。虽然如果一开始对状态做这样解释，可以容易地想出如图 6.76 所示的有限状态机，但在实际工作中，设计者通常还是会从直观的过程开始，然后进行化简。

至此，找到一种需要 5 种状态的解决方法，该方法具有摩尔型有限状态机最少的状态个数，如果画摩尔型逻辑图，需要 3 个触发器。米里型有限状态机通常所需的状态数比摩尔型状态机少。如果使用米里型模型，可以取消图 6.74 中的状态 S4 和 S5。直接通过输出的方法表示是否达到 1.5 元，见表 6.32。

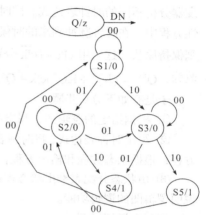

图 6.76　例 6.20 化简后的状态图

表 6.32　　　　　　　　　例 6.20 化简后的状态表改成米里型状态表

| 当前状态 | 下一个状态 | | | | 输出 Z | | | |
Q	DN=00	DN=01	DN=10	DN=11	DN=00	DN=01	DN=10	DN=11
S1	S1	S2	S3	×	0	0	0	×
S2	S2	S3	S1	×	0	0	1	×
S3	S3	S1	S2	×	0	1	×	×

如图 6.77 所示，这种方法仅需 3 种状态、两个触发器便可解决问题，但输出方程将变得更复杂。

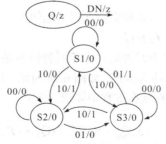

图 6.77　例 6.20 中的米里型有限状态机

6.4　异步时序逻辑的分析

异步时序逻辑相比于同步时序逻辑来说更加复杂。由于没有统一的时钟脉冲，存储单元的状态改变直接取决于输入信号的变化。异步时序逻辑的输入信号分为脉冲信号和电位信号。使用脉冲信号的异步时序逻辑与同步时序逻辑类似，常常使用触发器等时序逻辑元件组成。使用电位信号的异步时序逻辑常常使用延迟元件。本节将仅介绍简单的脉冲型的异步时序逻辑分析。

脉冲型异步时序逻辑的各触发器并不在同一时钟脉冲下工作，因此，在分析时，需要为各触发器分析不同的时钟表达式。同时各触发器的特性方程也要做相应的修改，将时钟信号融入到特性方程中。在时钟脉冲到来的时候，按照触发器的特性进行状态转换，当时钟脉冲未到的时候，则保持原状。这里用 clk 和 $\overline{\text{clk}}$ 分别表示时钟脉冲的到来与否。例如，JK 触发器的特性方程应修改为：$Q^{n+1} = (J\overline{Q^n} + \overline{K}Q^n)\text{clk} + Q^n\overline{\text{clk}}$，D 触发器的特性方程应该改为：$Q^{n+1} = D \cdot \text{clk} + Q^n \cdot \overline{\text{clk}}$。

于是有如下分析步骤。

① 根据给定的逻辑图，写出脉冲型异步时序逻辑的输出方程和各触发器的驱动方程。

② 写出时钟表达式；将时钟表达式和驱动方程一起代入修改后的触发器特性方程，得到状态方程；根据状态方程和输出方程，列出状态分配表。

③ 由状态分配表推出状态表或画出状态图（或画出波形图），由状态表或状态图（或波形图）说明逻辑图的逻辑功能。

接下来举例说明。

【例 6.21】　试分析如图 6.78 所示脉冲型异步时序逻辑的功能。

解：

① 根据给定的逻辑图，写出脉冲型异步时序逻辑的输出方程和各触发器的驱动方程。

由于该逻辑图没有输出，所以不必写出输出方程，而仅写出驱动方程。

$$J_0 = \overline{\overline{Q_2^n}\,\overline{Q_1^n}} = \overline{Q_2^n} + \overline{Q_1^n} \quad K_0 = 1;$$

$$J_1 = K_1 = 1;$$

$$J_2 = \overline{Q_1^n Q_0^n}, \quad K_2 = 1$$

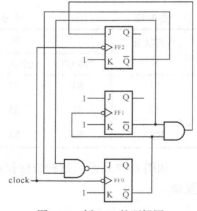

图 6.78　例 6.21 的逻辑图

② 写出时钟表达式，将时钟表达式和驱动方程一起代入修改后的触发器特性方程，得到状态方程。

当触发器使用外部输入脉冲作为时钟时，由于时钟信号始终有效，故 clk=1。当时钟信号由内部电路产生时，要求出有效的时钟表达式。如图 6.78 所示，因为 FF0 和 FF2 的时钟直接由同一外部输入脉冲 clock 提供，故不必在状态方程中体现。于是，带入驱动方程可知。

$$Q_0^{n+1} = J_0\overline{Q_0^n} + \overline{K}_0Q_0^n = (\overline{Q_2^n} + \overline{Q_1^n})\overline{Q_0^n}$$

$$Q_2^{n+1} = J_2 \overline{Q_2^n} + \overline{K}_2 Q_2^n = \overline{Q_1^n Q_0^n Q_2^n}$$

为求 clk_1 的表达式，可以根据上述两个状态方程，先填入状态分配表。因为 JK 触发器 FF1 为下降沿有效，且是由 FF0 的 $\overline{Q}_0$ 提供的，所以当 $\overline{Q}_0$ 由 1 变为 0 时（或 Q_0 由 0 变为 1），为一个脉冲，$clk_1=1$，由表 6.33 可知 $Q_0^n =0$，而 $Q_0^{n+1}=1$ 共 3 处，分别对应为 010、100、110，即 $clk_1 = \overline{Q_2^n} Q_1^n \overline{Q_0^n} + Q_2^n \overline{Q_1^n} \overline{Q_0^n} + Q_2^n Q_1^n \overline{Q_0^n} = Q_2^n \overline{Q_0^n} + Q_1^n \overline{Q_0^n}$，由 clk_1 的时钟表达式可以求得 FF1 的状态方程：

$$Q_1^{n+1} = (J_1 \overline{Q_1^n} + \overline{K}_1 Q_1^n)clk_1 + Q_1^n \overline{clk_1} = \overline{Q_1^n}(Q_2^n \overline{Q_0^n} + Q_1^n \overline{Q_0^n}) + Q_1^n \overline{Q_2^n \overline{Q_0^n} + Q_1^n \overline{Q_0^n}} = Q_2^n \overline{Q_1^n} \overline{Q_0^n} + Q_1^n Q_0^n$$

在状态分配表中，填入 Q_1^{n+1} 的值，得到本例完整的状态分配表。

表 6.33　　　　　　　　　　　例 6.21 状态分配表

当前状态 $Q_2^n Q_1^n Q_0^n$	下一个状态 $Q_2^{n+1} Q_1^{n+1} Q_0^{n+1}$		输出 clk_1
000	100		0
001	000		0
010	001		1
011	010		0
100	011		1
101	000		0
110	001		1
111	010		0

③由状态表或状态图（或波形图）说明逻辑图的逻辑功能。

根据如图 6.79 所示的状态图，分析该逻辑图为一个能自启动的异步五进制减法计数器。

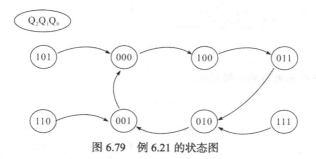

图 6.79　例 6.21 的状态图

6.5　小　　结

本章介绍了时序逻辑分析和设计的基本方法，这些基本方法是进行计算机逻辑设计的基础。通过这些方法的灵活应用，可以将基本门、组合逻辑元件、时序逻辑元件组合成复杂的具有应用价值的系统。

时序逻辑包括同步时序逻辑和异步时序逻辑。异步时序逻辑的存储单元不在同一时钟脉冲下变换状态，分析和设计较为复杂，因此只给出简单的脉冲型异步时序逻辑的分析过程。大部分篇幅用于介绍同步时序逻辑的分析和设计。

同步时序逻辑在同一时钟脉冲下进行，因此分析和设计时可以不考虑时钟脉冲。同步时序逻辑的分析的目标在于给出逻辑的功能，因此关键在于找出状态方程和输出方程；而同步时序逻辑的设计的目标在于给出逻辑图，因此关键在于找出触发器或控制端的驱动方程和输出方程。本章给出若干实例分别说明了小型同步时序逻辑分析和设计的过程，以及包含移位寄存器、计数器等中规模同步时序逻辑的分析和设计过程。对于同步时序逻辑的分析和设计是可以按步骤进行的。

在分析和设计过程中，状态的转换以及输出则是联系现实问题的桥梁。根据状态机、输入和输出的关系，可知米里型电路的输出和输入与当前状态都有关，而摩尔型电路的输出仅与当前状态有关。根据本章所给的实例，可以发现对于实现同样的功能，米里型电路往往比摩尔型电路的状态要少，从而可以节省触发器和简化逻辑，但相比摩尔型电路，米里型电路则有更加复杂的输出方程。

现实生活中，当需要进行时序逻辑设计时，往往会画出直接的设计状态图，然后再进行化简，本章给出了一套采用隐含表进行状态划分的方法，可以将复杂的状态化简为较简单的状态。

本章介绍的这些时序逻辑分析和设计方法是本书的核心内容，希望读者认真消化掌握。

习　题

1. 分析如图 P6.1 所示同步时序电路的逻辑功能。

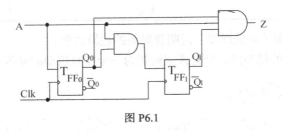

图 P6.1

2. 试分析图 P6.2 所示电路的逻辑功能。

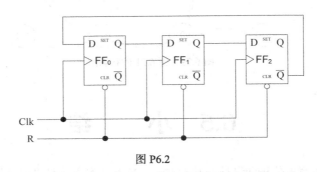

图 P6.2

3. 分析图 P6.3 所示电路的逻辑功能，写出驱动方程，列出状态转换表，画出完全状态转换图和时序波形，说明电路能否自启动。

4. 电路如图 P6.4 所示，试写出电路的激励方程、状态转移方程，求出 Z_1、Z_2、Z_3 的输出逻辑表达式，并画出在 Clk 脉冲作用下，Q_0、Q_1、Z_1、Z_2、Z_3 的输出波形。（设 Q_0、Q_1 的初态为 0。）

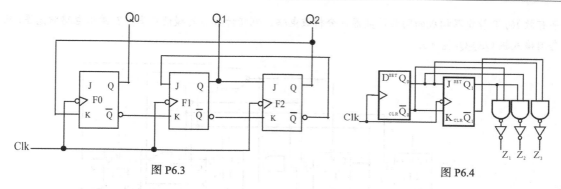

图 P6.3　　　　　　　　　　　　　图 P6.4

5. 分析图 P6.5 所示的计数器在 M=0 和 M=1 时各为几进制计数器，并画出状态转换图。

6. 图 P6.6 所示为利用模 10 计数器 74163 的同步置数功能构成的计数器，分析：（1）当 $D_3D_2D_1D_0$=0000 时为几进制计数器？（2）当 $D_3D_2D_1D_0$=0001 时为几进制计数器？

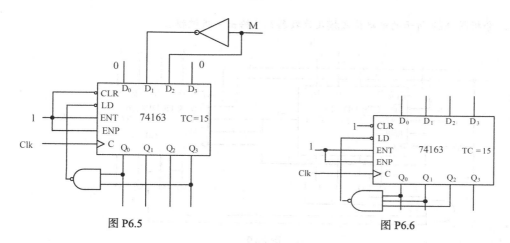

图 P6.5　　　　　　　　　　　　　图 P6.6

7. 试用 JK 触发器和门电路设计一个十三进制的计数器，并检查设计的电路能否自启动。

8. 已知同步计数器的时序波形如图 P6.7 所示。试用 D 触发器实现该计数器。

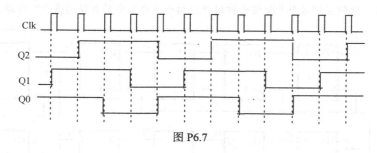

图 P6.7

9. 试将 T 触发器转换为 JK 触发器。

10. 利用上升沿触发的 JK 触发器设计一个可变模同步计数器，当控制端 X＝0 时为五进制加法计数器，X＝1 时为七进制减法计数器。加法计数过程为 0→4，当加法计数计到最大值 4 时，输出端 Z＝1；减法计数过程为 6→0，当减法计数计到最小值 0 时，输出端 Z＝1。要求画出状态转移图（转换表），写出驱动方程、状态方程、输出方程，并检查你设计的系统能否自启动。

11. 图 P6.8 所示为由 4 个带异步清零和异步置"1"端（R 为清零端，S 为置"1"端，均为低电平有效)的 T 触发器构成的同步计数器，分析该电路，判断计数器的模值是多少？画出电路状态图(状态图格式按 $Q_3Q_2Q_1Q_0 \rightarrow$)。

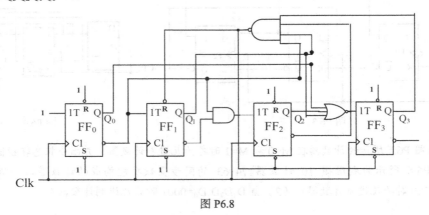

图 P6.8

12. 分析图 P6.9 所示的电路构成模几计数器？（给出分析过程）。

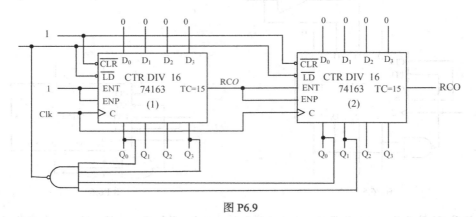

图 P6.9

13. 在图 P6.10 中，若两个移位寄存器的原始数据分别为 $A_3A_2A_1A_0=1001$，$B_3B_2B_1B_0=0011$，Q_c 触发器的原始数据为 1，试问经过 4 个 Clk 信号作用以后两个寄存器中的数据为多少？电路完成什么功能？

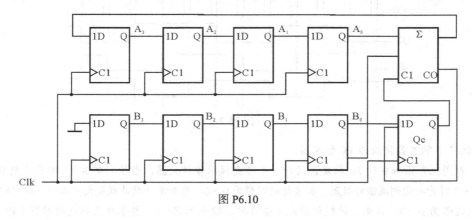

图 P6.10

14. 试用模 10 计数器构造一个模 65 的计数器。

15. 用十进制同步计数器 74160 辅以适当组合电路实现 "00011001" 序列信号发生器。

16. 试用 4 位同步二进制计数器 74163 设计十二进制计数器。

17. 试用同步十进制计数器和必要的门电路设计一个 365 进制计数器。要求各位之间为十进制关系。

18. 图 P6.11 所示电路是用二—十进制优先编码器 74147 和同步十进制计数器 74160 组成的可控制分频器。已知 CLK 端输入脉冲的频率为 10kHz；试说明当输入控制信号 A、B、C、D、E、F、G、H、I 分别为低电平时，Y 端输出的脉冲频率各为多少。

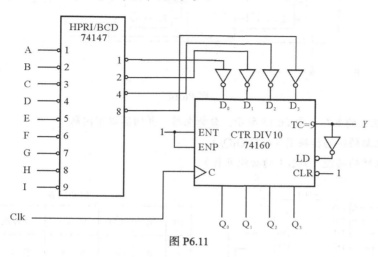

图 P6.11

19. 分析如图 P6.12 所示电路的功能，写出驱动方程、状态方程，写出状态表或状态转换图，说明电路的类型，并判别是同步，还是异步电路。

20. 分别用置数法和置 0 法将十进制计数器 74160 接成九进制计数器。

21. 由 4 位同步二进制计数器 74162 组成的可变进制计数器如图 P6.13 所示。试分析当控制变量 A 为 1 和 0 时电路各为几进制计数器，并画出状态转换图。

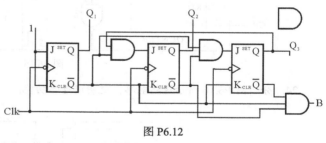

图 P6.12

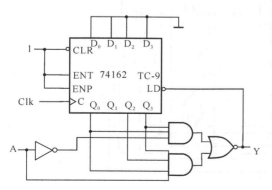

图 P6.13

Clk	$\overline{\text{CLR}}$	$\overline{\text{LD}}$	ENP	ENT	工作状态
↑	0	×	×	×	同步清零
↑	1	0	×	×	周步置数
↑	1	1	1	1	计数

74162功能表

22. 分析图 P6.14 所示的时序电路，写出驱动方程、输出方程、状态方程，画出电路的状态图，检查电路能否自启动，说明电路的功能。

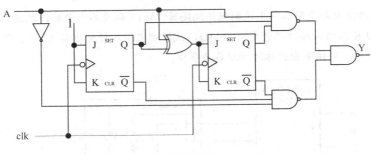

图 P6.14

23. 74161 组成的电路如图 P6.15 所示，分析电路，并回答以下问题。

（1）画出电路的状态转换图（$Q_3Q_2Q_1Q_0$）。

（2）说出电路的功能（74161 的功能见表）。

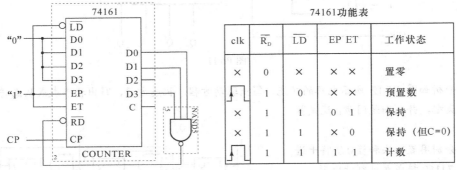

图 P6.15

74161功能表

clk	$\overline{R_D}$	$\overline{LD}$	EP ET	工作状态
×	0	×	× ×	置零
↑	1	0	× ×	预置数
×	1	1	0 1	保持
×	1	1	× 0	保持（但C=0）
↑	1	1	1 1	计数

24. 分析图 P6.16 所示逻辑电路，说明该电路功能。

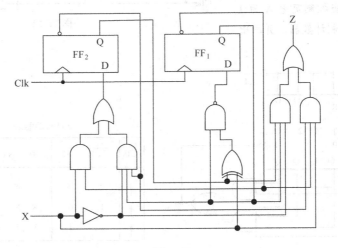

图 P6.16

25. 分析下面的逻辑电路图 P6.17，说明功能。

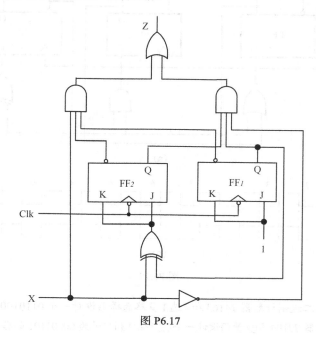

图 P6.17

26. 用 D 触发器作为存储元件设计一个 4 位串行输入、并行输出的双向移位寄存器。该电路有一个数据输入端 X 和一个控制输入端 M。当 M=0 时，实现左移，数据从右端串行输入；当 M=1 时，实现右移，数据从左端输入。

27. 分析图 P6.18 所示逻辑电路，设电路初始状态为 "00"，输入序列 x=10011110110，做出输出相应序列，并说明电路功能。

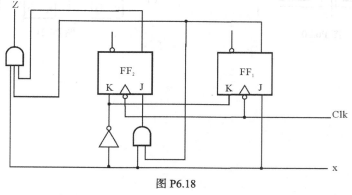

图 P6.18

28. 分析并完善图 P6.19（a）所示同步时序逻辑电路，使之在 clk 作用下产生图 P6.19（b）所示输出波形。

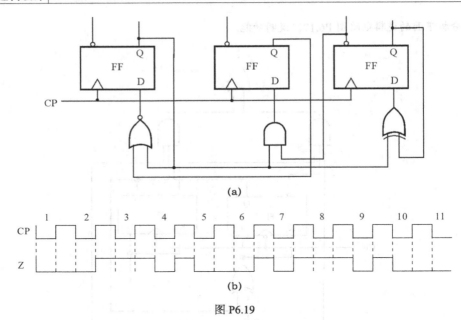

(a)

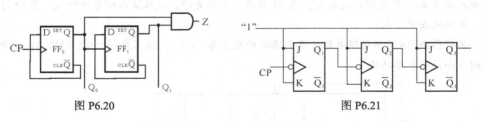

(b)

图 P6.19

29. 试用同步4位二进制计数器74163和4选1多路选择器设计一个0110100111序列信号发生器。

30. 试用移位寄存器79194和少量门设计一个能产生序列信号为00001101的移存型序列信号发生器。

31. 试分析如图 P6.20 所示电路功能，画出状态图和波形图。

32. 试分析如图 P6.21 所示电路功能。

图 P6.20   图 P6.21

第7章
综合逻辑设计

之前用大量的篇幅介绍了逻辑设计理论基础、逻辑器件、逻辑设计的优化、组合逻辑的分析与设计、时序逻辑的分析与设计。本章将探讨一些更为综合的实例，主要在于拓宽思路，更好地理解逻辑设计的方法。

7.1　算法状态机

算法状态机图（Algorithmic State Machine，ASM）是对时序逻辑状态转移的一种图形描述。这种图形描述能够很方便地描述出较大型的状态机。

算法状态机图由 4 种基本元素组成：状态名、状态框、判断框和条件输出框，后 3 者之间用箭头连接起来。摩尔型有限状态机的输出只与当前的状态有关，因此其输出情况被标注在状态盒框内部，而米里型有限状态机的状态块框中不会标注输出情况。

状态名：有限状态机各个状态的名称被标注在一个状态框的左上角，有时还可以标注上该状态所分配到的状态码。

状态框：其外形为一个长方形方框，摩尔型有限状态机的输出由状态框表示（输出只与当前状态有关）。通常只需写出必须有效的信号名，例如，只写 z 就表示输出 z 必须等于 1，因而不必再写 z = 1。方框内也标出必须采取的操作，例如，Count←Count +1 说明计数器的内容必须增加 1。

判断框：其外形为一个菱形框，里面会标注上即将被测试的表达式，然后对应不同的测试结果，给出不同的处理路径。算法状态机的判断框一般具有一个输入路径和两个输出路径（分别对应条件满足和条件不满足）。判断框的选择条件表达式是输入变量的函数。

条件输出框：其外形为一个圆角方框，米里型有限状态机的输出由条件输出框表示，输出与当前状态和输入信号同时有关。

算法状态机图类似于传统的流程图，不过，与流程图不同的是，ASM 图包含时序信息，因为它隐式地指定，在每个有效时钟脉冲之后，有限状态机会从一个状态变为另一个状态。图 7.1 给出了算法状态机的基本元素。

图 7.2 给出例 6.11 中设计的一个11 的序列检测器的算法状态机，画出两种算法状态机，分别对应于图 6.22

状态名

(a) 状态框　　　　(b) 判断框　　　　(c) 条件输出框

图 7.1　算法状态机基本元素

和图 6.34 的状态图。

图 7.2（a）所示的是摩尔型逻辑所对应的算法状态机（ASM）图。状态框之间的转移是根据输入变量 x 值的测试结果而确定的。若 x=0，则从判断框转移到状态 A。若 x=1，则从状态 A 转移到 B，或者从 B 转移到 C。在状态 C 中若 x=1，则仍旧保持该状态。该图指定了一个摩尔输出 z，只有在 C 状态时，z=1，正如状态框所表明的那样。在状态 A 和 B，z 的值是 0（无效），状态框内空白隐含表示 z=0。

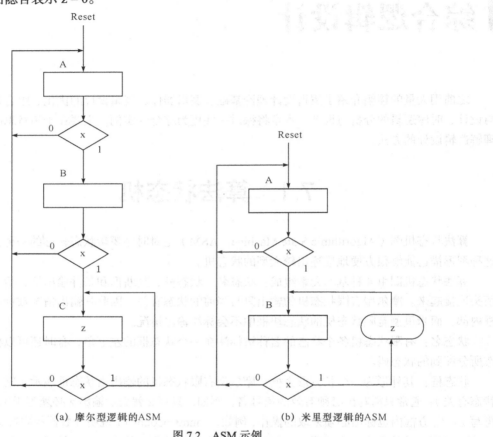

(a) 摩尔型逻辑的ASM   (b) 米里型逻辑的ASM

图 7.2　ASM 示例

图 7.2（b）所示的是米里型逻辑所对应的算法状态机（ASM）图。若状态机的状态为 B，且 x=1，则输出 z=1。条件输出框中的 z 表明了这一点。在所有其他状态，不必写 z=0，因为这是隐含的。例如 x=0 时的状态 B，以及 x=0 或 1 时的状态 A。

图 7.3 给出了两个图 7.2 的 ASM 所对应的硬件描述语言（Very-High-Speed Integrated Circuit Hardware Description Language, VHDL）代码。图 7.3（a）对应图 7.2（a），图 7.3（b）对应图 7.2（b）。硬件描述语言是一种用于数字电路设计的高级语言，主要用于描述数字系统的结构、行为、功能和接口。除了含有许多具有硬件特征的语句外，VHDL 的语言形式、描述风格以及语法十分类似于一般的计算机高级语言，因此具有很强的可读性。由于大部分 EDA 公司支持，在电子工程领域，其已成为事实上的通用硬件描述语言。使用这种语言所设计的程序可以方便地在 EDA 环境中仿真 FPGA/CPLD 的设计。这里的代码使用了大量英语的关键字，虽然未被解释，但有程序设计基础的读者也能很清晰地找到其和 ASM 设计图的对应关系。将在下一章详细解释 VHDL 代码。

```
LIBRARY IEEE;                                          LIBRARY ieee ;
USE ieee.std_logic_1164.all ;                          USE ieee.std_logic_1164.all ;
ENTITY moore  IS                                       ENTITY Mealy IS
    PORT (   clock : IN STD_LOGIC;                          PORT (   clock : IN STD_LOGIC;
             resetn : IN STD_LOGIC;                                  resetn : IN STD_LOGIC;
             x : IN STD_LOGIC;                                       x : IN STD_LOGIC;
             z : OUT STD_LOGIC ) ;                                   z : OUT STD_LOGIC ) ;
END simple ;                                           END Mealy ;
ARCHITECTURE Behavior OF moore IS                      ARCHITECTURE Behavior OF Mealy IS
    TYPE State_type IS (A, B, C) ;                          TYPE State_type IS (A, B) ;
    State_SIGNAL y : State_type ;                          SIGNAL y : State_type ;
BEGIN                                                  BEGIN
    PROCESS ( resetn, clock )                              PROCESS ( resetn, clock )
    BEGIN                                                  BEGIN
        IF resetn = '0' THEN                                   IF resetn = '0' THEN
            y <= A ;                                               y <= A ;
        ELSIF (Clock'EVENT AND  Clock = '1')                   ELSIF (clock'EVENT  AND clock = '1')
    THEN                                               THEN
            CASE y IS                                             CASE y IS
                WHEN A =>                                             WHEN A =>
                    IF x = '0' THEN                                       IF x = '0' THEN
                        y <= A;                                              y <= A ;
                    ELSE                                                 ELSE
                        y <= B ;                                            y <= B ;
                    END IF ;                                             END IF ;
                WHEN B =>                                             WHEN B =>
                    IF x = '0' THEN                                       IF x = '0' THEN
                        y <= A;                                              y <= A;
                    ELSE                                                 ELSE
                        y <= C ;                                            y <= B ;
                    END IF ;                                             END IF ;
                WHEN C =>                                         END CASE ;
                    IF x = '0' THEN                               END IF ;
                        y <= A;                              END PROCESS ;
                    ELSE                                 z <= '1' WHEN (y = B) AND (x='1') ELSE '0' ;
                        y <= C ;                     END Behavior ;
                    END IF ;
            END CASE ;
        END IF ;
    END PROCESS ;
    z <= '1' WHEN y = C ELSE '0' ;
END Behavior ;
```

(a) 摩尔型逻辑的 VHDL　　　　(b) 米里型逻辑的 VHDL

图 7.3　ASM 转化为 VHDL 代码

【例 7.1】 设计一个资源分配器，产生控制信号，将给定系统中共享资源合理地分配给多个设备使用。每次只允许一个设备能使用共享资源。设备通过发送请求信号来申请使用资源。只要共享资源未被占用，该资源分配器应对所有发出的请求信号都予以考虑。基于优先级方案，资源分配器从中选择一个发出请求信号的设备并输出其接受信号。于是共享资源便被该设备分配。一旦该设备使用资源完成后，它将撤回请求信号。

解：

先以 3 台设备为例，分别设为设备 1、设备 2 和设备 3。请求信号被命名为 r1、r2 和 r3，接受信号被叫做 g1、g2 和 g3。设备被分配为不同优先级。例如，设备 1 的优先级最高，设备 2 的优先级其次，设备 3 的优先级最低。因此，若有多个设备同时发出请求信号，则把接受信号发给提出请求的设备中优先级最高的设备。

如图 7.4 所示，复位后，系统处于状态 Idle。没有发出任何接受信号，共享资源未被任何设备占用。状态机另外 3 个状态，分别叫做 gnt1、gnt2 和 gnt3。每个这样的状态将会把一个接受信号发给一个设备。当 r1 有效时，r1 有最高的优先级，因此设备 1 将得到接受信号，这种情况用转移到状态 gnt1（并使接受信号 g1=1）表示。设备 2 的优先级低于设备 1，因此从状态 Idle 转移到 gnt2

的条件为设备 1 没有发送请求信号，其表示条件为 r1r2=01，此时设备 2 得到接受信号，这种情况用转移到状态 gnt2（并使接受信号 g2=1）表示。同理，设备 3 的优先级低于设备 1 和设备 2，所以当 r1r2r3=001 时，设备 3 得到接受信号，这种情况用转移到状态 gnt3（并使接受信号 g3=1）表示。

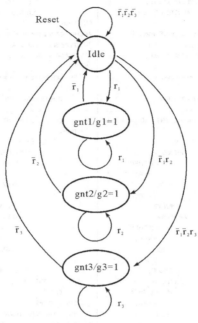

图 7.4　例 7.1 状态图

　　将其设计为如图 7.5 所示的 ASM。画在 Idle 状态框下的判断框指定若 r1 = 1，则该状态机进入状态 gnt1。在状态 gnt1，状态机的输出信号为 g1。该 gnt1 状态框右边的判断框指定若 r1 = 1，则该状态机将保持状态 gnt1，且若 r1 = 0，则该状态机进入状态 Idle。

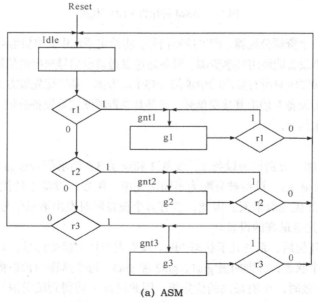

(a) ASM

图 7.5　例 7.1 的 ASM 和 VHDL 代码

```
LIBRARY IEEE;
USE ieee.std_logic_1164.all ;
ENTITY arbiter  IS
      PORT (    clock : IN STD_LOGIC ;
                    resetn : IN STD_LOGIC ;
                    r : IN STD_LOGIC_VECTOR(1 TO 3) ;
                    g : OUT STD_LOGIC_VECTOR(1 TO 3)) ;
END arbiter ;
ARCHITECTURE Behavior OF arbiter IS
      TYPE State_type IS (Idle,gnt1,gnt2,gnt3) ;
      SIGNAL y : State_type ;
BEGIN
      PROCESS ( resetn, clock )
      BEGIN
            IF resetn = '0' THEN y <= Idle ;
            ELSIF (Clock'EVENT AND Clock = '1') THEN
                  CASE y IS
                        WHEN Idle =>
                              IF r(1) = '1' THEN y <= gnt1 ;
                              ELSIF r(2)='1' THEN y<=gnt2;
                              ELSIF r(3)='1' THEN y=gnt3;
                              ELSE y<=Idle;
                              END IF ;
                        WHEN gnt1 =>
                              IF r(1) = '1' THEN y<=gnt1;
                              ELSE y <= Idle ;
                              END IF ;
                        WHEN gnt2 =>
                              IF r(2) = '1' THEN y <= gnt2 ;
                              ELSE y <= Idle ;
                              END IF ;
                        WHEN gnt3=>
                              IF r(3) = '1' THEN y <= gnt2 ;
                              ELSE y <= Idle ;
                              END IF ;
                  END CASE ;
            END IF ;
      END PROCESS ;
      g(1)<='1' WHEN y = gnt1 ELSE '0';
      g(2)<='1' WHEN y = gnt2 ELSE '0';
      g(3)<='1' WHEN y = gnt3 ELSE '0';
END Behavior ;
```

(b) VHDL 代码

图 7.5　例 7.1 的 ASM 和 VHDL 代码（续）

画在 Idle 状态框下的标有 r2 的菱形判断方框若指定 r2 = 1，则该 FSM 进入状态 gnt2。只有在首先检查 r1 的值后，然后跟着对应于 r1 = 0 的箭头才能到达该菱形判断方框。同理，标有 r3 的菱形判断方框只有当 r1 和 r2 两者都为 0 时，才能到达。因此，该 ASM 图描述了该资源分配装置所必须的优先权方案。

根据 ASM 可以很方便地写出 VHDL 代码（还没有学过 VHDL 的读者可以先理解其和 ASM 的对应关系）。在状态 Idle 的 WHEN 子句中，很容易描述所需的优先级顺序。根据 IF 语句，如果 r1=1，那么状态机的下一个状态就是 gnt1；如果 r1=0，那么判断 ELSIF 条件，ELSIF 条件规定如果 r2=1,那么下一个状态将是 gnt2；只有所有高优先级的请求信号都等于 0，每条后续的 ELSIF 子句才会考虑更低优先级的请求信号。每个 WHEN 子句都相当直接。对于状态 gnt1，相应代码说明：只要 r1=1，下一个状态就仍然为 gnt1；当 r1=0 的时候，下一个状态将是 Idle。类似的，其他 WHEN 子句也有相应结构。代码结尾处给出了接受信号 g1、g2、g3 的 VHDL 代码。当状态机处于状态 gnt1 的时候，状态机设置 g1 为 1，否则设置 g1 为 0。类似的，在相应的接受状态，代码还会将其他接受信号的取值设置为 1。

虽然以 3 个设备为例进行设计，但如果是多个设备，比如 n 个设备，将图 7.5 的 ASM 进行修改和拓展也是很方便的。同样，VHDL 代码进行修改和拓展也是方便的。

7.2 算术逻辑单元结构的设计

运算器是计算机的执行部件，用于对数据的加工处理，完成算术运算和逻辑运算。算术运算是指按照算术运算规则进行的运算，如加、减、乘、除以及它们的复合运算。逻辑运算则为非算术性运算，如逻辑与、逻辑或、逻辑非、异或、比较、移位等。

运算器的核心是算术逻辑单元（Arithmetic and Logical Unit，ALU）。运算器中还设有若干寄存器，用于暂存操作数据和中间结果。由于这些寄存器往往兼备多种用途，如用作累加器、变址寄存器、基址寄存器等，所以通常称为通用寄存器。运算器的简单框图如图 7.6 所示。

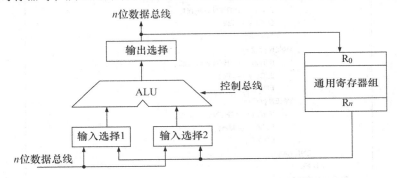

图 7.6 运算器的简单框图

为方便理解，以一个能完成 8 种运算功能的 ALU 为例，介绍其设计方法。

【例 7.2】 表 7.1 给出了一个缩减版的 ALU 的功能表，设计该 ALU，画出逻辑图。

解：因为是 8 种功能，则控制总线大于 3 位即可，设 $S=S_2S_1S_0$。

表 7.1   ALU 的功能表

控制码 $S_2S_1S_0$	ALU 功能	说明
000	$F=A+B$	算术加
001	$F=A-B$	算术减
010	$F=A+1$	加 1
011	$F=A-1$	减 1
100	$F=AB$	逻辑与
101	$F=A+B$	逻辑或
110	$F=\overline{A}$	逻辑非
111	$F=A\oplus B$	逻辑异或

采用自顶向下的设计方法，可以将顶层 ALU 设计分解为一些小的模块，再将这些模块逐步分解，一直到能方便实现为止。

首先将 n 位 ALU 分解为由 n 个能运行一位运算的 ALU 相连接的结构，如图 7.7 所示。图 7.7(a) 是一个一位 ALU，a_i 和 b_i 为被运算数，结果 f_i 表示结果。为了能进行算术运算，一位 ALU 必须包括进位输入 C_{i-1} 和进位输出 C_i。图 7.7(b) 是 n 位 ALU 结构，它由 n 个一位 ALU 级联而成。进位信号发生器 C-GEN 用于产生初始进位输入 C_{-1}。

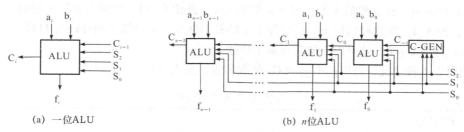

(a) 一位ALU   (b) n位ALU

图 7.7   ALU 分解结构

研究功能表，发现 8 种运算中前 4 种运算为算术运算，后 4 种运算为逻辑运算，由控制信号 S_2 决定。将算术运算功能的部分作为一个模块，称为算术单元（AU），将逻辑运算功能的部分作为一个模块，称为逻辑单元（LU）。完整的 ALU 还必须有一个输出选择器，以实现对 AU 和 LU 运算结果的选择。因此可以将一位 ALU 再分解为如图 7.8 所示的 3 个模块。

① 输出选择器：输出选择器采用 2 选 1 的多路选择器，可以使用相应组合逻辑元件。

② 逻辑单元：逻辑单元的功能列于表 7.2 中。可以使用 4 个不同的逻辑门，分别完成所需的输出，然后采用 4 选 1 的多路选择器实现。

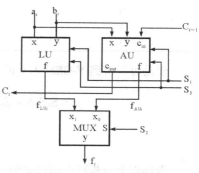

图 7.8   一位 ALU 分解图

表 7.2   逻辑单元的功能表

控制码 S_1S_0	ALU 功能	说明
00	a_ib_i	逻辑与
01	a_i+b_i	逻辑或
10	$\overline{ai}$	逻辑非
11	$a_i \oplus b_i$	逻辑异或

于是可以方便地写出逻辑表达式。

$$f = \overline{S}_1\overline{S}_0(a_ib_i) + \overline{S}_1S_0(a_i + b_i) + S_1\overline{S}_0(\overline{a_i}) + S_1S_0(a_i \oplus b_i)$$

③ 算术单元：算术单元可以使用全加器来实现，已知全加器可以完成表达式 $F=X+Y+C_{-1}$ 所示的功能，根据表 7.1 所示，算术运算都可以使用合理设置全加器的输入完成。如图 7.9 所示，给出一位算术单元的示意图。

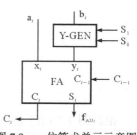

图 7.9   一位算术单元示意图

这里全加器(FA)的一个输入和直接 a_i 连接,另一个输入和 Y 信号发生器连接,Y-GEN 受 S_1S_0 控制,以产生需要的输入。分 4 种情况考虑。

加法:F=A+B。由图可知,只要简单使用 X=A,Y=B,C_{-1}=0。因此,Y-GEN 只要连接 b_i 到全加器输入端 y_i 即可。

减法:F=A-B。由于减法运算可转为补码加法,即只需要对 B 取反加 1 即可求得 B 的补码,进行加法运算即可。于是只要使 $y_i = \overline{b}_i$,并使 C_{-1}=1,就能实现减法功能。

加 1:F=A+1。在这种情况下,只要简单使 y_i=0,并使 C_{-1}=1,就可以方便实现加 1 功能。

减 1:F=A-1。在这种情况下,只要加上 1 的补码即可,可以知 1 的补码为 1111…1,因此可以使 y_i=1,并使 C_{-1}=0,就可以方便实现减 1 功能。

归纳以上 4 种情况,可以列出 y_i 和 C_{-1} 的取值表,见表 7.3。

表 7.3 算术单元的输入取值表

控制码 S_1S_0	y_i	C_{-1}
00	b_i	0
01	$\overline{b}_i$	1
10	0	1
11	1	0

于是可以得到 Y-GEN 中 y_i 的表达式。

$$y_i = \overline{S}_1\overline{S}_0 b_i + S_0\overline{b}_i + S_1 S_0 = \overline{S}_0(\overline{S}_1 b_i) + S_0(\overline{b}_i + S_1) = S_0 \oplus (\overline{S}_1 b_i)$$

$$C_{-1} = S_1\overline{S}_0 + \overline{S}_1 S_0 = S_1 \oplus S_0$$

根据以上分析可以画出如图 7.10 所示的一位 ALU 逻辑图。

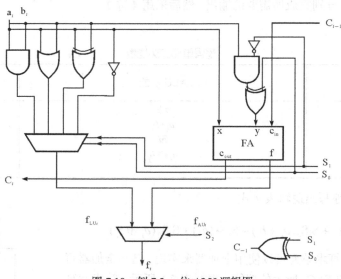

图 7.10 例 7.2 一位 ALU 逻辑图

根据图 7.7(b)的示意,可以方便建立 n 位 ALU,而对于 ALU 可以实现的功能,也可以通过增加控制码的位数进行拓展。

7.3 总线结构的设计

计算机系统大多采用模块结构，一个模块大到实现具有某个（或某些）特定功能的插件电路板，如 CPU 模块、存储器模块、各种 I/O 接口卡等，小到各种寄存器。各模块之间传送信息的公共通路称为总线（BUS）。实质上总线是一个共享的传输媒介。当多个设备模块连接到总线上，其中任何一个设备通过总线传输的信号，都能被连接到总线上的其他设备所接收，如图 7.11 所示。

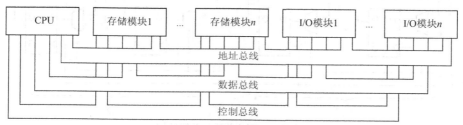

图 7.11 总线互联机制

通常一条总线由多条通信线路组成。在同一时刻，每条通信线路能够传输表示一位二进制信号；而在一个时间段内，能够通过一条通信线路传输一系列的二进制信号。总线上包含多条通信线路，则可以同时传送多个二进制数字信号，称之为并行传送。例如，一个由 8 位二进制组成的信号，可以通过 8 位总线同时进行传送。

如果两个设备同时向总线发送信号，总线上的信号将会产生叠加和混淆，因此需要对各功能部件使用总线的方式进行一定的限制，保证在任何时候只能允许一个设备向总线发送信号。

图 7.12 给出了一个简易的总线结构。在这个结构中，有若干 n 位寄存器 R1，R2，R3…' Rk 都连在总线上。某一时刻，从其他模块送来的 n 位数据放入总线，该总线结构通过控制电路决定数据在各寄存器中的存、取等具体应用。

在图 7.12 中，每个寄存器通过一个三态缓冲器连接到总线上。为了确保在任何时刻，只有一个寄存器的输出可以放在总线上，三态缓冲器的使能输入信号（ $R1_{out}$, $R2_{out}$ …… Rk_{out} ）只有一个是有效的。控制电路还产生 $R1_{in}$, $R2_{in}$, …' Rk_{in} 信号，用来控制将数据加载到每个寄存器。

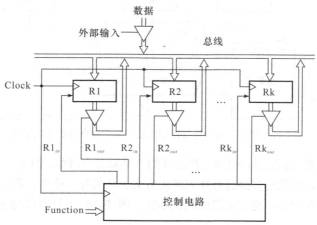

图 7.12 使用缓冲器控制的具有 k 个寄存器的总线结构

图 7.12 展示了一个名为 Function 的输入信号，该信号指示控制电路完成特定的任务。该控制电路与输入的时钟信号是同步的，控制 k 个寄存器的时钟信号与输入的时钟信号是同一个信号。

为了更清楚地说明总线结构和寄存器的连接，图 7.13 以一个两位总线结构挂接两个两位寄存器说明问题。

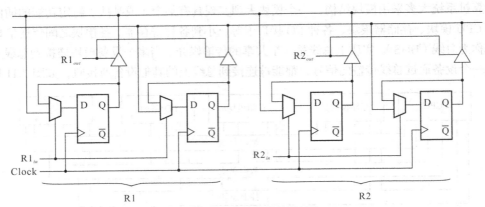

图 7.13 两位总线的总线结构

寄存器 R1 和 R2 都是由 D 触发器构成的两位寄存器。每个触发器的输入 D 都与 2 选 1 多路选择器的输出连接。以寄存器 R1 为例，多路选择器的选择控制信号为 $R1_{in}$。若 $R1_{in}=0$，则触发器从其输出 Q 加载数据，所以储存的数据值不变。而若 $R1_{in}=1$，则触发器从总线加载数据。对于缓冲器的控制信号 $R1_{out}$，若 $R1_{out}=0$，则触发器的输出 Q 不能加载到总线上。若 $R1_{out}=1$，则触发器的输出 Q 加载到总线上。

另一种实现总线访问的途径是使用多路选择器，如图 7.14 所示。每个寄存器的输出被连接到多路选择器。该多路选择器的输出连接到寄存器的输入，从而实现了总线。多路器的选择输入确定哪一个寄存器中的数据出现在总线上。虽然图 7.14 上只画出了一个多路选择器的符号，实际上对于寄存器中的每一位都需要一个多路选择器。

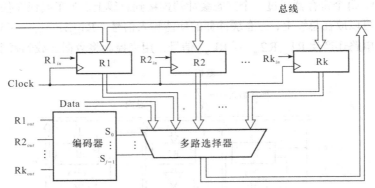

图 7.14 使用多路选择器控制的具有 k 个寄存器的总线结构

无论用三态缓冲器，还是用多路器实现总线的方案都是合理的。但是有的 PLD 内没有足够数量的三态缓冲器，则只能采用多路选择器的解决方案。在实际工作中，若设计者用三态缓冲器来描述电路，而目标器件中这一类缓冲器的数量不够，则 EDA 工具会自动选用多路选择器来生成等价的电路。

对于总线结构，具体的操作在于根据具体应用的指令控制各个寄存器的输入和输出，即设计控制电路来控制 $R1_{in}$，$R2_{in}$，…，Rk_{in} 和 $R1_{out}$，$R2_{out}$，…，Rk_{out}。

【例 7.3】 假设一个数字系统有 3 个寄存器分别为 R1、R2 和 R3。每个寄存器都连接到总线上。设计一个控制电路，该电路只有一个功能，把寄存器 R1 内的数据与 R2 内的数据进行交换，可以用 R3 作为临时寄存器存放数据。

解：

交换过程需要分 3 个步骤进行，每步需要一个时钟周期。先使控制信号 $R2_{out}=1$ 和 $R3_{in}=1$，把 R2 的内容先加载到 R3 中。然后使 $R1_{out}=1$ 和 $R2_{in}=1$，把 R1 的内容传入 R2。最后使 $R3_{out}=1$ 和 $R1_{in}=1$，把 R3 的内容（即最初 R2 的内容）传入 R1。这一步完成了所需的交换，将通过信号 Done=1 来表明任务完成。

假设由持续一个时钟周期的输入信号 w 引发这次交换（表示交换指令到达）。图 7.15 描述了这个想要的控制电路的输入输出信号。

图 7.16 所示为时序电路的状态图，该时序电路产生所需的输出控制信号序列。这里仅仅标出输出信号为 1 时的情况。其他情况下，输出信号都为 0。在起始状态 A，所有的输出信号都为 0。

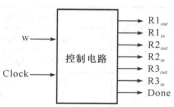

图 7.15　例 7.3 的输入输出

电路保持该状态，直到信号 w 变为 1 时，才离开该状态。在状态 B，将 R2 的内容传送到 R3 的控制信号 $R2_{out}$、$R3_{in}$ 变成有效（即 $R2_{out}=1$，$R3_{in}=1$），下一个有效时钟沿便把 R2 的内容放入 R3。不管 w 为 0，还是 1，电路进入状态 C。在状态 C，把 R1 的内容加载到 R2 的控制信号有效。在下一个有效时钟沿完成 R1 到 R2 的加载，同时不管 w 为何值，状态都转移到 D。最后一步从 R3 到 R1 的加载发生在离开状态 D 返回状态 A 的时钟沿时刻。

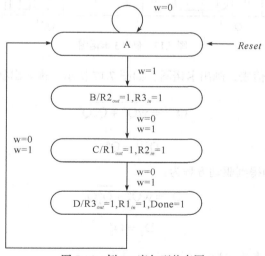

图 7.16　例 7.3 摩尔型状态图

给出相应的状态表并进行状态分配。如表 7.4（a）所示，因为有 4 种不同的状态，所以需要用两个状态变量，Q_2 和 Q_1。把状态取值 $Q_2Q_1=$ 00、01、11、10 分别分配给 A、B、C、D 4 种状态，得到如表 7.4（b）所示的状态分配表。

表 7.4   例 7.3 状态表即状态分配表

（a）状态表

当前状态 Q_2Q_1	下一个状态		输出						
	w=0	w=1	与输入 w 无关						
	$Q_2^{n+1}Q_1^{n+1}$	$Q_2^{n+1}Q_1^{n+1}$	$R1_{out}$	$R1_{in}$	$R2_{out}$	$R2_{in}$	$R3_{out}$	$R3_{in}$	Done
A	A	B	0	0	0	0	0	0	0
B	C	C	0	0	1	0	0	1	0
C	D	D	1	0	0	1	0	0	0
D	A	A	0	1	0	0	1	0	1

（b）状态分配表

当前状态 $Q_2^nQ_1^n$	下一个状态		输出						
	w=0	w=1	与输入 w 无关						
	$Q_2^{n+1}Q_1^{n+1}$	$Q_2^{n+1}Q_1^{n+1}$	$R1_{out}$	$R1_{in}$	$R2_{out}$	$R2_{in}$	$R3_{out}$	$R3_{in}$	Done
00	00	01	0	0	0	0	0	0	0
01	11	11	0	0	1	0	0	1	0
11	10	10	1	0	0	1	0	0	0
10	00	00	0	1	0	0	1	0	1

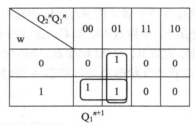

图 7.17   例 7.3 卡诺图

可以很容易地列出真值表，画出卡诺图，如图 7.17 所示。推导出状态方程。

$$Q_1^{n+1} = w\overline{Q_2^n} + \overline{Q_2^n}Q_1^n$$

$$Q_2^{n+1} = Q_1^n$$

若使用 D 触发器，则得到驱动方程为：

$$D_1 = w\overline{Q_2^n} + \overline{Q_2^n}Q_1^n$$

$$D_2 = Q_1^n$$

输出控制信号的逻辑表达式为：

$$R2_{in} = R1_{out} = Q_2^nQ_1^n$$

$$R1_{in} = R3_{out} = Done = Q_2^n\overline{Q_1^n}$$

$$R3_{in} = R2_{out} = \overline{Q_2^n}Q_1^n$$

由这些表达式可以得到如图 7.18 所示的逻辑图。

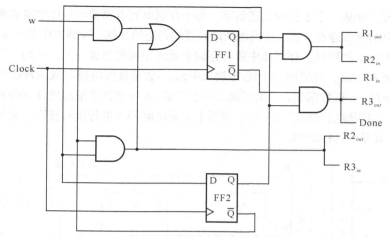

图 7.18 例 7.3 逻辑图

对于这个例子，使用米里型电路也可以完成相同的任务，如图 7.19 所示。状态 A 仍然作为复位状态。但是一旦 w 从 0 变为 1，输出控制信号 $R2_{out}$ 和 $R3_{in}$ 马上变为有效。这两个信号保持有效，直到下一个时钟周期的开始，当电路离开状态 A 进入状态 B 时，才变为无效。在状态 B，对于 w=0 和 w=1，输出 $R1_{out}$ 和 $R2_{in}$ 都是被打开的。最终，在状态 C 令 $R3_{out}$ 和 $R1_{in}$ 有效，从而完成交换。米里型电路需要 3 个状态，因为仍然需要用两个触发器来实现状态变量，并不意味着电路有所简化，这里不再详述。

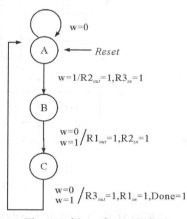

图 7.19 例 7.3 米里型状态图

7.4 存储部件的设计

存储器是计算机的存储部件，用于存放程序和数据。能够存储一位二进制信息的物理器件叫做存储单元。把存储体及其外围电路（包括地址译码与驱动电路、读写放大电路及时序控制电路等）集成在一块硅片上，称为存储器芯片。常见的存储器芯片的结构如图 7.20 所示。半导体存储器芯片一般有两种结构：字片式结构和位片式结构。

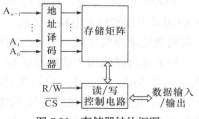

图 7.20 存储器结构框图

半导体存储器芯片一般有两种结构：字片式结构和位片式结构。

字片式结构采用单译码方式，即访存地址仅进行一个方向译码的方式。存储阵列的每一行组成一个存储单元，存放一个 8 位的二进制字。每个存储单元电路接出一根字线和两根位线。一行中所有单元电路的字线连在一起，接到地址译码器的对应输出端。存储体中共有 64 个字，每个字为 8 位，排成 64×8 的阵列。存储体中所有存储单元的相同位组成一列，一列中所有单元电路的两根位线分别连在一起，并使用一个读/写放大电路。读/写放大电路与双向数据线相连。存储芯片共需 6 根地址线、8 根数据线，一次可读出一个字节。6 位访存地址经地址译码器译码选中某一输出端有效时，与该输出端相连的一行中的每个单元电路同时进行读写操作，实现一个字的同时读/写。图 7.21 解释了这种结构。

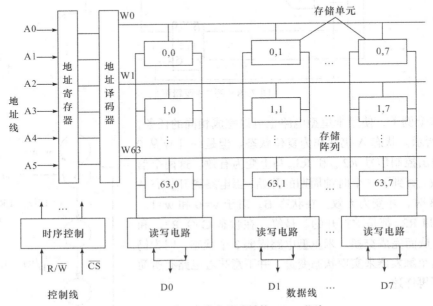

图 7.21　64 字 ×8 位字片式结构 RAM 芯片

图 7.21 中所示的芯片有两根控制线，即读/写控制信号线 R/$\overline{\text{W}}$ 和片选控制信号线 $\overline{\text{CS}}$。当 $\overline{\text{CS}}$ 为低电平时，选中芯片工作；而当 $\overline{\text{CS}}$ 为高电平时，芯片不被选中。每当存储器芯片接收到某个存储单元的地址并译码后，此时若 $\overline{\text{CS}}$ 为低电平，R/$\overline{\text{W}}$ 为高电平，就要对选中芯片中的某个存储单元进行读出操作；同样的，当 $\overline{\text{CS}}$ 为低电平，而 R/$\overline{\text{W}}$ 也为低电平时，就要对选中芯片中的某个存储单元进行写入操作。

图 7.22 展示的是 4K×1 位的位片式结构存储器芯片的内部组织。它共有 4096 个存储单元电路，排列成 64×64 的阵列。对 4096 个存储单元进行寻址，需要 12 位地址，在此将其分为 6 位行地址和 6 位列地址。对于一个给定的访问某个存储单元电路的地址，分别经过行、列地址译码器的译码后，使一根行地址选择线和一根列地址选择线有效。行地址选择线选中的某一行中的 64 个存储单元电路可以同时进行读写操作。列地址选择线用于选择控制 64 个多路转接开关中的一个，即表示选中一列，每个多路转接开关由两个 MOS 管组成，分别控制两条位线。选中的那一个多路转接开关的两个 MOS 管呈现"开"状态，使这一列的位线与读/写电路接通；其余 63 个没被选中的多路转接开关的两个 MOS 管则呈现"关"状态，使其余 63 列的位线与读/写电路断开。当选中该芯片工作时，首先给定要访问的存储单元的地址，并给出有效的片选信号 $\overline{\text{CS}}$ 和读写信号 R/$\overline{\text{W}}$，通过对行列地址的译码，找到被选中的行和被选中的列两者交叉处的唯一一个存储单元电路，读出或写入一位二进制信息。

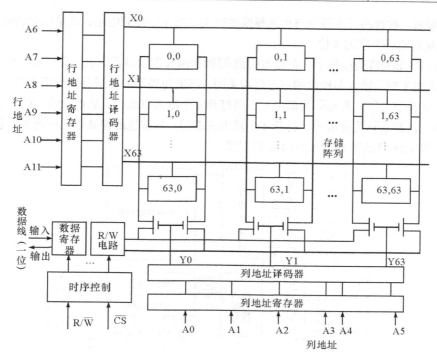

图 7.22 4K × 1 位双译码方式的 RAM 芯片结构

Intel 2114 是 1K × 4 位的静态 MOS 存储器芯片，采用 NMOS 工艺制作，双列直插式封装，共 18 个引脚。图 7.23 展示了该芯片。

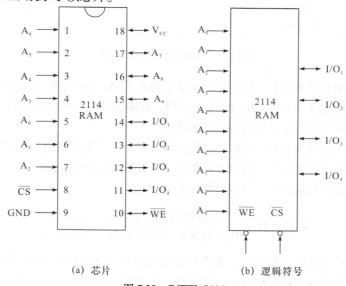

(a) 芯片   (b) 逻辑符号

图 7.23 INTEL 2114

2114 芯片由存储体、地址缓冲器、地址译码器、读/写控制电路及三态输入输出缓冲器组成。存储体中共有 4096 个 6 管存储单元电路，排列成 64 × 64 阵列。

地址译码采用二维译码结构，10 位地址码分成两组，A8～A3 作为 6 位行地址，经行地址译码器驱动 64 根行选择线。A2～A0 及 A9 作为 4 位列地址，经列地址译码器驱动 16 根列选择线，每根列选择线同时选中 64 列中的 4 列，控制 4 个转接电路，控制被选中的 4 列存储电路的位线与

I/O 电路的接通。被选的行选择线与列选择线的交叉处的 4 个存储电路，就是所要访问的存储字。4 个存储电路对应一个字的 4 位。

在存储体内部的阵列结构中，存储器的读/写操作由片选信号 $\overline{CS}$ 与读/写控制信号 $\overline{WE}$ 控制。$\overline{CS}$ 为高电平时，输入与输出的三态门均关闭，不能与外部的数据总线交换信息。$\overline{CS}$ 为低电平时，芯片被选中工作。若 $\overline{WE}$ 为低电平，则打开 4 个输入三态门，数据总线上的信息被写入被选的存储单元；若 $\overline{WE}$ 为高电平，打开 4 个输出三态门，从被选的存储单元中读出信息并送到数据总线上。图 7.24 显示了 INTEL2114 结构框图。

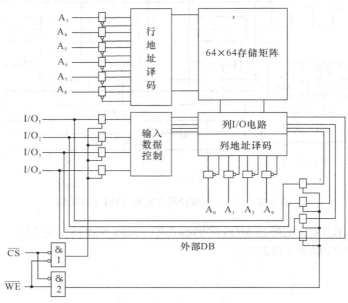

图 7.24　INTEL 2114 结构框图

CPU 对存储器进行读写操作，首先要由地址总线给出地址信号，然后要发出相应的读/写控制信号，最后才能在数据总线上进行信息交流。所以，存储芯片与 CPU 的连接，主要包括地址信号线的连接、数据信号线的连接、控制信号线的连接。

一块存储器芯片的容量总是有限的，因此内存总是由一定数量的存储器芯片构成。要组成一个主存储器，首先考虑如何选芯片以及如何把许多芯片连接起来的问题。

就主存所需芯片的数量而言，可由下面的公式求得。

$$芯片总数 = \frac{主存储器总的单元数 \times 位数/单元}{每片存储芯片的单元数 \times 位数/单元}$$

通常存储器芯片在单元数和位数方面都与要搭建的存储器有很大差距，所以需要在字方向和位方向两个方面进行扩展，按扩展方向分为下列 3 种情况。

1. 位扩展

如果芯片的单元数（字数）与存储器要求的单元数是一致的，但是存储芯片中单元的位数不能满足存储器的要求，就需要进行位扩展，即位扩展只是进行位数扩展(加大字长)，不涉及增加单元数。例如，用 Intel2114 芯片（1K×4 位）构成 IK×8 位的存储器时，就需要进行位扩展。位扩展的连接方式是将所有存储器芯片的地址线、选片信号线和读/写控制线一一并联起来，而将各芯片的数据线单独列出，分别接到 CPU 数据总线的对应位，如图 7.25 所示。

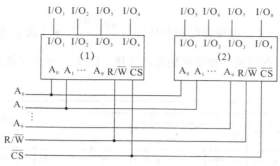

图 7.25　INTEL 2114 位扩展

2. 字扩展

字扩展仅是单元数扩展，也就是在字方向扩展，而位数不变。在进行字扩展时，将所有芯片的地址线、数据线和读/写控制线一一对应地并联在一起，利用选片信号来区分被选中的芯片，选片信号由高位地址（除去用于芯片内部寻址的地址之后的存储器高位地址部分）经译码进行控制。例如，用 1K×4 位的存储器芯片构成 2K×8 位的存储器，其连接如图 7.26 所示。

在图 7.26 所示的例子中，2K 个单元需 11 位地址 A10～A0，其中低 10 位地址 A9～A0 用于存储芯片片内寻址，最高位地址 A10 用于形成选片信号，即当地址 A10 为 0 时，选中第一片芯片，当地址 A10 为 1 时，选中第二片芯片。

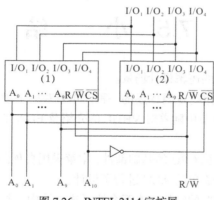

图 7.26　INTEL 2114 字扩展

3. 字和位同时扩展

在搭建主存储器时，往往需要字和位同时扩展，它可以看作是位扩展与字扩展的组合，可按下面的规则实现。

① 确定组成主存储器需要的芯片总数。

② 所有芯片对应的地址线接在一起，接到 CPU 引脚的对应位，所有芯片的读写控制线接在一起，接入 CPU 的读写控制信号上。

③ 所有处于同一地址区域芯片的选片信号接在一起，接到选片译码器对应的输出端。

④ 所有处于不同地址区域的同一位芯片的数据输入/输出线对应地接在一起，接到 CPU 数据总线的对应位。

【例 7.4】 用 Intel2114（1K×4 位）芯片组成 4K×8 位存储器。

解：

用 2114 芯片构成 4K×8 位存储器所需芯片数为 $\frac{4K \times 8位}{1K \times 4位} = 8$（块）。8 块芯片分成 4 组，每组组内按位扩展方法连接，两组组间按字扩展方法连接。图 7.27 示出了该例中芯片的连接。

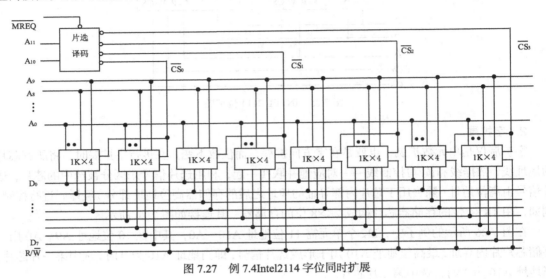

图 7.27　例 7.4Intel2114 字位同时扩展

7.5　小　　结

本章介绍了几个较为综合的逻辑设计场景。

算法状态机是将实际问题进行逻辑描述的一种简单直观的手段，算法状态机图能够很方便地转化为 VHDL 代码，在后续章节中随着对 VHDL 的介绍及 EDA 工具的使用，将能够对较复杂的逻辑进行设计。

算术逻辑单元是构成计算机 CPU 的基础部件，本章采用自顶向下的设计方法，综合了组合逻辑设计的技术和元件，对一个简单的 ALU 进行了设计。

总线结构是计算机内部重要的结构，本章介绍了这一结构，并且采用实例说明总线结构中某些指令的实现。

存储部件是计算机内部的重要部件，本章介绍了其基本组成结构，并介绍了如何将基本部件扩展成需要的字数和位数。

本章对于计算机逻辑的综合设计只能起到抛砖引玉的作用。需要在掌握了 VHDL 和 EDA 工具之后，才能在实践中体会计算机逻辑设计。对于计算机结构的更详细介绍，可以参考计算机组成原理的教材。

习　题

1. 画出以下控制逻辑电路的算法状态机图，即 ASM 图。一个自动售冰棍机，它的投币口每次可以投入一枚 1 元或 5 角的硬币，累计投入 1.5 元后给出一个冰棍。累计投入 2 元以后，在给出一根冰棍的同时还应找回一枚 5 角的硬币。

2. 设计一个彩灯控制逻辑电路。R、Y、G 分别表示红、黄、绿 3 个不同颜色彩灯。当控制信号 $A=0$ 时，要求 3 个灯的状态按图 P7.1（a）的状态循环变化；当 $A=1$ 时，要求 3 个灯的状态按图 P7.1（b）的状态循环变化。图中涂黑圆圈表示灯点亮，空白圆圈表示灯熄灭。

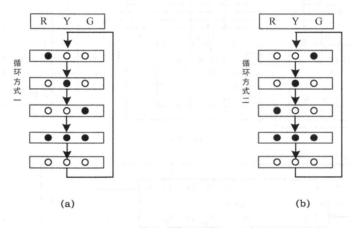

图 P7.1

3. 分析图 P7.2 所示的原理与功能。

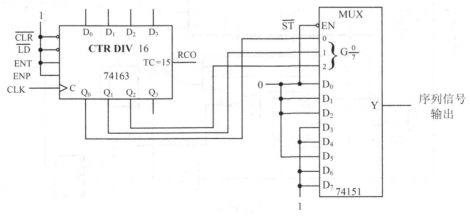

图 P7.2

4. 图 P7.3 为键盘扫描编码电路示意图，试分析其工作原理（其中 74151 为 8 选 1 多路选择器，74154 为 4:16 的译码器，74163 为模 16 的计数器，74175 为 4 位 D 触发器）。

5. 试分析图 P7.4 所示电路图的工作原理，并指出其功能。其中 SRG8 为 8 位寄存器，MUX 为 2 选 1 多路选择器，CTR4 为十六进制计数器。

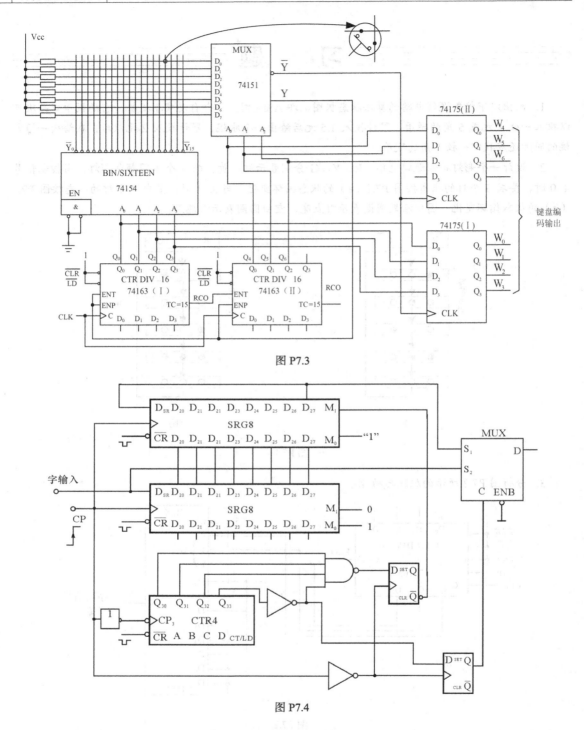

图 P7.3

图 P7.4

6. 设计一个字长为 5 位（包括奇偶校验位）的串行奇偶校验电路，要求每当收到 5 位码是奇数个 1 时，就在最后一个校验位时刻输出 1。

7. 设计一个时序部件控制电路，在受控时序部件中包含有寄存器 R_1 和寄存器 R_2、数值比较器及其他控制电路。要求采用一块 4 位寄存器和若干门电路，构成一个控制电路，在时钟作用下产生控制信号，使受控时序部件在控制信号作用下，完成下述操作。

① 将两个 4 位二进制数同时分别存入寄存器 R_1 和 R_2 中。

② 对存入寄存器的两个二进制数进行比较，若 R_1 中的存数大于 R_2 中的存数，则比较器输出 P=1，反之 P=0。

③ 将大数存入寄存器 R_1 中。

④ 在大数已存入寄存器 R_1 时，控制电路停止运转，并锁定在此状态，直至复位信号 R_D 到来为止。在时钟作用下重复上述功能。

8. 用两片并行加法器 7483（4 位加法器，见图 P7.5）和必要门电路组成 1 位二—十进制加法器电路。

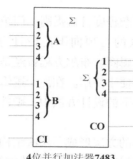

4位并行加法器7483

图 P7.5

9. 一个 1M×16 位的存储器。问：

① 该存储器能存储多少字节信息？该存储器共有多少根地址线和数据线？

② 若选用 N 片 SRAM 芯片（该 SRAM 芯片有 18 位地址线和 8 位数据线）来扩展构成上述存储器，则 N 为多少？

③ 在存储器的地址线（最低位用 A_0 表示）中，哪几位用来控制 SRAM 芯片的片选输入端 $\overline{CS}$？用门电路给出各 SRAM 芯片片选输入端 $\overline{CS}_i$（$i=1,2,\cdots,N$）的逻辑电路图。

10. 假设某存储器地址线为 22 根，存储器数据线为 16 根，试问：

（1）该存储器能存储多少字节信息？

（2）若用 64K×4 位的 DRAM 芯片组成该存储器，则需多少芯片？

（3）在该存储器的 22 根地址线中，多少根用于选片寻址？多少根用于片内寻址？

11. 某 8 位微型机地址码为 18 位，若使用 4K×4 位的 RAM 芯片组成模块板结构的存储器，试问：

（1）该机所允许的最大主存空间是多少？

（2）若每个模块板为 32K×8 位，共需几个模块板？

（3）每个模块板内共有几片 RAM 芯片？

（4）共有多少片 RAM？

（5）CPU 如何选择各模块板？

第8章
逻辑设计的 VHDL 语言

随着系统设计规模日益扩大，复杂程度日益提高，门级描述变得难以管理，不得不采用更抽象层次的描述方法，并接受高层次的自顶向下的设计方法，这就是电子设计自动化 EDA（Electronic Design Automatic）。逻辑图和布尔方程曾经是描述硬件的方法，但随着系统复杂度的增加，这种描述变得过于复杂，不便于使用。在高于逻辑级的抽象层次上，这种方法难以用简练的方式提供精确的描述。在自顶向下的设计方法中，硬件描述语言如 VHDL、Verilog 则成为满足以上要求的新方法。

把设计任务分解到可控制的规模的方法形成了层次结构。层次结构的优点如下。

① 在更抽象的层次上，可以对设计进行精确而简练的描述。

② 在同一时刻，只需设计系统某一部分的细节。这有利于组织并行的设计工作，开展大规模工程设计，而不是个人单兵作战。

③ 把注意力集中在系统可以控制的一部分，有助于较少设计错误和排错时间。

④ 对各个模块分别进行仿真、测试、功能校验。

⑤ 分阶段地进行设计，逐步加入各个构造模块。

硬件描述语言（Hardware Description Language，HDL）有许多种，如 VHDL、Verilog、ABEL、AHDL 等，其中 VHDL 和 Verilog 已成为 IEEE 标准语言。硬件描述语言（Very High Speed Integrated Circuit Hardware Description Language，VHDL），即超高速集成电路硬件描述语言，是其中著名的一种硬件描述语言，它的功能非常强大，不仅适合仿真，构建一个大的系统，对系统的行为进行描述，也适合设计具体的硬件电路。VHDL 要适用许多复杂的情况，还要适应各种硬件设计人员原先的习惯方式和设计风格，因此设计得比较全面。正如中国人都会说中国话，都会写中国字，但是除了专门的研究人员以外，没有几个人能够认识字典上的全部汉字，会汉语的全部语法，但这并不影响写文章，也不影响用汉语和周围的人员交流，除了 VHDL 研究的专家外，大部分人没有必要对 VHDL 全部弄懂，因此本章只从使用的角度介绍 VHDL 语言的入门知识。从本章的介绍可以看出，VHDL 语言并不像许多人认为的那样十分难懂和高深，入门其实比较容易。使用这些入门知识，就能设计出绝大部分的电路。至于设计时的各种风格和提高，参考介绍 VHDL 的其他书籍。

8.1　VHDL 入门需掌握的基本知识

一个完整的 VHDL 语言程序通常包含实体（Entity）、构造体（Architecture）、配置（Configuration）、包集合（Package）和库（Library）5 个部分。实体用于描述所设计的系统的外部接口信号，构造体用于描述系统内部的结构和行为，包集合存放各设计模块都能共享的数据类型、常数和子程序等，配置用于从库中选取所需单元来组成系统设计的不同版本，库存放已经编译好的实体、构造体、包集合和配置。所以要能够基本运用 VHDL 语言，应掌握以下几点。

① 信号的含义和信号的 2 种最常用数据类型：std_logic 和 std_logic_vector。

② 5 种常用语句的基本用法：信号说明语句、赋值语句、if 语句、case 语句和 process 语句。

③ 实体（entity）、结构体（architecture）、一个实体和一个结构体对构成的设计实体。

④ 层次结构的设计：掌握元件（component）语句和端口映射（port map）语句。

⑤ 库（library）和程序包（pachage）的基本使用方法。

有了上述的入门知识，一般的设计没有什么问题。

8.2　命名规则和注释

在 VHDL 语言中，所使用的标识符，即名字命名时应遵守如下规则。

① 名字的最前面应使用英文字母。

② 构成名字的字符只能用英文字母、数字和下画线 "_"。

③ 不能连续使用 2 个下画线 "_"，名字的最后一个字符也不能用下画线 "_"。

④ 命名时不要与 VHDL 中的保留字相同，以免造成混乱。

⑤ 在 VHDL 中，对标识符的大小写不敏感，也就是说，下面 4 种标识符的写法代表同一个名字。

counter_16_bit　　Counter_16_bit　　Counter_16_Bit　　COUNTER_16_BIT

但有一种情况需要注意，代表高阻态的 "Z" 要求必须大写。

⑥ VHDL 语言中使用的注释符是 "--"，从注释符号 "--" 开始到该行末尾结束。所注释的文字不作为语句来处理，不描述电路硬件行为，不产生硬件电路结构。设计中应当对程序进行详细的注释，以增强可读性。

在本书中，为了将 VHDL 语言的保留字和用户定义的标识符区分，在程序中保留字用黑体或大写表示。

8.3　对象及其说明、运算和赋值

8.3.1　信号、变量和常量

在 VHDL 语言中，凡是可以赋予一个值的客体叫对象（object），有 4 种对象：常量（constant）、信号（signal）、变量（variable）和文件（files），前 3 种经常使用。信号和常量可以连续赋予不同的值，常量只能在它被说明时赋值，试图对一个常量多次赋值会造成错误。

常量在使用中往往代表一些经常遇到的固定的值。例如，设计 CPU 时，可以把指令系统中各指令系统的操作码说明为常量，以便以后多次使用。

变量是程序中临时使用的对象，用于保存中间结果。例如，可以用变量作为一个数组的下标等。

信号是硬件中物理连线的抽象描述。信号是 VHDL 中最重要的对象，因为一个信号在设计电路时都有与之对应的物理存在，而变量则没有与之相对应的物理存在。变量和常量只是为了在某些时候使设计变得方便而使用的，不是必须的。不使用变量和常量，照样可以设计出需要的电路，但是如果不使用信号，绝对设计不出任何电路。电路都是物理量，因此只使用信号可以设计出任何一个实际存在的电路。

8.3.2　数据类型

在 VHDL 语言中有 10 种标准数据类型：integer（整数）、real（实数）、bit（位）、bit_vector（位矢量）、boolean（布尔）、character（字符）、string（字符串）、time（时间）、nature（自然数）、错误等级。

1. 整数（integer）

在 VHDL 语言中，整数的表示范围从$-(2^{31}-1)$到$(2^{31}-1)$。整数的例子如 + 136、 + 12，456，−457。

2. 实数（real）

实数的定义范围为−1.0E+38～+1.0E+38。实数有正负数，书写时一定要有小数点。例如，−1.0，+2.5，−1.0E38。

有些数可以用整数表示，也可以用实数表示。例如，数字 1 的整数表示为 1，而用实数表示则为 1.0。两个数的值是一样的，但数据类型不一样。

3. 字符（character）

字符用单引号括起来，如'A'、'b'等。常用的字符是'0'、'1'和'Z'，它们分别代表低电平、高电平和高阻态。

4. 字符串（character string）

字符串是由双引号括起来的一个字符序列。例如，"successful"、"error"等。

5. 位（bit）

在数字系统中，信号通常用一个位来表示。位值用字符'0'或者'1'表示。位与整数中的 1 和 0 不同，'0'和'1'仅表示一个位的两种取值。位不能用来描述三态信号。

6. 位矢量（bit_vector）

位矢量是用双引号括起来的一组位数据。例如，"00110"，X"00BB"。这里，位矢量最前面的 X 表示是十六进制。用位矢量数据表示总线状态最形象，也最方便。

7. 布尔量（boolean）

一个布尔量具有两种状态，"真"或者"假"。

8. 时间（time）

时间是一个物理量数据。完整的时间数据应包含整数和单位两部分，如 55sec、2min 等。在程序包 STANDARD 中给出了时间的预定义，其单位为 fs、ps、ns、us、ms、sec、min、hr。

9. 错误等级

错误等级数据用来表示系统的状态，它有 4 种：NOTE（注意）、WARNING（警告）、ERROR（出错）、FAILURE（失败）。在系统仿真过程中可以有这 4 种状态来提示系统当前的工作情况。这样可以使操作人员随时了解当前系统工作的情况，并根据系统的不同状态采取相应的对策。

10. 自然数（nature）

自然数即整数的子集。除了上述的 10 种标准数据类型外，VHDL 语言中还有 2 个在 ieee 库中已经定义好了的标准数据类型，它们放在 ieee_std_logic_1164 程序包中。

（1）std_logic

std_logic 有 9 种值可以使用，属多值逻辑。其中在设计电子电路时最常用的是 3 种值：代表高电平的'1'，代表低电平的'0'和代表高阻态的'Z'。高阻状态是为了双向总线的描述。

（2）std_logic_vector

std_logic_vector 是由多位 std_logic 构成的矢量。它用于描述一组相关的数据，常用于描述总线。例如，std_logic_vector(15 downto 0)描述了 16 位数据组合在一起构成的数据总线。

在进行数字电路设计时，使用最多的是 std_logic 和 std_logic_vector 数据类型。前面的 10 种数据类型，用户可以不显式说明而直接使用它们，而 std_logic 和 std_logic_vector 数据类型，使用前必须在程序中写出库说明语句和使用程序包语句，否则不能使用。库说明语句和使用程序包语句见本章第 8.5.2 节。

除了标准数据类型之外，用户可以定义自己的数据类型，这就给电子系统设计人员提供了很大的自由度。这里不做介绍，可参看有关的书籍。

8.3.3　信号、变量和常量的说明

信号、变量和常量只有经过说明语句说明后才能够使用，没有经过说明的信号、变量和常量不能使用。信号、变量和常量说明语句的作用是指出被说明的对象使用何种数据类型。

1. 常量说明语句

常量说明语句的书写格式如下：

constant 常量名：　数据类型 := 表达式；

常量说明语句以分号结束。VHDL 语言中的所有语句都以分号结束。一个完整的 VHDL 设计就是由一系列语句构成的。常量名后要跟一个冒号。数据类型后的 ":=" 是赋值符，表示将表达式的值赋给常量名所代表的常量。下面是一个常量说明语句的例子。

```
constant width: integer := 5;
```
常量赋值后立即生效，没有时间延迟。

2. 变量说明语句

变量说明语句的书写格式如下：

variable 变量名：　数据类型 约束条件 := 表达式；

数据类型后的 ":=" 是赋值符，表示将表达式的值赋给变量名所代表的变量。

举例如下。

```
variable x, y, z: integer;
variable counter: integer range 0 to 7 := 0;
variable counter: integer range 7 downto 0 := 0;
```
第一个变量说明语句说明 3 个整数变量 x、y 和 z。第二个变量不仅说明了一个整数变量 counter，而且规定了 counter 的取值范围只能是 0～7，其中的 range 是确定一个整数范围所需要的关键字，而另一个关键字 to 表示范围的上升，最后还给变量 counter 赋初值为 0。第三个变量说明语句与第二个变量说明语句类似，只是使用了关键字 downto 表示范围的下降，第二个语句和第三个语句完全是等价的，只是采用了不同的描述方式。

变量赋值不产生时间延迟，赋值立即生效。

3．信号说明语句

信号说明语句的书写格式如下：

signal 信号名 1，信号名 2，…，信号名 n：数据类型；

举例如下。

```
signal clock, t1, t2 :std_logic;
signal r0, r1 ,r2, r3 :std_logic_vector(15 downto 0);
```

第一个说明语句说明了 3 个信号 clock、t1 和 t2，它们都是 std_logic 类型，也就是说它们都是 1 位的信号。在第二个说明语句中，说明了 4 个信号 r0、r1、r2 和 r3，它们都是 16 位的 std_logic_vector 类型的信号，其中的 downto 是确定矢量长度所需要的一个关键字。对 std_logic_vector 类型的信号可以只使用其中的某些部分，例如，r0(0)代表 r0 的第 0 位，r0(4)代表 r0 的第 4 位，r0(7 downto 4)代表 r0 的第 7 位到第 4 位等。

从信号说明看不出一个信号是组合逻辑，还是时序逻辑（例如寄存器），这与 ABEL 语言是不同的。

8.3.4　常用运算符

1．逻辑运算符

逻辑运算符有 6 种逻辑运算符：not、or、and、nand、nor 和 xor。常用的为前 3 种。参加逻辑运算的变量或者信号，必须有相同的数据类型和数据长度。逻辑运算符适用的数据类型为 std_logic 和 std_logic_vector。下面是几个逻辑运算的例子。

```
signal a, b, e, f : std_logic;
signal c,d :std_logic_vector(7 downto 0);
a and b      a or b     not a --正确
c and d    c xor d  not c --正确
a and c     --错误，因为数据类型不同
```

除了 not 运算符优先级最高外，其余逻辑运算符优先级相同，运算从左到右展开。因此要注意加括号，如：

```
(a and b) or (e and f)
```

不能写成

```
a and b or e and f
```

后者的实际执行的结果是

```
((a and b) or e) and f
```

2．算术运算符

算术运算符有 14 种，最常用的算术运算符是+和-。下面是几个例子。

```
--signal a,b :std_logic_vector(15 downto 0);
a + b
a + '1'
a + "01"
```

3．关系运算符

关系运算符有下列几种。

=	等于	/=	不等于
<	小于	>	大于

<=　　　　　　小于等于　　　>=　　　大于等于

关系运算的结果为"真"或者"假"。关系运算有如下规则。

① 在进行关系运算时，两个对象的数据类型必须相同。

② 等于、不等于运算适用于所有数据类型。

③ 大于、小于、大于等于和小于等于适用于整数、实数、位、位矢量的比较。

4. 并置运算符&

并置运算符"&"用于位的连接，形成矢量，也可连接矢量生成更大的矢量。

```
signal  a,b: std_logic_vector(3 downto 0);
signal  c,d: std_logic_vector(2 downto 0);
        a  and  ('1' & c)    --结果生成 4 位的 std_logic_vector
        c & a                --结果生成 7 位的 std_logic_vector
```

5. 运算符的优先级

各运算符优先级从最高到最低的顺序（同一行运算符优先级相同）如下。

** （乘方）　abs（取绝对值）not

*（乘）　/（除）　mod（取模）rem（求余）

+（正号）　-（负号）

+（加）　-（减）　&（并置）

sll（逻辑左移）srl（逻辑右移）sla（算术左移）sra（算术右移）rol（逻辑循环左移）ror（逻辑循环右移）

=（等于）　/=（不等于）　<（小于）　<=（小于等于）　>（大于）　>=（大于等于）

and（与）　or（或）　nand（与非）　nor（或非）xor（异或）

8.3.5　赋值语句

赋值语句的作用是给信号或者变量赋值，它将赋值符号右边表达式的值赋给左边的信号或者变量。

1. 变量赋值语句

变量赋值语句的书写格式是：

变量名 := 表达式;

由于在电路设计中，变量不与某一物理量一一对应，它只起设计的辅助作用，用于保存中间结果、做数组的下标等，因此变量的赋值没有时间延迟。

举例说明。

```
--variable x,y, z: integer range 0 to 255;
x := 0;
y := 132;
z := x;
```

2. 信号赋值语句

信号赋值语句的书写格式是：

信号名 <= 表达式;

信号由于是个真正的物理量，它对应着电子电路的某一条连线（std_logic）或者一组连线（std_logic_vector），所以它的赋值一定有时间延迟。

举例说明。

```
--signal t1, clk, clk1 :std_logic
```

```
--signal r0, r1: std_logic_vector(15 downto 0)
    t1 <= '1';
    clk1 <= not clk;
    r0 <= x"0000";
    r1 <= "0000000000000000";
```

第二个例子实际上表示的是 clk 信号经过一个非门后送 clk1，非门有时间延迟，因此从 clk 变化到 clk1 产生变化一定有时间延迟，反映到信号赋值语句上就是信号赋值一定有时间延迟。

8.4 if 语句、case 语句和 process 语句的使用

VHDL 语言中有 19 种描述硬件行为的语句，作为学习 VHDL 语言的入门，本节介绍 if 语句、case 语句和 process 语句的主要使用方法。

8.4.1 if 语句

1. 用于门闩控制的 if 语句

这种类型的 if 语句书写格式如下。

    if 条件 then

        若干顺序执行语句

    end if;

当执行到该 if 语句时，就要判断该语句指定的条件是否满足。如果条件满足，则执行该语句包含的顺序语句；如果指定的条件不满足，则不执行该语句包含的顺序语句。If 语句中的条件是通过关系运算产生的。

【例 8.1】 用 if 语句设计的 D 触发器。

```
--signal d, clk, q :std_logic
if clk'event and clk = '1' then
    q <= d;
end if;
```

在本例中，信号 d 是 D 触发器的 D 端输入信号，clk 是 D 触发器的时钟信号，q 是 D 触发器的输出信号。clk'event 表示 clk 信号发生了一个事件，即发生了一次跳变。clk = '1' 是关系运算，判断 clk 是否是高电平。很显然，如果时钟信号 clk 发生了跳变，且发生跳变后 clk 为高电平，因此是时钟信号的上升沿，这时信号 d 的值送到输出 q。这正是 D 触发器的功能。

对于描述触发器来说，经常要用到时钟的上升沿和下降沿，下面是描述它们的 4 种方法。

```
        clock 'event  and clock = '1'          --上升沿
        clock'event  and clock = '0'          --下降沿
        rising_edge(clock)                     --上升沿
        falling_edge(clock)                    --下降沿
```

前 2 种描述方法使用的是信号 clock 的 event 属性，后 2 种描述方法使用的是描述信号沿的函数。读者只要会使用就行，如果需要详细了解，可以参看有关 VHDL 技术书籍。

【例 8.2】 用 if 语句设计的锁存器。

```
--signal d, clk, q :std_logic
if clk = '1' then
    q <= d;
end if;
```

在本例中，信号 d 是锁存器数据输入信号，clk 是锁存器的时钟信号,q 是锁存器的输出信号。当时钟信号为高电平时，输出信号 q 随输入信号 d 的变化而变化，当 clk 为低电平时，由于不执行 q <= d;语句，输出信号 q 保持不变。这正是锁存器的功能。

2. 用于二选一控制的 if 语句

这种类型的 if 语句书写形式如下。

```
if　条件　then
        若干顺序执行语句 1
    else
        若干顺序执行语句 2
    end if;
```

【例 8.3】 二选一数据选择器。

```
--signal  sel :   std_logic;
--signal  a, b, c : std_logic_vector(15 downto 0);
if  sel =  '0'  then
        c <= a;
else
        c <= b;
end if;
```

在这个例子中，信号 sel 是选择端，c 是 16 位的信号输出端，信号 a 和 b 都是 16 位的数据输入。当 sel 为高电平时，选中信号 a 送输出 c；当信号 sel 为低时，选中信号 b 送输出 c。

3. 用于多选择控制的 if 语句

这类 if 语句的书写格式如下。

```
if　条件 1　then
        若干顺序执行语句 1
    elsif　条件 2　then
        若干顺序执行语句 2
            …
    elsif　条件 n-1　then
        若干顺序执行语句 n-1
    else
        若干顺序执行语句 n
    end　if;
```

在这种类型的 if 语句中，当条件 1 满足时，执行若干顺序执行语句 1；当条件 1 不满足而条件 2 满足时，执行若干顺序执行语句 2；当条件 1 到条件 n-2 都不满足而条件 n-1 满足时，执行若干顺序执行语句 n-1；当所有条件 n 都不满足时，执行若干顺序执行语句 n。注意,这种 if 语句中的 elsif 不能写成 elseif。关于这种 if 语句的例子见本节的例 8.7——一个具有异步复位和异步置数功能的 D 触发器。

8.4.2　process 语句

process 语句通常称为进程语句，是一个十分重要的语句，本质上它描述了一个功能独立的电路块。process 语句是个并行执行的语句，但是 process 语句内部的语句要求是顺序执行语句。

它是VHDL程序中描述硬件并行工作的最重要、最常用的语句。关于process语句并行执行问题，将在第8.5节有比较详细的叙述。

process语句有许多变种，这里只介绍最基本的形式。process语句的书写格式如下。

[进程名：] process（敏感信号1，敏感信号2，…，敏感信号n）

  [若干变量说明语句]

  begin

    若干顺序执行语句

  end process [进程名];

上述书写格式中用方括号括起来的部分是可选的。第一个进程名以冒号结束,和关键字process隔开，它是可选的，可要可不要，对硬件电路没有影响。不过作者建议最好加上进程名，加上进程名等于给这块功能独立的电路加了个标记，增强可读性。process语句中begin之前的若干变量说明语句也是可选的，如果该process语句中需要使用变量，则需要在begin之前予以说明。这些被说明的变量只对该进程起作用，只能在该process语句中使用。

细心的读者可能会发现一个问题，process语句中为什么要有一个begin，没有这个begin行不行？在目前的VHDL语言中肯定不行。但是如果当初VHDL语言的设计者们决定不要这个begin，我认为也不会有问题。话又说回来，process语句中有begin是个好的方案。既然process描述一块功能独立的电路，那么除了主要工作外，还有些描述前的准备工作。在process语句中，若干变量说明语句就属于准备工作，真正对电路的描述是在begin以后的语句中，这是决定电路功能的主体。与process语句类似，VHDL语言中的其他某些语句也有类似的地方，因此也有begin。

process语句中有个敏感信号表，各敏感信号之间用逗号分开。因为最后一个敏感信号后面是括号，所以不需要紧跟一个逗号。所谓敏感信号就是指当它的状态发生变化时，启动process语句执行。由于process语句代表一块功能独立的电路，它的某些输入信号的状态变化，势必引起电路输出的变化，这些立即引起（当然要经过短暂的时间延迟）输出信号状态变化的信号就是敏感信号。变量不是真正的物理量，因此不能出现在敏感信号表中。在process语句中只作为输出存在的信号（出现在信号赋值符"<="的左边）不能作为敏感信号。既出现在信号赋值符"<="的左边，又出现在信号赋值符"<="右边的信号，可以出现在敏感信号表中，这是因为这些信号既作为这块电路的输出，又是电路内部的反馈信号。

在上一小节介绍if语句时，用if语句描述了一个D触发器。但是由于if语句是顺序执行语句，它只能出现在需要顺序语句的地方，因此不能成为一块功能独立的电路，只能成为一块功能独立电路的一部分。有时需要将它改造，使之成为一块功能独立的电路（能并行执行）。改造的方法之一就是将if语句放在process语句中。

【例8.4】 D触发器。

```
--signal d, clk, q; :std_logic
process(clk)
begin
    if clk = '1' then
        q <= d;
    end if;
end process;
```

在本例中，clk上升沿的到来导致D触发器输出q可能立即变化，因此将其放在敏感信号表中，输入信号 d 的变化并不能立即引起输出 q 的变化，因此没有将其放在敏感信号表中。信号 q 是 D 触发器的输出，所以不能放在敏感信号表中。

【例 8.5】　锁存器。

```
        --signal d, clk, q; :std_logic
latch_reg:    process(d,clk)
                begin
                    if clk = '1'  then
                        q <= d;
                    end if;
                end process latch_reg;
```

本例中，输入信号 d 和时钟信号 clk 的变化都可能立即引起输出 q 的变化，因此都要放在敏感信号表中。本例使用进程名 latch_reg。

【例 8.6】　二选一数据选择器。

```
--signal  sel :        std_logic;
--signal  a, b, c : std_logic_vector(15 downto 0);
mux2to1: process (sel,a,b)
            begin
                if  sel = '0'  then
                    c <= a;
                else
                    c <= b;
                end if;
            end process;
```

本例中，将 3 个输入信号都放在了敏感信号表中。注意，本例中使用了进程名，不过在 end process 之后没有书写进程名。

【例 8.7】　一个具有异步复位和异步置数功能的 D 触发器。

```
--signal  reset, preset, clock, d, q :std_logic;
process(reset, preset, clock)
begin
    if reset = '1'  then
            q <= '0';
    elsif preset = '0' then
            q <= '1' ;
    elsif  clock'event and clock = '1' then
            q <= d;
    end if;
end process;
```

例 8.7 中，当异步复位信号为 0 时，输出 q 变为 0；当异步置数信号为 0 时，输出 q 变为 1；当时钟信号 clock 上升沿到来时，D 输入端信号 d 的值送输出 q。异步复位信号 reset 的优先级大于异步置数信号 preset 的优先级，时钟信号 clock 的优先级最低。因此这种类型的 if 语句特别适合输入信号具有不同优先级的情况。例 8.7 中 D 触发器的功能同器件 74LS74 中的 D 触发器完全相同。

【例 8.8】　一个具有异步置数功能的 16 位寄存器。

```
        --signal reset, clk: std_logic;
        --signal d, q: std_logic_vector(15 downto 0);
        process(reset, clk)
        begin
            if reset = '0' then
```

```
                q <=  x"0000";
        elsif rising_edge(clk) then
                q <= d;
        end if;
    end process;
```

本例中，reset 是异步复位信号，当为 0 时，使 16 位寄存器复位。当时钟 clk 上升沿到来时，16 位输入信号 d 送输出 q。

【例 8.9】 一个具有异步复位功能和允许写功能的 16 位寄存器。

```
--signal reset, clk, wen: std_logic;
--signal d, q: std_logic_vector(15 downto 0);
process(reset, clk)
begin
    if reset = '0' then
        q <= "0000000000000000";
    elsif rising_edge(clk) then
        if wen = '1' then
            q <= d;
        end if;
    end if;
end process;
```

本例中，采用了 if 语句的嵌套形式。reset 是异步复位信号，当为 0 时，使 16 位寄存器复位。当时钟 clk 上升沿到来时，如果写允许信号为 1，16 位输入信号 d 送输出 q，如果写信号为 0，输出 q 保持不变。注意，时钟沿的优先级大于允许写信号 wen 的优先级。这个例子中 clk 和 wen 的位置不能颠倒。下面的写法是错误的，不符合 VHDL 语言默认的触发器的描述方法，将来编译时无法编译成触发器。

```
--signal reset, clk, wen: std_logic;
--signal d, q: std_logic_vector(15 downto 0);
process(reset, clk)
begin
    if reset = '0' then
        q <= "0000000000000000";
    elsif wen = '1' then
        if rising_edge(clk) then
            q <= d;
        end if;
    end if;
end process;
```

【例 8.10】 时钟下降沿触发的 16 位寄存器。

```
--signal reset, clk, wen :std_logic;
--signal d, q :std_logic_vector(15 downto 0);
process(reset, clock)
begin
if reset = '0' then
        q <= X"0000";
elsif clock'event and clock = '0' then
        if wen = '1' then
            q <= d;
        end if;
    end if;
end process;
```

【例 8.11】 程序计数器 PC 的一种设计方案。

要求能够处理 C=1 条件转移指令、Z=1 条件转移指令、双字指令和单字指令等情况。

```
--signal pc, zjmp_pc, cjmp_pc : std_logic_vector(15 downhto 0);
--signal t1, zj_flag, cj_flag, dw_flag, reset :std_logic;
pc_proc: process(pc, zjmp_pc, cjmp_pc, t1,zj_flag, cj_flag, dw_flag, reset)
begin
    if reset = '0'  then
        pc <= x"00000";
    elsif  t1'event and t1= '1' then
        if zj_flag = '1' then
                    pc <= zjmp_pc;
        elsif cj_flag = '1' then
                    pc <= cjmp_pc;
        elsif dw_flag = '1'  then
          pc <= pc + "10";
        Else
          pc <= pc + '1' ;
        end if;
    end if;
end process;
```

本例是各种指令下给程序计数器 PC 赋新值的例子。在复位信号为 0 时，将 PC 置为 0。t1 是取指令节拍，因而在 t1 的上升沿改变 PC 的值。首先处理的是执行如果 z（结果为 0）=1，则跳转指令后 PC 的变化，zj_flag=1 时表示是 z=1 跳转指令且 z 标志为 1，因此将转移地址 zjmp_pc 送 PC。然后以同样的方式处理执行如果 c（进位标志）=1 则跳转指令后 PC 的变化。第三处理双字指令的情况，当执行双字指令后 PC+2。最后处理单字指令的情况，当执行单字指令后 PC+1。注意，PC+2 采用的是 PC + "10"，双引号，按字符串处理，而 PC+1 采用的是 PC + '1'，采用的是单引号，按字符处理。

本例中的 PC 设计方案只是个简化的例子，有的 CPU 要处理的情况更复杂一些。还有是不是要使用 t1 的上升沿也值得考虑，需酌情处理。

【例 8.12】 1000000 计数器设计。

```
--signal  counter: std_logic_vector(19 downto 0);
--signal  counter clk, reset: std_logic;
--16 进制 f423f 等于 10 进制 999999
process(reset, clk)
begin
if reset = '0' then
    counter <= x"00000";
   elsif clk'event and clk = '1'  then
    if counter /= x"f423f" then
        counter <= counter + '1';
    else
    counter <= x"00000";
    end if;
   end if;
end process;
```

1M 计数器需要 20 位。复位信号 reset 为 0 时，对计数器 counter 复位为 0。时钟脉冲 clk 是计数脉冲，clk 的上升沿计数。在 counter 计到 999999 以前，每遇到一个 clk 的上升沿，counter + 1。当 counter 的值为 999999 时，下一个 clk 的上升沿使 counter 回到 0。

8.4.3　case 语句

case 语句常用来描述总线的行为、编码器和译码器的结构以及状态机等。case 语句可读性好，非常简洁。case 语句的书写格式为：

case　条件表达式　is
when　条件表达式值 1 =〉
　　　　若干顺序执行语句
　　……
　　　when 条件表达式 n　=〉
　　　若干顺序执行语句
　　when　others =〉
　　　　若干顺序执行语句
end　　case;

case 语句与 if 语句一样也是个顺序执行语句，如果它要生成一块独立的电路，即并行执行，也要和 process 语句一起使用。在 case 语句中，某一个条件表达式满足时，就执行它后面的顺序执行语句。if 语句的执行是按顺序执行，各条件有不同的优先级；case 语句各条件表达式值之间不存在不同的优先级，它们是同时执行的，即执行的顺序与各条件表达式值的书写顺序无关。case 语句中条件表达式的值必须一一列举，不能遗漏；如果不需要一一列举，则用 others（其他）代替。case 语句和 if 语句在许多情况下完成的功能是相同的，在这些情况下，用 case 语句描述比用 if 语句描述更清晰，更简洁。

【例 8.13】　运算器设计。

一个有加、减、与、或功能的 16 位运算器。其中，cin 是原来的进位值，cout 是运算后的进位值，q 是运算的结果，a 和 b 是 2 个操作数，sel 是个 2 位的运算选择码。

```
--signal a,b,q: std_logic_vector(15 downto 0);
--signal sel: std_logic_vector(1 downto 0);
--signal cin,cout: std_logic;
--signal result: std_logic_vector(16 downto 0);
process(a, b, sel, cin, result)
begin
case sel is
        when "00"  =>
                result <= '0' & a + '0' & b;
                q <= result(15 downto 0);
                cout <= result(16);
        when "01"  =>
                result <= ('0' & a) - ('0' & b);
                q <= result(15 downto 0);
                cout <= result(16);
        when "10" =>
                q <= a and b;
                cout <= cin;
        when others =>
                q <= a or b;
                cout <= cin;
    end case;
end process;
```

本例中 result 是个 17 位的 std_logic_vector 信号，它是为了产生进位信号而设置的。VHDL 是强数据类型设计语言，要求被赋值对象和赋值表达式具有同样的数据类型，必须将参加运算的表达式变为 17 位 std_logic_vector，因此分别在信号 a 和 b 的前面并置了一个 0。本设计中规定"与"、"或"指令不改变进位 c 的值，因此直接将 cin 送 cout。case 语句中使用了关键字 others 代替 sel="11" 的情况。

【例 8.14】 2 输入与非门。

```
--signal sel :std_logic_vector(1 downto 0);
--signal a,b,c    : std_logic;
process(a,b,sel)
begin
    sel <= a & b;
    case sel is
        when "00" |"01" |"10" =>
            c <= '1';
        when "11" =>
            c <= '0';
        when others =>  null;
    end case;
end process;
```

本例中，首先将与非门输入信号 a 和 b 并置，生成一个 2 位的 std_logic_vector 信号 sel。信号 c 是与非门的输出。第一个 when 中的"|"代表或者，即 3 个条件中的任何一个满足，都执行 c <= '1' 语句。本例中出现的"null;"是个什么也不做的空语句。实际上与非门很少这样设计。常用的设计方法是：

```
c <= not (a and b);
```

【例 8.15】 一个状态机设计。

该状态机可用于指令 cache 在不命中时的控制。指令 cache 容量是 8×8 字，每个字 16 位。存储器数据总线是 16 位。miss 是不命中标志。

```
--signal state, next_state: std_logic_vector(3 downto 0);
--signal reset, clk, miss: std_logic;
process(reset, clk, miss, next_state)
begin
    if reset = '0'  then
          state <= "0000";
    elsif clk'event and clk = '1'  then
          state <= next_state;
    end if;
    case state is
       when  "0000" =>   -- 0 状态
          if  miss = '1'  then
                next_state <= "0001";
          else
          next_state <= "0000";
          end if;
       when "0001" =>  --1 状态
          next_state <= "0011";
       when  "0011" =>  --2 状态
          next_state <= "0010";
       when  "0010" =>  --3 状态
```

```
                    next_state <= "0110";
        when  "0110" =>  --4 状态
                    next_state <= "0111";
        when  "0111" =>  --5 状态
                    next_state <= "0101";
        when  "0101" =>  --6 状态
                    next_state <= "1101";
        when  "1101" =>  --7 状态
                    next_state <= "1001";
        when  "1001" =>  --8 状态
                    next_state <= "0000";
        when others => --其他状态
                    next_state <= "0000";
        end case;
    end process;
```

这个状态机中共设计了 9 种状态。这个指令 cache 如果不命中，一次替换 8 条指令。0 状态是正常状态，即 cache 命中时的状态。复位信号 reset 为 0 时，将状态机复位到 0 状态。当 cache 不命中时，进入 1 状态，开始进行指令 cache 中指令的替换。从 1 状态到 8 状态都在进行指令 cache 的替换工作。指令 cache 在 8 状态替换完成后，下一个状态返回到 0 状态。本状态机只给出了状态的转换过程，不涉及每个状态应出现的对内存和指令 cache 的读、写操作。

8.5 设计实体

在 VHDL 的设计中，基本设计单元是设计实体。一个设计实体最多由 5 部分构成：实体（entity）、一个或者几个结构体（architecture）、使用的库(library)和程序包(pachage)、配置（configuration）。实体说明了该设计实体对外的接口，结构体描述了设计实体内部的性能，程序包存放各设计实体能共享的数据类型、常数和子程序等，库中存放已编译好的实体、结构体、程序包和配置，配置描述了实体与构造体之间的连接关系。这里仅讨论含有一个结构体的设计实体，绝大多数设计实体都是仅含一个结构体的设计实体。一个实体和一个结构体"对"共同定义一个电路模型，如图 8.1 所示。

8.5.1 实体（entity）

实体由实体（entity）语句说明，实体语句又称为实体说明（entity declaration）语句。Entity 语句的书写格式如下。

entity 实体名 is
　[generic（类属参数表）;]
　[port（端口信号表）;]
　[实体说明部分；]
　[begin
　　　实体语句部分;]
end [实体名];

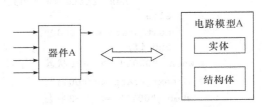

图 8.1　器件 A 和它的 VHDL 电路模型

最常用的形式是：

```
entity 实体名 is
    port（端口信号表）;
end 实体名;
```

port（端口）语句的书写格式是：

```
port(端口名，…，端口名：模式 数据类型;
  端口名，…，端口名：模式 数据类型;
            ⋮
  端口名，…，端口名：模式 数据类型);
```

实体中的每一个输出/输入被称为一个端口。一个端口实际上是一个信号，这些信号负责设计实体与外部的接口，因此称为端口。如果设计实体是一个封装起来的元件，那么端口相当于元件的引脚（pin）。跟普通信号有两点不同：一是端口一定是信号，因此在说明时省略了关键字 signal，二是在普通信号的信号说明语句中的信号没有说明方向，端口是设计实体与外部的接口，因而是有方向的。下面是一个 port 语句的例子。

```
port
    (reset,cs:    in        std_logic;
    rd,wr:        in        std_logic;
    a1,a0:        in        std_logic;
    pa,pb:        inout     std_logic_vector(7 downto 0);
    pc            out       std_logic_vector(15 downto 0)
);
```

注意，pc 信号一行最后不以分号结束。

端口的模式用来说明信号通过端口的方向和通过方式，这些方向都是针对该设计实体而言的。例如，in 模式对设计实体来说就是输入。有下列几种模式。

in   流入设计实体，输入

out   从设计实体流出，输出

inout   双向端口，既可输入，又可输出

buffer   缓存，能用于内部反馈的输出

out 模式和 buffer 模式的区别在于 out 端口不能用于被设计实体的内部反馈，buffer 端口能够用于被设计实体的内部反馈。

图 8.2 说明了 out 模式和 buffer 模式的区别。

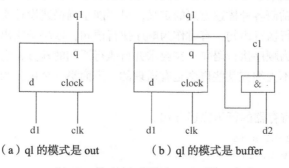

（a）ql 的模式是 out　　　（b）ql 的模式是 buffer

图 8.2　模式 out 和模式 buffer 的区别

对于图（a），相应的 port 语句是

```
port(clk, d1: in std_logic;
         q1: out std_logic);
```

对于图（b），相应的 port 语句是

```
port(clk, d1: in std_logic;
         q1: buffer std_logic;
         c1: out std_logic);
```

inout 模式可以代替 in、out、buffer 模式，inout 模式允许内部反馈。虽然 inout 模式能代替其他模式，但在设计时，除非真正需要双向端口，建议不要使用 inout 模式。惯例是把输入端口指定为 in 模式，把输出端口指定为 out 模式，把双向端口指定为 inout 模式。这一良好的设计习惯，从端口的名称和端口模式就可以一目了然地判定信号的用途、性质、来源和去向，十分方便。对于一个大型设计任务，大家协同工作，这样的描述不会引起歧义。另一方面，指定满足端口性能的最基本模式，可以减少占用的器件内部的资源。

8.5.2 结构体(architecture)

结构体描述设计实体内部的特性。结构体的书写格式如下。

architecture　结构体名 of　实体名 is

内部信号，常量，数据类型，函数等的定义；

begin

若干并行执行语句

end 结构体名；

实体名一定要与本结构体对应实体的实体名完全一致。architecture 后面的结构体名要与 end 后的结构体名完全一致，而不是与实体名一致。结构体名可以随便起，因为别的地方很少用到结构体名。

结构体内要求使用并行执行语句。类似 if 之类的顺序执行语句，只要将它们放在并行语句 process 语句之内即可，process 语句是并行执行语句。

结构体有 3 种描述方式：行为描述、结构描述和数据流描述。

① 行为描述：描述该设计实体的功能，即该单元能做什么。

② 结构描述：描述该设计实体的硬件结构，即该设计实体的硬件是如何构成的。

③ 数据流方式：以类似于寄存器传输级的方式描述数据的传输和变换。主要使用并行执行的信号赋值语句，即显式表示了设计实体的行为，也隐式表示了设计实体的结构。

其实初学者不用太钻研各种描述方式的定义，只要能正确描述设计实体的内部特性即可。信号赋值语句有时作为并行执行语句，有时作为顺序执行语句，取决于它出现的地方。在要求顺序执行语句的地方，它作为顺序执行语句；在要求并行执行语句的地方，它作为并行执行语句。通过这个例子，可以看出不去细究某些概念是有道理的。下面举一个用行为描述方式描述结构体功能的例子。

【例 8.16】　16 位寄存器的行为描述方式。

```
entity  register_16bits is
port(reset, clk, wen: in std_logic;
    d:                in std_logic_vector(15 downto 0);
    q:                out std_logic_vector(15 downto 0));
end register_16bits;
architecture behave of register_16bits is
```

```
begin
reg: process(reset, clk)
      begin
         if reset = '0'  then
            q <= "0000000000000000";
         elsif rising_edge(clk) then
            if wen = '1'  then
               q <= d;
            end if;
         end if;
      end process;
   end behave;
```

register_16bits 是实体名，behave 是结构体名。reset 是异步复位信号，当其为 0 时，使 16 位寄存器复位。当时钟 clk 上升沿到来时，如果写允许信号为 1，16 位输入信号 d 送输出 q，如果写信号为 0，输出 q 保持不变。在这个例子中 16 位寄存器的功能是通过描述它的行为的方式实现的。

结构体的要求使用并行执行的语句，这是十分重要的。每个并行执行语句都是一块独立的电路。像与非门这种简单的电路通过信号赋值语句很容易做到，但是像例 8.16 那样的 16 位寄存器用简单的信号赋值语句就无法实现，因此 process 语句在结构体内得到了大量的应用。初学者往往用 c 语言中的一些概念去套 process 语句，感到对各 process 语句的并行执行不太理解。其实只要理解每个 process 语句都是一块独立的电路，问题就迎刃而解。在用电路原理图设计的电路中，每块电路难道不是并行操作的吗？每块电路的操作时间有先有后吗？这是不可能的。所以各process 语句之间都是并行执行的。在用原理图描述的电路中，各块电路之间使用信号线互相联系。在 VHDL 语言中，各 process 语句、各并行执行语句之间同样是通过信号互相联系（或者称之为通信）的。无论用电路原理图的方式设计电路，还是用 VHDL 语言设计电路，组合逻辑电路中的各个信号，如果不考虑信号传输延迟时间，是没有时间先后的。时序电路中的各信号是通过时钟信号来同步，并且决定时间先后顺序的。结构体中的各并行执行语句都是独立的电路块，因此不允许 2 个或者 2 个以上的并行语句对同一个信号赋值。

任何一种设计都要充分利用前人已有的成果，公用的资源要尽可能使用，自己已经设计好的资源也要尽量利用起来，程序包和库就是一些可以公用的资源，是设计实体的一个重要组成部分。

1. 库（LIBRARY）

库是经编译后的数据的集合，也就是用来存放可编译的程序包的地方，这样它就可以在其他设计中被调用。库中的设计单元（实体说明、结构体、配置说明、程序包说明和程序包体等）可以用作其他 VHDL 设计的资源。

VHDL 语言的库分为两种，一种是设计库，一种是资源库。

设计库对当前设计是可见的，默认的，无需用 library 子句和 use 子句说明的库。std 和 work 这 2 个库是设计库。

std 库为所有设计单元所共享。std 库包含 2 个程序包 standard 和 textio，这 2 个程序包是使用 VHDL 语言时必须用到的工具。standard 程序包定义了若干数据类型、子类型和函数。它包含的数据类型有布尔类型、位 bit 类型、字符类型、实数范围和时间单位等，子类型有延迟长度、自然数范围和正整数范围等。textio 程序包包含支持 ASCII I/O 操作的若干类型和子类型。

work 库是 VHDL 语言的工具库，用户在项目设计中设计成功的各个步骤的成品和半成品都放在这里，用于保存正在进行的设计。若希望 work 库中设计成功的部分为以后其他的工程使用，则应将这些设计单元编译到恰当的资源库中，供以后进行项目设计时使用。

除了 std 库和 work 库之外，其他的库均为资源库，被 IEEE 认可的资源库称为 ieee 库。VHDL 工具厂商和 EDA 工具专业公司都有自己的资源库，有的自行加入到各自的开发工具 ieee 库中，也有自行建库、另行独立调用的资源库。

ieee 库是最常用的资源库，其中包含的程序包如下。

std_logic_1164	一些常用函数和数据类型程序包
numeric_bit	bit 类型程序包
numeric_Std	用于综合的数值类型和算术函数程序包
Math_Real	实数的算术函数程序包
Math_Complex	复数的算术函数程序包
Vital_Timing	Vital 时序程序包
Vital_Primitives	Vital 元件程序包

上述程序包中，不是每一个 EDA 软件都全部提供。使用时应该详细了解 EDA 软件的功能，看有无相应的程序包，或者找出替代的程序包。

除了 IEEE 标准资源库外，各可编程器件的厂家提供的 EDA 软件提供自己独特的资源程序包。由于这些程序包是为它们制造的器件服务的，往往更有针对性。Qartus II 中提供了一个 LPM 库，库中有许多称之为 MegaFunctions 的功能强大的函数。

使用资源库中的元件和函数之前，需要使用 library 子句和 use 子句予以说明。没有说明的库中的元件不能使用。如果一个设计实体中使用了某个库中的元件和函数，就要使用相应的 library 子句和 use 子句，library 子句和 use 子句总是放在设计实体的最前面（可以放在注释之后），library 子句的作用是使该库在当前文件中"可见"。

library 子句说明使用哪个库，它的格式是：

library 库名 1,库名 2,…,库名 n;

use 子句说明使用哪个库中的哪个程序包中的元件或者函数。它的格式是：

use 库名.程序包名.all;

std 库和 work 库是设计库，在任何设计文件中隐含都是"可见"的，不需要特别说明。也就是说，每一个设计文件中总是隐含下列不可见的行。

library   ieee, work;

use std_standard.all;

第 8.5.2 小节例 8.16 中的 16 位寄存器并不是一个完整的设计实体。它使用了 std_logic 和 std_logic_vector 两种数据类型，而这 2 种数据类型又放在 std_logic_1164 中，因此例 8.16 中 16 位寄存器完整的设计实体是：

```
library ieee;
use  ieee.std_logic_1164.all;
entity  register_16bits is
port(reset, clk, wen: in std_logic;
            d:          in std_logic_vector(15 downto 0);
            q:          out std_logic_vector(15 downto 0));
end register_16bits;
architecture behave of register_16bits is
begin
reg: process(reset, clk)
        begin
```

```
            if reset = '0' then
                q <= "0000000000000000";
            elsif rising_edge(clk) then
                if wen = '1' then
                    q <= d;
                end if;
            end if;
        end process;
    end behave;
```

在本书中还有 2 个 ieee 库中的程序包经常用到，它们是 std_logic_unsigned 和 std_logic_arith。二者用于 std_logic_vector 数据类型的加、减运算。

2. 程序包（package）

数据类型、常量与子程序可以在实体说明部分和结构体部分加以说明，而且实体说明部分所定义的类型、常量及子程序在相应的结构体中是可见的（可以被使用）。但是，在一个设计实体的说明部分与结构体部分中定义的数据类型、常量及子程序对于同一个工程中其他设计是不可见的。为了使一组类型说明、常量说明和子程序说明对同一工程中多个设计都成为可见的，VHDL 提供了包结构。所以，程序包就是一种使包体中的类型、常量、元件和函数对其他模块（文件）是可见、可以调用的设计单元。程序包是公用的存储区，在程序包内说明的数据，可以被其他设计实体使用。程序包由包头和包体 2 部分组成。pachage 的书写格式是：

pachage 程序包名　is
    [外部函数说明]
    [外部常量说明]
    [外部元件模板]
    [外部类型说明]
    [属性说明]
    [属性指定]
end [程序包名];
pachage 程序包名 is
    [外部函数体]
    [内部函数说明]
    [内部函数体]
    [内部常量说明]
    [内部类型说明]
end [程序包名];

关于使用用户编写的程序包的例子，见第 8.6.2 小节。

8.6　层次结构设计

层次结构设计是设计较大规模硬件的必要手段，也是 VHDL 的重要优点。层次结构的设计方法是把一个大的系统划分为若干子系统，顶层描述各子系统的接口条件和各子系统之间的关系，各子系统的具体实现放在低层描述。同样，一个子系统也可以划分为若干更小的子系统，一直划分下去，直到最基本的子系统为止。例如，一个简单 CPU 可以划分为通用寄存器、运算器、控制器和访问存储器部分等子系统。划分子系统时通常把功能上联系比较紧密的部分划分为一个子系统。一个系统中划分的子系统不宜过多，否则容易影响可读性，造成杂乱无章的感觉。

在用 VHDL 语言设计的系统中，层次化设计的概念和电原理图层次化设计的概念相似，即在较高层设计中引用低层的或外部的元件。VHDL 层次化设计中的元件（component），它和低层的实体——结构体"对"相对应。在硬件中通常把与门、触发器和计数器之类称为元件，但在VHDL 语言中，component 除了可以表示这些基本的元件外，也可以表示一个子系统。在 VHDL 层次结构设计中，较高层设计实体往往把较低层设计实体当作一个元件处理。在 VHDL 中，对元件的引用称之为例化。一个元件可以被例化多次。

8.6.1　component 语句和 port map 语句

component 和 port map 语句配合使用，共同完成较高层设计实体中对较低层设计实体的引用。

1. component 语句

component 语句指明了结构体中引用的是哪一个元件，这些被引用的元件放在元件库或者较低层设计实体中。在结构体中，无需对引用的元件进行描述。component 语句的书写格式是：

component　　　元件名　　　　　　　--指定引用元件

　　[generic　　　说明;]　　　　　　--参数传递说明

　　[port　　　　　说明;]　　　　　　--元件端口说明

end component;

在 component 语句中，generic 语句和 port 语句是可选的。generic 语句用于不同层次设计实体之间的信息的传递和参数传递，如用于位矢量的长度、数组的长度和元件的延时时间等。port 语句的作用和 entity 语句中 port 语句的作用相同。

2. port map 语句

port map 语句将较低层设计实体（元件）的端口映射成较高层设计实体中的信号。元件的端口名相当于电原理图中元件的引脚；各元件之间在电原理图中要用线实现连接，这些连接的线在VHDL 中就是信号。正如所熟知的那样，在电原理图中，连接各元件引脚的连线和元件的引脚往往不是同一个名字，有的也根本不可能成为同一个名字。例如，一个与非门的输出引脚名为 out1，一个 D 触发器的 D 端的引脚名为 D,如果将与非门的引脚 out1 和 D 触发器的引脚 D 连接，那么信号线的名字至少会和其中一个元件的引脚名不相同。再比如，一个较高层设计实体如果在多处例化同一个元件，那么同一个元件的同一个输出在不同的地方肯定不能使用同一个名字，否则就会引起混乱。因此在 VHDL 中，为了解决这样的问题，就要使用 port map 语句，实现元件端口名到高层设计中信号的映射。port map 语句的书写格式如下。

　　　　　　[标号]：port map(信号名 1,信号名 2,…,信号名 n);　　　　　　　　　　　（1）

或者　　　[标号]：port map(端口名 1 => 信号名 1,端口名 2 => 信号名 2,…,端口名 n => 信号名 n);

　　　　　　　　　　　　　　　　　　　　　　　　　　　　　　　　　　　　　　　（2）

其中，信号名 1 到信号名 n 都是较高层设计实体中的信号名，端口名 1 到端口名 n 是元件的端口名。标号是可选的。信号映射表中的各项用"，"分开。第（1）种映射方式称为位置映射法，在这种映射方式中，信号名 1 到信号名 n 的书写顺序必须和 port map 语句映射的元件的端口名书写顺序一致，以便一一对应。第（2）中映射方式称为显示映射方式，它把元件端口名和较高层设计实体中使用的信号名显式对应起来，映射表中各项的书写顺序不受任何限制。在这两种映射方式中，推荐使用显式映射方式，显式映射方式可读性更强一些。

8.6.2　用层次结构设计方法设计一个与或门

作为一个层次结构设计的例子，设计一个与或门。与或门实现的功能为：

```
        and_or_result <= (a1 and a2) or (a3 and a4);
```

1. 低层的设计实体 and_gate

```
library ieee;
use ieee.std_logic_1164.all;
entity  and_gate is
    port(op1,op2  : in std_logic;
           and_result: out std_logic );
end and_gate;
architecture behave of and_gate is
begin
    and_result <= op1 and op2;
end behave;
```

这是一个低层的设计实体 and_gate，它的功能是将 2 个输入信号 op1 和 op2 进行"与"运算，产生一个输出信号 and_result。

2. 低层设计实体 or_gate

```
library ieee;
use ieee.std_logic_1164.all;
entity  or_gate is
    port(op1,op2  : in std_logic;
           or_result: out std_logic);
end or_gate;
architecture behave of or_gate is
begin
    or_result <= op1 or op2;
end behav;
```

这是一个低层设计实体 or_gate，它将 2 个输入信号 op1 和 op2 进行"或"运算，产生输出信号 or_result。

3. 顶层设计实体 and_or_gate

```
library ieee;
use ieee.std_logic_1164.all;
entity and_or_gate is
    port(a1,a2,a3,a4:   in std_logoc;
           and_or_result: out std_logic);
end and_or_gate;
architecture struct of and_or_gate is
    signal b1,b2: std_logic;   --说明设计实体中使用的信号
    component and_gate          --说明元件"与门"and_gate
        port(op1,op2  : in std_logic;
               and_result: out std_logic );
    end component;
    component or_gate           --说明元件"或门"or_gate
```

```
                port(op1,op2:   in std_logic;
                        or_result: out std_logic);
            end component;
        begin
        G1:and_gate port map            --对"与门"and_gate的一次例化
                (op1 => a1,
                 op2 => a2,
                 and_result => b1);
        G2:and_gate port map            --对"与门"and_gate的一次例化
                (op1 => a3,
                 op2 => a4,
                 and_result => b2);
        G3:or_gate  port map            --对"或门"or_gate的一次例化
                (op1 => b1,
                 or_result => and_or_result,
                 op2 =>b2 );
        end struct;
```

本例中，设计了2个低层设计实体and_gate和or_gate。and_gate实现2个输入信号"与"运算，or_gate实现2个输入信号"或"运算。顶层设计实体and_or_gate把2个低层设计实体当做元件引用。在高层设计实体and_or_gate的结构体struct中，在begin之前，对信号b1、b2和元件and_gate、or_gate进行了说明。在begin之后对元件and_gate例化了2次，对元件or_gate例化了1次。信号b1、b2用于3个元件（2个and_gate和1个or_gate）之间的连接。这个结构体采用了典型的结构描述方法。

如果有多个较高层设计实体把同一个低层设计实体当作元件引用时，最好不要在每一个较高层设计实体内对同一个元件都进行说明，把对元件的说明放在程序包中要更好一些。将上述程序修改一下。设计实体and_gate和or_gate保持不变，增加一个程序包and_or_components。

```
library ieee;
use ieee.std_logic_1164.all;
package and_or_components is
    component or_gate               --说明元件"或门"or_gate
        port(op1,op2 :   in std_logic;
                or_result:  out std_logic);
    end component;
    component and_gate                  --说明元件"与门"and_gate
        port(op1,op2   : in std_logic;
                and_result: out std_logic );
    end component;
end and_or_components;
```

将设计实体and_or_gate修改如下。

```
library ieee;
use ieee.std_logic_1164.all;
use work.and_or_components.all;    --指明调用的程序包，使其成为可见
entity and_or_gate is
    port(a1,a2,a3,a4  : in std_logoc;
            and_or_result: out std_logic);
end and_or_gate;
architecture struct of and_or_gate is
```

```
signal b1,b2: std_logic;
begin
G1:and_gate port map          --对"与门"and_gate 的一次例化
    (op1 => a1,
     op2 => a2,
     and_result => b1);
G2:and_gate port map          --对"与门"and_gate 的一次例化
    (op1 => a3,
     op2 => a4,
     and_result => b2);
G3:or_gate  port map          --对"或门"or_gate 的一次例化
    (op1 => b1,
    or_result => and_or_result,
    op2 =>b2 );
end struct;
```

上面的例子中，虽然 work 库是隐含可见的，不必使用 library 子句显式说明，但是对 and_or_components 程序包必须用 use 子句显式指定，使它在设计实体中可用。

本例中并看不出使用程序包的好处。但是如果有若干高层设计实体使用同一个程序包时，使用程序包的好处是显而易见的。

8.7　一个通用寄存器组的设计

第 8.6 节中的与或非门设计虽然很好地说明了层次结构设计的特点，但毕竟不是一个能够实际使用的例子，没有人会这样设计与或门电路。这一节通过设计一个实用的通用寄存器组的例子，来更好地说明 VHDL 语言层次结构设计的优点。

8.7.1　设计要求

① 寄存器组中包含 4 个 16 位的寄存器。

② 当 reset 信号为低时，4 个寄存器复位为 0。寄存器的时钟信号为 clk。

③ 写端口为 2 位的 wr_port 信号，负责哪一个寄存器被写入。

④ 寄存器组有一个写允许信号 wen，在 wen 为 1 时，在 clk 上升沿将输入到寄存器组的 16 位数据 data 写入 wr_port 指定的寄存器中。

⑤ 读端口为 2 位的 rd_port 信号。rd_port 决定将哪个寄存器的输出送寄存器组的输出 data_out。

8.7.2　设计方案

根据设计要求，设计方案如下。

① 低层设计实体 register_16，完成寄存器复位和读写功能。

② 低层设计实体 mux4_1，完成选择哪一个寄存器的值送寄存器组的输出。这是一个 4 选 1 选择器。

③ 低层设计实体 decoder2_4，完成选择写哪一个寄存器。这是一个 2-4 译码器。

④ 高层设计实体 regfile，负责 3 个低层设计实体的连接，完成寄存器组的全部功能。

8.7.3　设计实现

1. 设计实体 register_16

```
library ieee;
use ieee.std_logic_1164.all;
entity regiister_16 is port
        (reset        : in std_logic;
         d_input      : in std_logic_vector(15 downto 0);
         clk          : in std_logic;
         write        : in std_logic;
         sel          : in std_logic;
         q_output     : out std_logic_vector(15 downto 0));
end register_16;
architecture a of register_16 is
begin
    process(reset,clk)
    begin
        if reset = '0' then
            q_output <= x"0000";
        elsif (clk'event and clk = '1') then
            if sel = '1' and write = '1' then
                q_output <= d_input;
            end if;
        end if;
    end process;
end a;
```

2. 设计实体 decoder2_4

```
library ieee;
use ieee.std_logic_1164.all;
entity decoder2_4 is  port (
        sel   : in std_logic_vector(1 downto 0);
        sel00 : out std_logic;
        sel01 : out std_logic;
        sel02 : out std_logic;
        sel03 : out std_logic );
end decoder2_4;
architecture behavioral of decoder2_4  is
begin
        sel00    <= (not sel(1)) and (not sel(0));
        sel01    <= (not sel(1)) and sel(0) ;
        sel02    <= sel(1) and (not sel(0));
        sel03    <= sel(1) and sel(0);
end behavioral;
```

3. 设计实体 mux4_1

```
library ieee;
use ieee_std_logic_1164.all;
entity mux4_1 is
port (input0 ,input1 ,input2 ,input3
                     : in std_logic_vector(15 downto 0);
        sel          : in std_logic_vector(1 downto 0);
```

```
                out_put   : out std_logic_vector(15 downto 0));
end mux4_1;
architecture behavioral of mux4_1 is
begin
mux: process(sel , input0, input1, input2, input3)
begin
    case sel is
        when "00"  =>  out_put <= input0;
        when "01"  =>  out_put <= input1;
        when "10"  =>  iut_put <= input2;
        when "11"  =>  out_put <= input3;
      end case;
end process;
end behavioral;
```

4. 顶层设计实体 regfile

```
library ieee;
use ieee.std_logic_1164.all;
entity regfile is
port ( wr_port  : in std_logic_vector(1 downto 0);
       rd_port  : in std_logic_vector(1 downto 0);
         reset    : in std_logic;
         wen      : in std_logic;
         clk      : in std_logic;
       data     : in std_logic_vector(15 downto 0);
           data_out : out std_logic_vector(15 downto 0));
    end regfile;architecture struct of regfile is
    component register_16        -- 16 bit 寄存器
port(reset, clk, write, sel :in std_logic;
         d_input  :  in std_logic_vector(15 downto 0);
         q_output :  out std_logic_vector(15 downto 0));
    end component;
    component decoder2_4         -- 2-4 译码器
port(sel      : in std_logic_vector(1 downto 0);
         sel00, sel01, sel02, sel03: out std_logic );
    end component;
component mux4_1                       -- 4 选 1 多路开关
port( input0 ,input1: in std_logic_vector(15 downto 0);
      input2 ,input3: in std_logic_vector(15 downto 0);
      sel             : in std_logic_vector(1 downto 0);
      out_put         : out std_logic_vector(15 downto 0) );
end component;
signal reg00 , reg01 ,reg02 ,reg03 : std_logic_vector(15 downto 0);
signal sel00 ,sel01 ,sel02 ,sel03 : std_logic;
begin
Areg00: register_16  port map(          --16 位寄存器 R0
         reset    =>  reset,             --顶层设计实体的外部输入信号 reset
         d_input  =>  data,              --顶层设计实体的外部输入信号 data
         clk      =>  clk,               --顶层设计实体的外部输入信号 clk
         write    =>  wen,               --顶层设计实体的外部输入信号 wen
         sel      =>  sel00,
```

```
                q_output => reg00);
        Areg01: register_16  port map(        --16 位寄存器 R1
            reset      =>  reset,             --顶层设计实体的外部输入信号 reset
            d_input  => data,                 --顶层设计实体的外部输入信号 data
            clk        => clk ,               --顶层设计实体的外部输入信号 clk
            write      => wen,                --顶层设计实体的外部输入信号 wen
            sel        => sel01,
            q_output => reg01);
        Areg02: reggister_16 port map (       --16 位寄存器 R2
            reset      =>  reset,             --顶层设计实体的外部输入信号 reset
            d_input  => data,                 --顶层设计实体的外部输入信号 data
            clk        =>  clk,               --顶层设计实体的外部输入信号 clk
            write      =>  wen ,              --顶层设计实体的外部输入信号 wen
            sel        =>  sel02,
            q_output => reg02);
        Areg03: reggister_16 port map(        --16 位寄存器 R3
            reset      =>  reset,             --顶层设计实体的外部输入信号 reset
            d_input  => data,                 --顶层设计实体的外部输入信号 data
            clk        => clk,                --顶层设计实体的外部输入信号 clk
        write     => wen,                     --顶层设计实体的外部输入信号 wren
            sel        => sel03,
            q_output => reg03);
    decoder: decoder2_4 port map(             --2-4 译码器
            sel        => wr_port,            --顶层设计实体的外部输入信号 rd_port
            sel00    => sel00,
            sel01    => sel01,
            sel02    => sel02,
            sel03    => sel03);
      mux:   mux_4_1 port map(                --4 选 1 多路器
            input0 => reg00,
            input1 => reg01,
            input2 => reg02,
            input3 => reg03,
            sel     => rd_port,               --顶层设计实体的外部输入信号 rd_port
            out_put => data_out);             --顶层设计实体的输出信号 q_out
    end struct;
```

8.8　用 VHDL 语言设计硬件的几点建议

为使程序结构清晰，具有更好的可读性，提出如下建议。

① 对 VHDL 语言的保留字，习惯上用大写，其他应小写。但有一种情况需要注意，代表不定状态的 "X" 和高阻态的 "Z" 要求必须大写。

② 单词、信号名的含义要明确，命名时不要与保留字相同，以免造成混乱。

③ 要求段落分明，含义确切，嵌套关系一目了然。应辅以适量的程序注释。

④ 命名规则所使用的名字，如信号名、实体名、结构体名、变量名、各种进程标记、块标记等进行命名时，应遵守如下规则。

- 名字的最前面应使用英文字母。
- 构成名字的字符只能用英文字母、数字和连字符"—"。
- 不能连续使用"—"，名字的最后一个字符也不能用连字符"—"。

⑤ 注释 "--"

- VHDL 语言中使用的注释符是从注释符号开始到该行末尾结束。
- 所注释的文字不作为语句来处理，不产生硬件电路结构，不描述电路硬件行为。
- 在编译、仿真过程中，对于中文的注释有的软件可能会产生错误。

⑥ 几个人同时设计一个大工程，主要是模块的划分，以及制定各模块之间的接口。这是最重要的工作。

⑦ 设计实体内使用的元件不要太多，否则阅读非常困难。层次宁可多几级，以便每一个设计实体内部清晰，可读性强。

⑧ 书写的形式不影响编译。不过为了增强可读性和查找错误，程序书写时要注意层次分明，采用缩进形式增强可读性。看同一段程序的下列 2 种书写形式。

- 按缩进方式写的层次分明的程序。

```
process(reset,clk)
begin
if reset = '0' then
                q_output <= x"0000";
        elsif (clk'event and clk = '1') then
                if sel = '1' and write = '1' then
                   q_output <= d_input;
                end if;
        end if;
    end process;
```

- 不按缩进方式书写的程序。

```
process(reset,clk)
begin
if reset = '0' then
    q_output <= x"0000";
    elsif (clk'event and clk = '1') then
    if sel = '1' and write = '1' then
    q_output <= d_input;
    end if;
    end if;
  end process;
```

这 2 段程序从内容上都是一样的。但第 2 种书写形式让人很难阅读。

8.9　小结

本章介绍了 VHDL 语言的结构、语法和设计方法，并给出实例。使用 VHDL 进行逻辑设计是计算机逻辑设计常用的方法。希望读者在实践中掌握。

习　题

1. 什么是 VHDL？简述 VHDL 的发展史。

2. 一个简单的 VHDL 程序通常包括哪些主要组成部分？其中哪一部分用来描述端口特性？

3. 在 VHDL 程序编写过程中经常会涉及到并行语句和顺序语句，顺序语句主要包括哪些语句？这些语句通常用在什么场合？

4. VHDL 程序构造体的描述方式主要有哪几种？

5. 在 VHDL 程序编写过程中经常会涉及信号和变量，请将二者做比较。

6. 阅读以下 VHDL 程序，并回答问题。

（1）该程序中脉冲信号的有效边沿是上升沿，还是下降沿？

（2）若程序在如下图信号波形输入下，画出输出信号波形图。

（3）该程序实现什么逻辑功能。

```
LIBRARY IEEE;
USE IEEE.STD_LOGIC_1164.ALL;
USE IEEE.STD_LOGIC_ARITH.ALL;
USE IEEE.STD_LOGIC_UNSIGNED.ALL;
ENTITY fdiv IS
  GENERIC( n: INTEGER  :=  4 )//定义类属参数 n 为整数型，且值为 4
   PORT(  clkin: IN STD_LOGIC;
              clkout: OUT STD_LOGIC;
);
END fdiv;
ARCHITECTURE a OF fdiv IS

  SIGNAL cnt: integer  range 0  to  n/2-1 := 0 ;//定义变量 cnt，范围为 0 到 n/2-1 初值为 0

  SIGNAL temp: STD_LOGIC  := '0' ;//初始时 temp 为低电平
BEGIN
PROCESS(clkin)
    BEGIN
        IF ( clkin'EVENT AND clkin='1' ) THEN
            IF ( cnt = n/2-1 ) THEN
                cnt <= 0;
                temp = NOT temp;//取反
            ELSE
                cnt <= cnt+1;
            END IF;
        END IF;
END PROCESS;
    clkout <= temp
END a;
```

7. 阅读以下 VHDL 程序，并回答问题。

（1）该程序中脉冲信号的有效边沿是上升沿，还是下降沿？

（2）该程序实现什么逻辑功能？

（3）试用移位寄存器 74194 的左移功能和少量门设计实现上述功能。

```
LIBRARY IEEE;
USE IEEE.STD_LOGIC_1164.ALL;
ENTITY buk IS
  PORT( clk:  IN  STD_LOGIC;
           y:  OUT  STD_LOGIC;
);
END buk;
ARCHITECTURE  func  OF buk  IS
  SIGNAL n:  integer  range  0  to  7 ; //定义变量 n，范围为 0 到 7，初值为 0
BEGIN
PROCESS(clk, n)
    BEGIN
        IF ( clk'EVENT AND clk='1' ) THEN
            IF ( n = 7 ) THEN
                n <= 0;
            ELSE
                n <= n+1;
            END IF;
        ELSE
            n <= n;
        END IF;
        CASE n IS
            WHEN 0 => y <= '0';
            WHEN 1 => y <= '0';
            WHEN 2 => y <= '0';
            WHEN 3 => y <= '0';
            WHEN 4 => y <= '1';
            WHEN 5 => y <= '1';
            WHEN 6 => y <= '0';
            WHEN 7 => y <= '1';
        END  CASE;
END PROCESS;
END func;
```

8. VHDL 程序填空题

（1）在下面横线上填上合适的 VHDL 关键词，完成 2 选 1 多路选择器的设计。

```
LIBRARY IEEE;
USE IEEE.STD_LOGIC_1164.ALL;
_____1_____ MUX21  IS
PORT(SEL:IN STD_LOGIC;
    A,B:IN STD_LOGIC;
    Q: OUT STD_LOGIC );
END MUX21;
_____2_____ BHV OF MUX21 IS
BEGIN
Q<=A WHEN SEL='1' ELSE  B;
```

```
END BHV;
```

（2）在下面横线上填上合适的语句，完成 BCD-7 段 LED 显示译码器的设计。

```
LIBRARY IEEE ;
USE IEEE.STD_LOGIC_1164.ALL;
ENTITY BCD_7SEG IS
PORT( BCD_LED : IN STD_LOGIC_VECTOR(3 DOWNTO 0);
  LEDSEG : OUT STD_LOGIC_VECTOR(6 DOWNTO 0));
END BCD_7SEG;
ARCHITECTURE BEHAVIOR OF BCD_7SEG IS
BEGIN
PROCESS(BCD_LED)
_____3_____
IF BCD_LED="0000" THEN LEDSEG<="0111111";
ELSIF BCD_LED="0001" THEN LEDSEG<="0000110";
ELSIF BCD_LED="0010" THEN LEDSEG<=_____4_____;
ELSIF BCD_LED="0011" THEN LEDSEG<="1001111";
ELSIF BCD_LED="0100" THEN LEDSEG<="1100110";
ELSIF BCD_LED="0101" THEN LEDSEG<="1101101";
ELSIF BCD_LED="0110" THEN LEDSEG<="1111101";
ELSIF BCD_LED="0111" THEN LEDSEG<="0000111";
ELSIF BCD_LED="1000" THEN LEDSEG<="1111111";
ELSIF BCD_LED="1001" THEN LEDSEG<="1101111";
ELSE LEDSEG<=_____5_____;
END IF;
END PROCESS;
END BEHAVIOR;
```

（3）在下面横线上填上合适的语句，完成多路选择器的设计。

```
LIBRARY IEEE;
USE IEEE.STD_LOGIC_1164.ALL;
ENTITY MUX16 IS
PORT( D0, D1, D2, D3: IN STD_LOGIC_VECTOR(15 DOWNTO 0);
                SEL:  IN STD_LOGIC_VECTOR(_____6_____DOWNTO 0);
                Y:  OUT STD_LOGIC_VECTOR(15 DOWNTO 0));
END;
ARCHITECTURE ONE OF MUX16 IS
BEGIN
WITH _____7_____ SELECT
    Y <= D0  WHEN "00",
    D1  WHEN "01",
    D2  WHEN "10",
    D3  WHEN _____8_____ ;
END;
```

（4）在下面横线上填上合适的语句，完成 JK 触发器的设计。

说明：设计一个异步复位/置数 JK 触发器，其真值表如下。

INPUT					OUTPUT
PSET	CLR	CLK	J	K	Q
0	1	×	×	×	1
1	0	×	×	×	0
0	0	×	×	×	不定
1	1	上升沿	0	1	0
1	1	上升沿	1	0	1
1	1	上升沿	1	1	翻转
1	1	上升沿	0	0	保持

```
LIBRARY IEEE;
USE IEEE.STD_LOGIC_1164.ALL;
ENTITY JKFF1 IS
PORT (PSET,CLR,CLK,J,K    : IN  STD_LOGIC;
                Q: OUT STD_LOGIC);
END JKFF1;
ARCHITECTURE MAXPLD OF JKFF1 IS
SIGNAL TEMP:STD_LOGIC;
BEGIN
PROCESS(PSET,CLR,CLK)
BEGIN
    IF (PSET='0'AND CLR='1' ) THEN TEMP<='1';
    ELSIF (PSET='1'AND CLR='0' ) THEN TEMP<='0';
    ELSIF (PSET='0'AND CLR='0' ) THEN NULL;
    _____9_____ (CLK'EVENT AND CLK='1') THEN
    _____10_____ (J='0' AND K='0') THEN TEMP<=TEMP;
    ELSIF (J='0' AND K='1') THEN TEMP<='0';
    ELSIF (J='1' AND K='0') THEN TEMP<='1';
    ELSIF (J='1' AND K='1') THEN TEMP<=_____11_____;
    END IF;
    END IF;
END PROCESS;
Q<=TEMP;
END ;
```

（5）在下面横线上填上合适的语句，完成计数器的设计。

说明：设电路的控制端均为高电平有效，时钟端 CLK,电路的预置数据输入端为 4 位 D，计数输出端也为 4 位 Q，带同步使能 EN、异步复位 CLR 和预置控制 LD 的六进制减法计数器。

```
LIBRARY IEEE;
USE IEEE.STD_LOGIC_1164.ALL;
USE IEEE.STD_LOGIC_ARITH.ALL;
USE IEEE.STD_LOGIC_UNSIGNED.ALL;
ENTITY CNT6 IS
PORT(EN,CLR,LD,CLK:IN STD_LOGIC;
D: IN STD_LOGIC_VECTOR(3 DOWNTO 0);
Q:OUT STD_LOGIC_VECTOR(3 DOWNTO 0));
END CNT6;
ARCHITECTURE BEHA OF CNT6 IS
SIGNAL QTEMP:STD_LOGIC_VECTOR(3 DOWNTO 0);
BEGIN
```

```
PROCESS(CLK,CLR,LD)
BEGIN
IF CLR='1' THEN    QTEMP<="0000";                    --CLR=1 清零
  ELSIF (CLK'EVENT AND CLK='1') THEN                 --判断是否上升沿
  IF LD='1' THEN         QTEMP<=_____12_____;          --判断是否置数
        ELSIF EN='1' THEN                            --判断是否允许计数
          IF QTEMP="0000" THEN QTEMP<=_____13_____;  --等于 0, 计数值置 5
                ELSE QTEMP<=_____14_____;            --否则, 计数值减 1
             END IF;
    END IF;
END IF;
Q<=QTEMP;
END PROCESS;
END BEHA;
```

（6）在下面横线上填上合适的语句，完成状态机的设计。

说明：设计一个双进程状态机，状态 0 时如果输入"10"则转为下一状态，否则输出"1001"；状态 1 时如果输入"11"则转为下一状态，否则输出"0101"；状态 2 时如果输入"01"则转为下一状态，否则输出"1100"； 状态 3 时如果输入"00"则转为状态 0，否则输出"0010"。复位时为状态 0。

```
LIBRARY IEEE;
USE IEEE.STD_LOGIC_1164.ALL;
USE IEEE.STD_LOGIC_UNSIGNED.ALL;
ENTITY MOORE1 IS
    PORT (DATAIN: IN STD_LOGIC_VECTOR(1 DOWNTO 0);
        CLK, RST:IN STD_LOGIC;
            Q: OUT STD_LOGIC_VECTOR(3 DOWNTO 0));
END;
ARCHITECTURE ONE OF MOORE1 IS
TYPE ST_TYPE IS (ST0, ST1, ST2, ST3);               --定义 4 个状态
SIGNAL CST, NST: ST_TYPE;                            --定义两个信号（现态和次态）
SIGNAL Q1:STD_LOGIC_VECTOR(3 DOWNTO 0);
BEGIN
    REG: PROCESS(CLK, RST)                           --主控时序进程
    BEGIN
        IF RST='1' THEN    CST<=_____15_____;        --异步复位为状态 0
        ELSIF CLK'EVENT AND CLK='1' THEN
        CST<=_____16_____;                           --现态=次态
        END IF;
END PROCESS;
COM: PROCESS(CST, DATAIN)
BEGIN
    CASE CST IS
        WHEN ST0 => IF DATAIN="10" THEN NST<=ST1;
                    ELSE NST<=ST0; Q1<="1001"; END IF;
        WHEN ST1 => IF DATAIN="11" THEN NST<=ST2;
                    ELSE NST<=ST1; Q1<="0101"; END IF;
        WHEN ST2 => IF DATAIN="01" THEN NST<=ST3;
                    ELSE NST<=ST2; Q1<="1100"; END IF;
        WHEN ST3 => IF DATAIN="00" THEN NST<=ST0;
                    ELSE NST<=ST3; Q1<="0010"; END IF;
```

```
                17          ;
        END PROCESS;
      Q<=Q1;
END;
```

（7）在下面横线上填上合适的语句，完成减法器的设计。

由两个 1 位的半减器组成一个 1 位的全减器。

```
--1 位半减器的描述
LIBRARY IEEE;
USE IEEE.STD_LOGIC_1164.ALL;
ENTITY HALF_SUB IS
  PORT(A,B : IN STD_LOGIC;
    DIFF,COUT : OUT STD_LOGIC);
END HALF_SUB;
ARCHITECTURE ART OF HALF_SUB IS
BEGIN
      COUT<=         18          ;          --借位
      DIFF<=         19          ;          --差
END ;
--1 位全减器描述
LIBRARY IEEE;
USE IEEE.STD_LOGIC_1164.ALL;
ENTITY FALF_SUB IS
      PORT(A,B,CIN: IN STD_LOGIC;
            DIFF,COUT : OUT STD_LOGIC);
END FALF_SUB;
ARCHITECTURE ART OF FALF_SUB IS
COMPONENT HALF_SUB
      PORT(A,B : IN STD_LOGIC;
      DIFF,COUT : OUT STD_LOGIC);
END COMPONENT;
        20      T0,T1,T2:STD_LOGIC;
BEGIN
      U1: HALF_SUB PORT MAP(A,B,        21        ,T1);
      U2: HALF_SUB PORT MAP(T0,        22        ,        23        ,T2);
      COUT<=         24          ;
END ;
```

（8）在下面横线上填上合适的语句，完成分频器的设计。

说明：占空比为 1∶2 的 8 分频器。

```
LIBRARY IEEE;
USE IEEE.STD_LOGIC_1164.ALL;
USE IEEE.STD_LOGIC_UNSIGNED.ALL;
ENTITY CLKDIV8_1TO2 IS
      PORT(CLK:IN STD_LOGIC;
            CLKOUT:OUT STD_LOGIC );
END CLKDIV8_1TO2;
ARCHITECTURE TWO OF CLKDIV8_1TO2 IS
SIGNAL CNT:STD_LOGIC_VECTOR(1 DOWNTO 0);
SIGNAL CK:STD_LOGIC;
BEGIN
```

```
PROCESS(CLK)
    BEGIN
        IF RISING_EDGE(_____25_____) THEN
        IF CNT="11" THEN
            CNT<="00";
            CK<=_____26_____;
        ELSE CNT<=_____27_____;
        END IF;
        END IF;
        CLKOUT<=CK;
    END PROCESS;
END;
```

（9）在下面横线上填上合适的语句，完成六十进制减计数器的设计。

```
LIBRARY IEEE;
USE IEEE.STD_LOGIC_1164.ALL;
USE IEEE.STD_LOGIC_UNSIGNED.ALL;

ENTITY COUNT IS
PORT(CLK: IN STD_LOGIC;
     H,L: OUT STD_LOGIC_VECTOR(3 DOWNTO 0)
         );
END COUNT;

ARCHITECTURE BHV OF COUNT IS
BEGIN
    PROCESS(CLK)
        VARIABLE HH,LL: STD_LOGIC_VECTOR(3 DOWNTO 0);
        BEGIN
            IF CLK'EVENT AND CLK='1' THEN
                IF LL=0 AND HH=0 THEN
                    HH:="0101";    LL:="1001";
                ELSIF LL=0 THEN
                    LL:=_____28_____;
                    HH:=_____29_____;
                ELSE
                    LL:=_____30_____;
                END IF;
            END IF;
            H<=HH;
            L<=LL;
        END PROCESS;
END BHV;
```

（10）在下面横线上填上合适的语句，完成4-2优先编码器的设计。

```
LIBRARY IEEE;
USE IEEE.STD_LOGIC_1164.ALL;
ENTITY CODE4 IS
  PORT(A,B,C,D : IN STD_LOGIC;
           Y0,Y1 : OUT STD_LOGIC);
END CODE4;
ARCHITECTURE CODE4 OF CODE4 IS
    SIGNAL DDD:STD_LOGIC_VECTOR(3 DOWNTO 0);
    SIGNAL Q:STD_LOGIC_VECTOR(_____31_____ DOWNTO 0);
BEGIN
```

```
        DDD<=_____32_____ ;
        PROCESS(DDD)
            BEGIN
                IF (DDD(0)='0') THEN    Q <= "11";
                ELSIF (DDD(1)='0') THEN    Q <= "10";
                ELSIF(DDD(2)='0') THEN    Q<="01";
                ELSE      Q <= "00";
                END IF;
            _____33_____ ;
    Y1<=Q(0);   Y0<=Q(1);
END CODE4;
```

（11）在下面横线上填上合适的语句，完成 10 位二进制加法器电路的设计。

```
LIBRARY IEEE;
USE IEEE.STD_LOGIC_1164.ALL;
USE IEEE.STD_LOGIC_____34_____ .ALL;
ENTITY ADDER1 IS
    PORT(A,B:IN STD_LOGIC_VECTOR(9 DOWNTO 0);
        COUT:OUT STD_LOGIC;
        SUM:OUT STD_LOGIC_VECTOR(9 DOWNTO 0));
END;
ARCHITECTURE JG OF ADDER1 IS
    SIGNAL ATEMP: STD_LOGIC_VECTOR(10 DOWNTO 0);
    SIGNAL BTEMP: STD_LOGIC_VECTOR(10 DOWNTO 0);
    SIGNAL SUMTEMP: STD_LOGIC_VECTOR(_____35_____ DOWNTO 0);
BEGIN
    ATEMP<='0'& A; BTEMP<='0'& B;
    SUMTEMP<=_____36_____ ;
    SUM<=SUMTEMP(9 DOWNTO 0);
    COUT<=_____37_____ ;
END JG;
```

（12）在下面横线上填上合适的语句，完成移位寄存器的设计。

说明：8 位的移位寄存器，具有左移一位或右移一位、并行输入和同步复位的功能。

```
LIBRARY IEEE;
USE IEEE.STD_LOGIC_1164.ALL;
USE IEEE.STD_LOGIC_UNSIGNED.ALL;
USE IEEE.STD_LOGIC_ARITH.ALL;

ENTITY SHIFTER IS
PORT(DATA :IN STD_LOGIC_VECTOR(7 DOWNTO 0);
    CLK:IN STD_LOGIC;
    SHIFTLEFT, SHIFTRIGHT:IN STD_LOGIC;
    RESET:IN STD_LOGIC;
    MODE:IN STD_LOGIC_VECTOR(1 DOWNTO 0);
    QOUT:BUFFER STD_LOGIC_VECTOR(7 DOWNTO 0));
END SHIFTER;
ARCHITECTURE ART OF SHIFTER IS
BEGIN
PROCESS
BEGIN
        _____38_____ (RISING_EDGE(CLK));                      --等待上升沿
    IF RESET='1' THEN  QOUT<="00000000";                         --同步复位
```

```
            ELSE
            CASE MODE IS
                WHEN "01"=>QOUT<=SHIFTRIGHT&_____39_____;          --右移一位
                WHEN "10"=>QOUT<=QOUT(6 DOWNTO 0)&_____40_____;    --左移一位
                WHEN "11"=>QOUT<=_____41_____;                     --不移，并行输入
                WHEN OTHERS=>NULL;
            _____42_____;
            END IF;
        END PROCESS;
END ART;
```

（13）在下面横线上填上合适的语句，完成计数器的设计。

说明：设计一个带有异步复位和时钟使能的一位八进制加法计数器（带进位输出端）。

```
LIBRARY IEEE;
USE IEEE.STD_LOGIC_1164.ALL;
USE IEEE.STD_LOGIC_UNSIGNED.ALL;
ENTITY CNT8 IS
    PORT (CLK,RST,EN : IN STD_LOGIC;
        CQ : OUT STD_LOGIC_VECTOR(_____43_____ DOWNTO 0);
        COUT : OUT STD_LOGIC );
END CNT8;
ARCHITECTURE BEHAV OF CNT8 IS
BEGIN
    PROCESS(CLK, RST, EN)
        _____44_____ CQI : STD_LOGIC_VECTOR(2 DOWNTO 0);
        BEGIN
            IF RST = '1' THEN   CQI := "000";
                _____45_____ CLK'EVENT AND CLK='1' THEN
                    IF EN = '1' THEN
                        IF CQI < "111" THEN   CQI :=_____46_____;
                        ELSE   CQI :=_____47_____;
                        END IF;
                    END IF;
                END IF;
            IF CQI = "111" THEN COUT <= '1';
            ELSE   COUT <= '0';
            END IF;
            CQ <= CQI;
    END PROCESS;
END BEHAV;
```

（14）在下面横线上填上合适的语句，完成序列信号发生器的设计。

说明：已知发送信号为"10011010"，要求以由高到低的序列形式一位一位地发送，发送开始前及发送完为低电平。

```
LIBRARY IEEE;
USE IEEE.STD_LOGIC_1164.ALL;
ENTITY XULIE IS
    PORT (RES, CLK: IN STD_LOGIC;
                Y: OUT STD_LOGIC );
END;
ARCHITECTURE ARCH OF XULIE IS
SIGNAL REG:STD_LOGIC_VECTOR(7 DOWNTO 0);
BEGIN
```

```
        PROCESS(CLK, RES)
        BEGIN
            IF(CLK'EVENT AND CLK='1') THEN
                IF RES='1'THEN
                    Y<='0';    REG<=_____48_____;     --同步复位，并加载输入
                    ELSE  Y<=_____49_____;           --高位输出
                        REG<=_____50_____;           --左移，低位补 0
                    END IF;
                END IF;
            END PROCESS;
        END;
```

（15）在下面横线上填上合适的语句，完成多路选择器的设计。

说明：采用元件例化的设计方法，先设计一个 2 选 1 多路选择器，再使用 3 个 2 选 1 多路选择器构成一个 4 选 1 多路选择器。

```
LIBRARY IEEE;                          --2 选 1 多路选择器的描述
USE IEEE.STD_LOGIC_1164.ALL;
ENTITY MUX21 IS
    PORT(A,B,SEL : IN STD_LOGIC;
            Y : OUT STD_LOGIC);
END MUX21;
ARCHITECTURE ART OF MUX21 IS
BEGIN
    Y<=A WHEN SEL='0'  ELSE    B;
END ;
LIBRARY IEEE;                          --4 选 1 多路选择器的描述
USE IEEE.STD_LOGIC_1164.ALL;
ENTITY MUX41 IS
    PORT(A,B,C,D : IN STD_LOGIC;
            S1,S2 : IN STD_LOGIC;
            Y:OUT STD_LOGIC) ;
END;
ARCHITECTURE ART OF MUX41 IS
COMPONENT MUX41
    PORT(A,B,SEL : IN STD_LOGIC;
            Y : OUT STD_LOGIC);
END COMPONENT;
_____51_____ Y1,Y2:STD_LOGIC;
BEGIN
    U1: MUX21 PORT MAP(A,B,S1,_____52_____);
    U2: MUX21 PORT MAP(C,D,_____53_____,Y2);
    U2: MUX21 PORT MAP(Y1,Y2,_____54_____,Y);
END ;
```

（16）在下面横线上填上合适的语句，完成 8 位奇偶校验电路的设计。
```
LIBRARY IEEE;
USE IEEE.STD_LOGIC_1164.ALL;
ENTITY PC IS
    PORT ( A    : IN STD_LOGIC_VECTOR(7 DOWNTO 0);
            Y    : OUT STD_LOGIC   );
END PC;
ARCHITECTURE A OF PC IS
BEGIN
```

```
PROCESS(A)
    VARIABLE TMP: STD_LOGIC;
BEGIN
    TMP____55____'0';
    FOR I IN 0 TO 7 LOOP
        TMP:=_____56_____;
    END LOOP;
    Y<=_____57_____;
END PROCESS;
END;
```

（17）在下面横线上填上合适的语句，完成一个逻辑电路的设计，其布尔方程为 $Y=(A+B)(C\odot D)+(B\oplus F)$。

```
LIBRARY IEEE;
USE IEEE.STD_LOGIC_1164.ALL;
ENTITY COMB IS
    PORT(A, B,C,D,E,F,: IN STD_LOGIC;
            Y: OUT  STD_LOGIC);
END COMB;
ARCHITECTURE ONE OF COMB IS
BEGIN
    Y<=(A OR B) AND (C _____58_____ D) OR (B _____59_____ F);
END ARCHITECTURE ONE;
```

（18）在下面横线上填上合适语句，完成一个带使能功能的二—十进制译码器设计。

```
LIBRARY IEEE;
USE IEEE.STD_LOGIC_1164.ALL;
ENTITY MY2TO10 IS
    PORT (EN: IN STD_LOGIC;
        DIN: IN STD_LOGIC_VECTOR(_____60_____ DOWNTO 0);
        POUT: OUT STD_LOGIC_VECTOR(9 DOWNTO 0) );
END;
ARCHITECTURE ARCH OF MY2TO10 IS
BEGIN
    PROCESS(EN, DIN)
    BEGIN
        IF EN='1'THEN
            CASE DIN IS
                WHEN "0000" => POUT<="0000000001";
                WHEN "0001" => POUT<="0000000010";
                WHEN "0010" => POUT<="0000000100";
                WHEN "0011" => POUT<="0000001000";
                WHEN "0100" => POUT<="0000010000";
                WHEN "0101" => POUT<="0000100000";
                WHEN "0110" => POUT<="0001000000";
                WHEN "0111" => POUT<="0010000000";
                WHEN "1000" => POUT<="0100000000";
                WHEN "1001" => POUT<="1000000000";
                WHEN OTHERS => POUT<="0000000000";
            END CASE;
        END IF;
    END PROCESS;
END;
```

（19）在下面横线上填上合适的语句，完成下降沿触发的 D 触发器的设计。

```
LIBRARY  IEEE;
```

```
USE  IEEE.STD_LOGIC_1164.ALL ;
ENTITY  DFF  IS
     PORT(D,CLK:IN STD_LOGIC;
          Q, QB: OUT STD_LOGIC);
END  DFF;
ARCHITECTURE BEHAVE OF DFF IS
BEGIN
    PROCESS(CLK)
    BEGIN
        IF _____61_____ AND CLK'EVENT  THEN
            Q <=_____62_____;
            QB<=NOT D;
        END IF;
    END PROCESS;
END BEHAVE;
```

（20）在下面横线上填上合适的语句，完成移位寄存器的设计。

说明：4 位串入-串出移位寄存器有 1 个串行数据输入端（DI）、1 个串行数据输出输出端（DO）和 1 个时钟输入端（CLK）。

```
LIBRARY IEEE;
USE IEEE.STD_LOGIC_1164.ALL;
ENTITY SISO IS
     PORT(DI: IN STD_LOGIC;
          CLK:IN STD_LOGIC;
          DO:OUT STD_LOGIC);
END SISO;
ARCHITECTURE A OF SISO IS
    SIGNAL Q: STD_LOGIC_VECTOR(3 DOWNTO 0);
BEGIN
    PROCESS(CLK,DI)
    BEGIN
        IF CLK'EVENT AND CLK='1'THEN
            Q(0)<=_____63_____;
            FOR _____64_____ LOOP
                Q(I)<=_____65_____;
        END IF;
    END PROCESS;
    DO<=Q(3);
END A;
```

第9章
逻辑设计环境及实例

本章由浅入深地讲述了数字系统设计的基础设计项目及较为复杂的设计项目，通过使用 Quartus Ⅱ 编辑环境，使用户对图形输入、硬件描述语言（VHDL）输入等设计手段，自顶向下的 EDA 技术设计方法，仿真、综合等 EDA 分析方法有所掌握。

9.1　在 Quartus Ⅱ 9.0 中用原理图设计的实例

9.1.1　基本门路设计

1. 设计目的

主要是学习用 EDA 设计软件 Quartus Ⅱ 9.0 的原理图输入方法来设计简单组合逻辑电路。

2. 设计要求

使用图形输入方法设计输入非门、与门、或门及异或门逻辑，对电路仿真，进行逻辑功能验证。

① 如图 9.1 所示，运行 Quartus Ⅱ 软件。

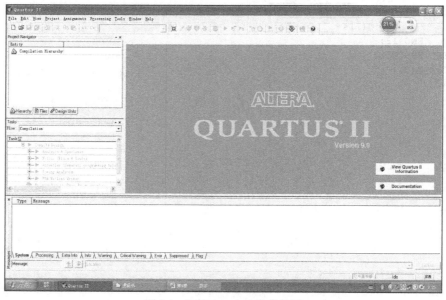

图 9.1　运行 QuartusⅡ 软件界面

② 选择菜单 File / New Project Wizard，如图 9.2 所示，建立一个新工程。

③ 出现如图 9.3 所示 New Project Wizard 对话框界面，设置好项目路径、项目名称及项目顶层文件名后，单击"Finish"按钮完成新工程的建立。

图 9.2 建立新工程向导

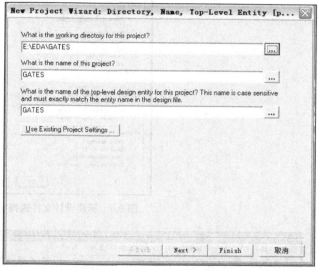

图 9.3 New Project Wizard 对话框界面

④ 选择图 9.4 所示菜单中的 Assignments/Device 进入如图 9.5 所示的器件设置对话框界面，选择使用器件 FLEX 10K 系列 EPF10K20TC144-4 芯片，单击"OK"按钮，完成新工程的器件设置。

图 9.4 Device 选择窗口

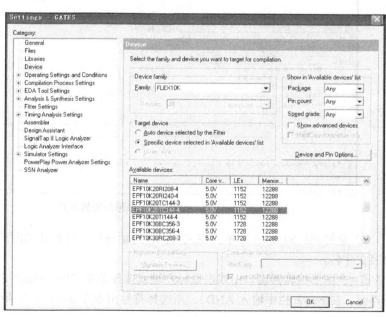

图 9.5 器件设置界面

⑤ 建立新工程后，选择菜单 File / New，弹出如图 9.6 所示的新建设计文件选择窗口，创建图形设计文件，选择图 9.6 所示对话框中的"Device Design Files"页下的"Block Diagram/Schematic File"。若要创建 VHDL 设计文件，则可选择图 9.6 所示对话框中"Device Design Files"页下的"VHDL File"。选择好所需要的设计输入方式后单击"OK"按钮，打开图形编辑器界面，如图 9.7 所示。

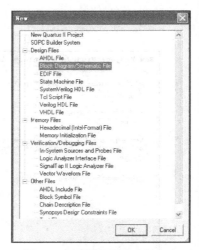

图 9.6　新建设计文件选择窗口

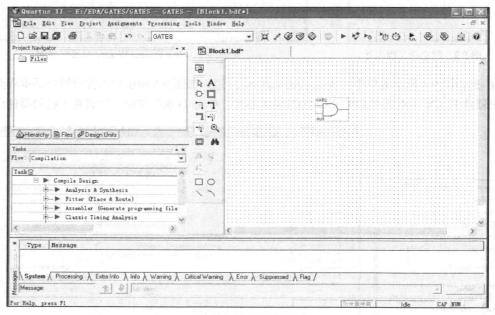

图 9.7　图形编辑器界面

⑥ 选择 File/Save As 菜单，在文件保存对话框中，将创建的图形设计文件的名称保存为工程顶层文件名。

⑦ 在图形编辑器窗口中双击鼠标左键或选择菜单"Edit/Insert Symbol"，弹出 Symbol 对话框界面。在 Name 栏中输入 AND2，所选择符号出现在 Symbol 对话框的右边，单击"OK"按钮。

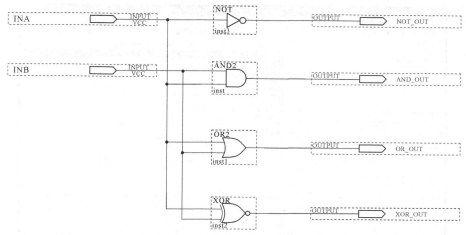

图 9.8　原理图设计界面

⑧ 选中该符号,在合适的位置单击鼠标左键放置符号。重复上述两步,在图形编辑工作区域中分别放置 NOT、AND2、OR2、XOR、INPUT、OUTPUT 等符号,如图 9.8 所示。

⑨ 将所需符号放置完成后,利用连线工具进行连接,如图 9.8 所示,并将 INPUT 与 OUTPUT 更改名称。

⑩ 设计完成后,选择 File/Save As 菜单,将创建的图形文件名称保存为工程顶层文件名 GATES.BDF。选择 Processing/Start Compilation 菜单进行编译,如图 9.9 所示。如果编译成功,则出现如图 9.10 和图 9.11 所示的界面。

图 9.9　Processing 菜单

图 9.10　编译成功界面

⑪ 编译完成后进行仿真,选择 File/New 菜单,在如图 9.12 所示的新建设计文件窗口中选择 "Other Files" 页下的 "Vector Waveform File" 选项,新建一个新的仿真波形文件。选择 File/Save As 菜单,在文件保存对话框中,将创建的仿真波形文件保存。

⑫ 在图 9.13 所示的波形编辑器窗口的 Name 栏中双击鼠标,弹出如图 9.14 所示的增加总线及结点对话框,在图 9.14 所示对话框中单击 "Node Finder" 按钮弹出如图 9.15 所示的寻找结点对话框。在对话框的 "Filter:" 下拉框中选择 Pins:all,单击 "List" 按钮,将在 Nodes Found 中列出项目中使用的输入、输出引脚。在 "Node Finder" 窗口中选择所需要仿真的引脚(可以全部选择),单击按钮,将选择的结点选中到 "Selected Nodes" 窗口中,单击 "OK" 按钮。

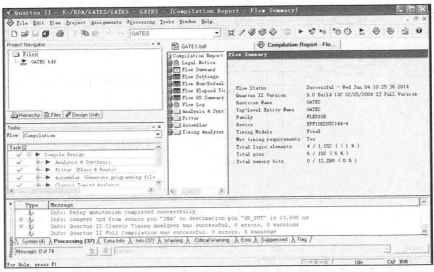

图 9.11　编译成功信息

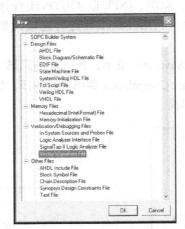

图 9.12　新建设计文件窗口

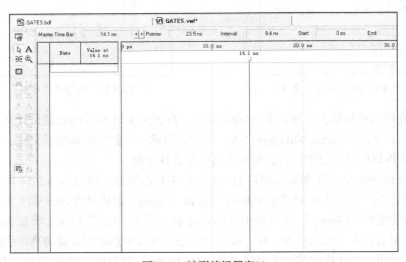

图 9.13　波形编辑器窗口

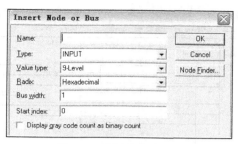

图 9.14 增加结点对话框

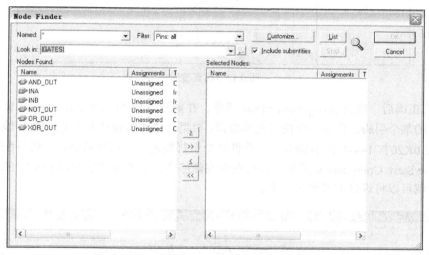

图 9.15 寻找结点对话框

⑬ 在图 9.16 所示的波形编辑器窗口中，编辑输入引脚的逻辑关系，输入完成后保存仿真波形文件。选择 Processing/Start Simulator 菜单，进行功能仿真，仿真波形如图 9.17 所示，证明其逻辑功能是否正确。如果正确就可以进行引脚分配，并将设计结果配置到芯片中进行验证，如果不正确，则要返回前述步骤进行修改设计。

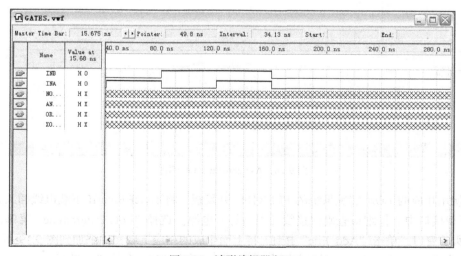

图 9.16 波形编辑器窗口

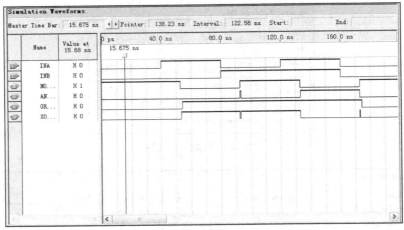

图 9.17　仿真波形

⑭ 仿真正确后，选择 Assignments/Pins 菜单，在如图 9.18 所示的 Pin Planner 窗口中双击引脚分配图中的某个引脚，出现一个信号选择窗口。根据芯片在实验开发板上的输入/输出引脚及对应的 FLEX10K20TC144-4 的引脚分配，选择这个引脚要定义的信号名称。引脚分配完成后，选择 Processing/Start Compilation 菜单，进行重新编译综合，生成可以配置到 CPLD 的 POF、SOF 文件。此时就可以将设计配置到芯片中。

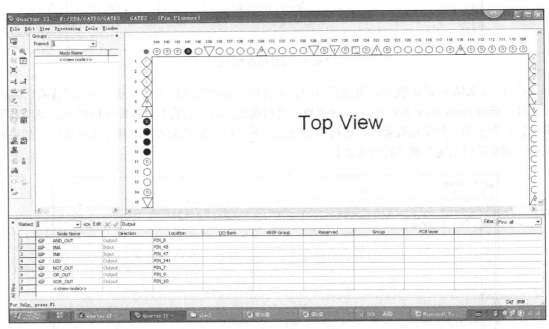

图 9.18　Assignment Editor 窗口

⑮ 使用相应的 EDA 实验系统的 FLEX10K 开发板，将 ByteBlasterII 下载电缆插入开发板的 JTAG 下载接口中。仔细检查确保接线无误后打开电源。选择 Tools/Programmer 菜单，出现如图 9.19 所示窗口，单击 "Add File" 按钮，将上面生成的相应下载文件添加到图 9.19 所示的 File 窗口中，在 Program/Configure 下的方框中打 "√"，单击 "Start" 按钮，进行下载。

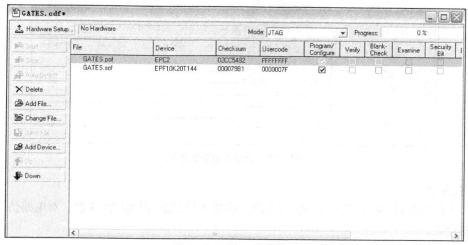

图 9.19　Programmer 窗口

9.1.2　加法器设计

1. 设计目的

学习用组合逻辑电路的方法来实现各种加法器。

2. 任务一

由逻辑门电路设计一个全加器，进行仿真逻辑功能验证。

① 用原理图输入的方法设计一个半加器，如图 9.20 所示，生成一个半加器模块。

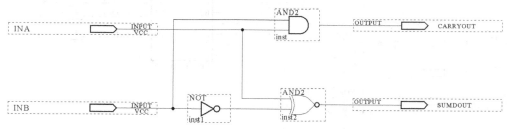

图 9.20　半加器原理图

② 用半加器模块构成一个全加器，如图 9.21 所示。

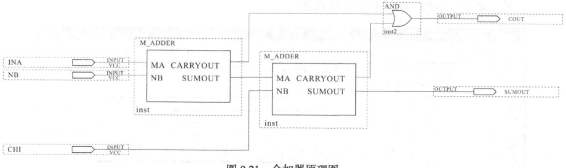

图 9.21　全加器原理图

③ 对电路进行仿真，结果如图 9.22 所示。

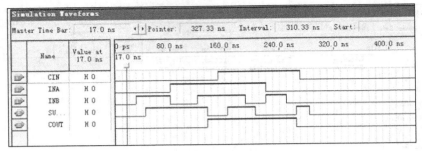

图 9.22　全加器仿真波形图

3. 任务二

利用 4 位全加器 7483 芯片及一些门电路，构成 4 位二进制加法/减法器，对电路仿真，进行逻辑功能验证。

① 用原理图输入的方法画出顶层原理图，如图 9.23 所示。

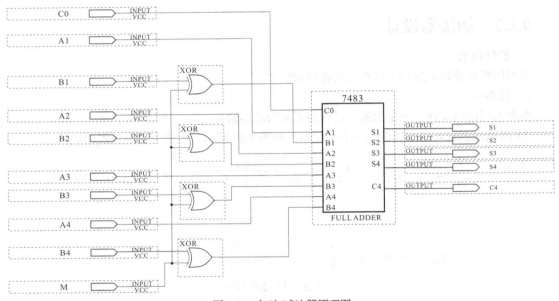

图 9.23　加法/减法器原理图

② 对电路进行仿真，结果如图 9.24 所示。

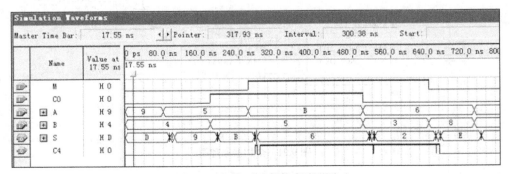

图 9.24　加法/减法器仿真波形图

4. 思考题

用原理图输入的方法，实现用 4 位二进制加法器 7483 构成（1）8421BCD 码加法器，（2）8421BCD 码减法器，（3）二进制加/减法器，对电路仿真，进行逻辑功能验证。

9.2　在 Quartus II 9.0 中用 VHDL 设计的实例

9.2.1　编码器的设计

1. 设计目的

主要学习用 EDA 设计软件 Quartus II 5.0 的 VHDL 文本输入方法来设计编码器。

2. 设计要求

用硬件描述语言 VHDL 语言设计一个 8—3 优先编码器，进行仿真功能验证。

① 运行 Quartus II 5.0 软件，选择菜单 File/New Project Wizard，工程名称及顶层文件名称为 ENCODER，在器件设置对话框中选择 FLEX10K 系列 EPF10K20TC144-4 芯片，建立新工程。

② 选择 File/New 菜单，在如图 9.25 所示的新建设计文件选择窗口中选择创建 VHDL 描述语言设计文件，单击"OK"按钮，打开文本编辑器界面。

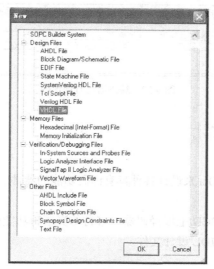

图 9.25　新建设计文件选择窗口

③ 选择 File/Save As 菜单，将创建的 VHDL 设计文件名称保存为工程顶层文件名 ENCODER.VHD。

④ 选择 Processing/Start Compilation 菜单，编译源文件。编译无误后建立仿真波形文件 ENCODER.VWF，选择 Processing/Start Simulation 菜单进行功能仿真。

⑤ 分析仿真结果，仿真正确后选择 Assignments/Pins 菜单，对工程进行引脚分配。

⑥ 选择 Processing/Start Compilation 菜单，重新对此工程进行编译，生成可配置的 POF、SOF 文件。

⑦ 使用相应实验系统及 FLEX10K 的开发板，将 ByteBlaster II 下载电缆插入开发板的 JTAG

下载接口中。仔细检查确保接线无误后打开电源，选择 Tools/Programmer 菜单，出现如图 9.26 所示窗口，单击"Add File"按钮，将上面生成的相应下载文件添加到图 9.27 所示的 File 窗口中，在 Program/Configure 下的方框中打"√"，单击"Start"按钮，进行下载。

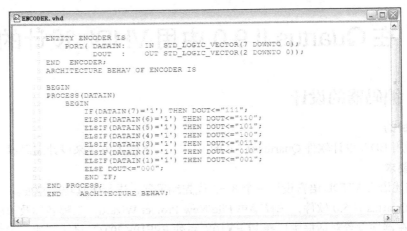

图 9.26　VHDL 设计文件

图 9.27　编码器仿真波形图

9.2.2　译码器的设计

1. 设计目的
学习用硬件描述语言 VHDL 来设计各种具有译码功能的器件。

2. 设计要求
用 VHDL 语言设计一个 BCD/七段译码器，进行仿真逻辑功能验证。

① 建立新工程，添加 VHDL 设计文件。

```
LIBRARY IEEE;
USE IEEE.STD_LOGIC_1164.ALL;
ENTITY DECODER7 IS
    PORT    (    BCD4 : IN STD_LOGIC_VECTOR(3 downto 0);--4 位 BCD 码输入
                 LED7 : OUT STD_LOGIC_VECTOR(7 downto 0));--7 位输出
END ENTITY DECODER7;
ARCHITECTURE BCD_LED OF DECODER7 IS
BEGIN
    PROCESS( BCD4 )
        BEGIN
            CASE BCD4 IS
                --gfedcba
                WHEN "0000"   => LED7<="00111111" ;
```

```
                WHEN "0001"    => LED7<="00000110" ;
                WHEN "0010"    => LED7<="01011011" ;
                WHEN "0011"    => LED7<="01001111" ;
                WHEN "0100"    => LED7<="01100110" ;
                WHEN "0101"    => LED7<="01101101" ;
                WHEN "0110"    => LED7<="01111101" ;
                WHEN "0111"    => LED7<="00000111" ;
                WHEN "1000"    => LED7<="01111111" ;
                WHEN "1001"    => LED7<="01101111" ;
                WHEN OTHERS    => LED7<="10000000" ;
            END CASE;
        END PROCESS;
END ARCHITECTURE BCD_LED;
```

② 对新工程进行编译，仿真，逻辑功能验证，如图 9.28 所示。

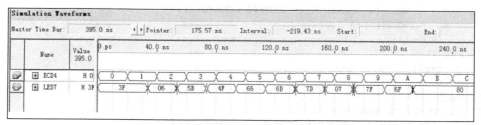

图 9.28　BCD/七段译码器仿真波形图

③ 可在相应的实验箱开发板上进行下载验证。

3. 思考题

利用原理图输入的方法，用 2 个 2—4 译码器 74139 生成一个 3—8 译码器，或用 2 个 3—8 译码器 74138 构成一个 4—16 译码器。

9.2.3　寄存器的设计

1. 设计目的

学习用硬件描述语言 VHDL 来设计简单时序逻辑器件——寄存器。

2. 设计要求

使用 VHDL 语言设计一个 8 位并行输入串行输出右移移位寄存器(Parallel In- Serial Out)，进行仿真逻辑功能验证。

寄存器中二进制数的位可以用两种方式移入或移出寄存器。第一种方法是以串行的方式将数据每次移动一位，这种方法称之为串行移位(Serial Shifting)，线路较少，但耗费时间较多。第二种方法是以并行的方式将数据同时移动，这种方法称之为并行移位(Parallel Shifting)，线路较为复杂，但是数据传送的速度较快。因此，按照数据进出移位寄存器的方式，可以将移位寄存器分为 4 种类型：串行输入串行输出移位寄存器(Serial In- Serial Out)、串行输入并行输出移位寄存器(Serial In- Parallel Out)、并行输入串行输出移位寄存器(Parallel In-Serial Out)、并行输入并行输出移位寄存器(Parallel In- Parallel Out)。

① 建立新工程，用 VHDL 文本输入 8 位并行输入串行输出右移移位寄存器程序。

```
LIBRARY IEEE;
USE IEEE.STD_LOGIC_1164.ALL;
ENTITY SHIFT8R IS
```

```
PORT( CLK , LOAD : IN STD_LOGIC ;          --LOAD是并行数据预置使能信号
        DIN : IN STD_LOGIC_VECTOR(7 DOWNTO 0);
        QB   : OUT STD_LOGIC ;           --QB是串行输出端口
        q    : out std_logic_vector(7 downto 0));
END ENTITY SHIFT8R;
ARCHITECTURE BEHAV OF SHIFT8R IS
BEGIN
    PROCESS(CLK,LOAD)
    VARIABLE REG8 : STD_LOGIC_VECTOR( 7 DOWNTO 0);
BEGIN
    IF CLK'EVENT AND CLK='1' THEN
        IF LOAD='1' THEN
            REG8 := DIN;
        ELSE
            REG8(6 DOWNTO 0):= REG8(7 DOWNTO 1);
            REG8(7):='0';
        END IF;
    END IF;
    q<=reg8(7 downto 0);
    QB <= REG8(0);
END PROCESS;
END ARCHITECTURE BEHAV;
```

② 对新工程进行编译、仿真逻辑功能验证，如图 9.29 所示。

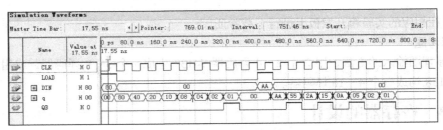

图 9.29 串行输出右移移位寄存器仿真波形图

③ 可在相应的实验箱开发板上进行下载验证。

3. 思考题

用 VHDL 设计一个 8 位串行输入并行输出寄存器(Serial In- Parallel Out)，进行仿真逻辑功能验证。

9.2.4 计数器的设计

1. 设计目的

学习用硬件描述语言 VHDL 来设计时序逻辑器件——计数器。

2. 设计要求

使用 VHDL 语言设计一个十进制加法计数器，有计数时钟信号 CLK、计数允许信号 EN 及复位信号 RST，进行仿真逻辑功能验证。

① 建立新工程，用 VHDL 文本输入十进制加法计数器程序。

```
LIBRARY IEEE;
USE IEEE.STD_LOGIC_1164.ALL;
USE IEEE.STD_LOGIC_UNSIGNED.ALL;
```

```
ENTITY COUNT10 IS
    PORT( CLK,RST,EN :    IN   STD_LOGIC;
             CQ      :    OUT STD_LOGIC_VECTOR(3 DOWNTO 0));
END ENTITY COUNT10;
ARCHITECTURE BEH OF COUNT10 IS
BEGIN
PROCESS(CLK,RST,EN)
VARIABLE CQI   : STD_LOGIC_VECTOR(3 DOWNTO 0);
BEGIN
    IF RST='0' THEN CQI:=(OTHERS=>'0');
    elsIF (CLK'EVENT AND CLK='1')    THEN
        IF EN='1' THEN
            IF CQI < "1001" THEN CQI:= CQI + 1;
            ELSE CQI:=(OTHERS =>'0');
            END IF;
        END IF;
    END IF;
    CQ<=CQI;
END PROCESS;
END ARCHITECTURE BEH;
```

② 对新工程进行编译、仿真、逻辑功能验证，如图 9.30 所示。

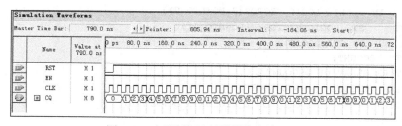

图 9.30　十进制加法计数器仿真波形图

③ 可在相应的实验箱开发板上进行下载验证。

3. 思考题

① 利用原理图输入的方法，用 2 片 4 位二进制同步计数器 74163 芯片构成 13 转 1 计数器，或用 2 片十进制计数器 74160 芯片构成模 100 的计数器，进行仿真逻辑功能验证。

② 利用 VHDL 文本输入的方法，设计实现五十五进制加法计数器。

9.2.5　分频器的设计

1. 设计目的

学习使用硬件描述语言 VHDL 设计一个可以设置分频系数的半整数分频器。

2. 设计要求

采用层次化的设计方法，顶层设计文件调用半整数分频器子模块，半整数分频器的输出经过一个 D 触发器输出方波。底层的半整数分频器使用 VHDL 语言设计一个可预置系数的实现 N=1～15 的半整数分频器，并且输入信号经过译码后驱动两个 LED 进行显示。分频器需要有预置输入 PRESET（预置分频值）、使能信号 CS、计数时钟信号 INCLK、输出信号驱动 LED 数码管、用于显示分频的模 N、分频输出时钟 OUTCLK,进行仿真逻辑功能验证。

分频器通常用于对某个给定频率进行分频，得到所需的频率。整数分频器的实现比较简单，通常采用标准的计数器。但是在某些场合系统时钟源与所需的频率不成整数倍关系，此时可以采用小数分频器进行分频。例如，有一个 1MHz 的时钟源，但电路中需要一个 400Hz 的时钟信号，由于分频比为 2.5，此时整数分频器将不能胜任。

利用可编程逻辑器件进行小数分频的基本原理是：采用脉冲吞吐计数和锁相环技术，设计两个不同分频比的整数分频器，通过控制单位时间内两种分频比出现的不同次数，从而获得所需要的小数分频值。例如，设计分频系数为 10.1 的分频器，可以将分频器设计成 9 次 10 分频 1 次 11 分频，这样总的分频值为：$F=(9 \times 10 + 1 \times 11)/（9 + 1）=10.1$。

从这种实现方法的特点可以看出，分频器的分频值在不断改变，因此分频后得到的信号抖动较大。当分频系数为 N-0.5(N 为整数)时，可控制扣除脉冲的时间，使输出为一个稳定的脉冲频率，而不是一次 N 分频，一次 N-1 分频。

① 建立新工程，添加 VHDL 文本输入程序。下面是顶层设计文件，子模块略。

```
LIBRARY IEEE;
USE IEEE.STD_LOGIC_1164.ALL;
USE IEEE.STD_LOGIC_UNSIGNED.ALL;
ENTITY DECOUNT IS
PORT(CS    : IN      STD_LOGIC
INCLK      : IN      STD_LOGIC;
PRESET     : IN      STD_LOGIC_VECTOR(3 DOWNTO 0);
LED : OUT      STD_LOGIC_VECTOR(7 DOWNTO 0);
OUTCLK  : BUFFER STD_LOGIC);
END ENTITY DECOUNT;
ARCHITECTURE BEHAV OF DECOUNT IS
SIGNAL CLK ,DIVIDE2  : STD_LOGIC;
SIGNAL COUNT          : STD_LOGIC_VECTOR(3 DOWNTO 0);
COMPONENT D_HEX
PORT(   CS  : IN    STD_LOGIC;
        DATA  : IN    STD_LOGIC_VECTOR(3 DOWNTO 0);
     HEX_OUT  : OUT   STD_LOGIC_VECTOR(7 DOWNTO 0));
END COMPONENT;
BEGIN
CLK<= INCLK XOR DIVIDE2;
PROCESS(CLK,CS)
BEGIN
    IF(CS='0') THEN
        IF(CLK'EVENT AND CLK='1')THEN
            IF(COUNT="0000")THEN
                COUNT<=PRESET-1;
                OUTCLK<='1';
            ELSE
                COUNT<=COUNT-1;
                OUTCLK<='0';
            END IF;
        END IF;
    END IF;
END PROCESS;
PROCESS(OUTCLK)
BEGIN
IF(OUTCLK'EVENT AND OUTCLK='1') THEN
    DIVIDE2<=NOT DIVIDE2;
```

```
END IF;
END PROCESS;
display1: D_HEX
PORT MAP ( CS => CS,
     DATA => PRESET,
   HEX_OUT => LED);
END ARCHITECTURE BEHAV;
```

② 对新工程进行编译，仿真，逻辑功能验证，如图 9.31 所示。

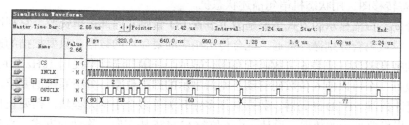

图 9.31　分频器仿真波形图

③ 可在相应的实验箱开发板上进行下载验证。

3. 思考题

利用原理图输入的方法，将 10MHz 的时钟频率分成 1Hz，进行仿真逻辑功能验证。

9.3　在 Quartus II 9.0 中数字系统综合设计实例

9.3.1　扫描数码管显示

1. 设计目的

学习 EDA 自顶向下的设计方法，用原理图和 VHDL 文本混合输入法来设计项目。

2. 设计要示

在图 9.32 中有 6 个共阴极数码管，要求在 6 个数码管上实现动态扫描，显示"1～6"6 个数字。

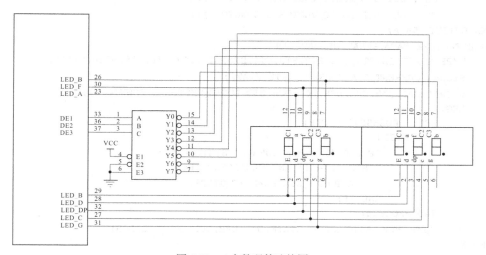

图 9.32　6 个数码管连接图

状态机是一类很重要的时序电路，是许多数字电路的核心部件。根据状态机的输出方式可以分为 Mealy 型和 Moore 型两种状态机。输出与状态有关而与输入无关的状态机类型称为 Moore 型状态机。输出与状态及输入皆有关系的状态机称为 Mealy 型状态机。状态机通常包含：说明部分、主控时序进程、主控组合进程、辅助进程几个部分。利用状态机进行设计的步骤如下。

① 分析设计要求，列出状态机所有可能的状态，并对每一个状态进行状态编码。

② 根据状态转移关系和输出函数画出状态转移图。

③ 由状态转移图，用状态机语句描述状态机。

使数码管动态扫描显示的方式主要是为了节省 I/O 管脚和内部逻辑资源，它利用人的视觉暂留现象，将 6 位数码管分别循环选通，配合传送相应的要显示的数据，只要扫描的速度足够快，就可以使人的视觉感到好像是 6 位数码管在同时显示。一般扫描频率使用 1kHz 就可以了。

本实例设计一个可以使 6 位数码管动态刷新显示的扫描电路。分析系统的要求可知此设计需要包括 6 进制计数器、BCD 译码器、数据选择多路开关等多个小单元模块。需要设计一个模块来为 6 个数码块提供要显示的数据，设计一个 6 位数 123456 从左向右移动的方式，直到最高一位移出最右边数码块后，最低位 6 再从最左边数码块移进，从而实现循环移动。

3. 设计步骤

① 运行 Quartus II 9.0 软件，建立新工程，工程名称及顶层文件名称为 SCANLED。

② 在新建的工程中用 VHDL 新建 DATA、MULX、BCD_LED、CLKGEN、ENCODER6_3 各子模块。

DATA 子模块如下。

```
LIBRARY    IEEE;
USE    IEEE.STD_LOGIC_1164.ALL;
ENTITY  DATA  IS
PORT(    CLK : IN STD_LOGIC;
         CLR : IN STD_LOGIC;
         AH : OUT STD_LOGIC_VECTOR(3 DOWNTO 0);
         AL : OUT STD_LOGIC_VECTOR(3 DOWNTO 0);
         BL : OUT STD_LOGIC_VECTOR(3 DOWNTO 0);
         BH : OUT STD_LOGIC_VECTOR(3 DOWNTO 0);
         CL : OUT STD_LOGIC_VECTOR(3 DOWNTO 0);
         CH : OUT STD_LOGIC_VECTOR(3 DOWNTO 0));
END ENTITY  DATA;
ARCHITECTURE DATA_BEHAV OF DATA IS
    TYPE STATE IS(ST0,ST1,ST2,ST3,ST4,ST5,ST6,ST7,ST8,ST9,ST10,ST11);
    SIGNAL CURRENT_STATE,NEXT_STATE:STATE;
    SIGNAL DAL,DAH,DBL,DBH,DCL,DCH:STD_LOGIC_VECTOR(3 DOWNTO 0);
    BEGIN
        REG: PROCESS(CLR,CLK)
            BEGIN
                IF CLR='1' THEN CURRENT_STATE<=ST0;
                ELSIF CLK='1' AND CLK'EVENT THEN
                    CURRENT_STATE<=NEXT_STATE;
                END IF;
        END PROCESS;
        COM: PROCESS(CURRENT_STATE,DAL,DAH,DBL,DBH,DCL,DCH)
BEGIN
CASE CURRENT_STATE IS
```

```
       WHEN ST0    => DAL<="0110"; DAH<="0101"; DBL<="0100"; DBH<="0011";
                  DCL<="0010"; DCH<="0001"; NEXT_STATE<=ST1;
       WHEN ST1    => DAL<="0101"; DAH<="0100"; DBL<="0011"; DBH<="0010";
                  DCL<="0001"; DCH<="1111"; NEXT_STATE<=ST2;
       WHEN ST2    => DAL<="0100"; DAH<="0011"; DBL<="0010"; DBH<="0001";
                  DCL<="1111"; DCH<="1111"; NEXT_STATE<=ST3;
       WHEN ST3    => DAL<="0011"; DAH<="0010"; DBL<="0001"; DBH<="1111";
                  DCL<="1111"; DCH<="1111"; NEXT_STATE<=ST4;
       WHEN ST4    => DAL<="0010"; DAH<="0001"; DBL<="1111"; DBH<="1111";
                  DCL<="1111"; DCH<="1111"; NEXT_STATE<=ST5;
       WHEN ST5    => DAL<="0001"; DAH<="1111"; DBL<="1111"; DBH<="1111";
                  DCL<="1111"; DCH<="1111"; NEXT_STATE<=ST6;
       WHEN ST6    => DAL<="1111"; DAH<="1111"; DBL<="1111"; DBH<="1111";
                  DCL<="1111"; DCH<="1111"; NEXT_STATE<=ST7;
       WHEN ST7    => DAL<="1111"; DAH<="1111"; DBL<="1111"; DBH<="1111";
                  DCL<="1111"; DCH<="0110"; NEXT_STATE<=ST8;
       WHEN ST8    => DAL<="1111"; DAH<="1111"; DBL<="1111"; DBH<="1111";
                  DCL<="0110"; DCH<="0101"; NEXT_STATE<=ST9;
       WHEN ST9    => DAL<="1111"; DAH<="1111"; DBL<="1111"; DBH<="0110";
                  DCL<="0101"; DCH<="0100"; NEXT_STATE<=ST10;
       WHEN ST10 => DAL<="1111"; DAH<="1111"; DBL<="0110";  DBH<="0101";
                  DCL<="0100"; DCH<="0011"; NEXT_STATE<=ST11;
       WHEN ST11    => DAL<="1111"; DAH<="0110"; DBL<="0101"; DBH<="0100";
                  DCL<="0011"; DCH<="0010"; NEXT_STATE<=ST0;
       WHEN OTHERS => DAL<="0000"; DAH<="0000"; DBL<="0000"; DBH<="0000";
                  DCL<="0000"; DCH<="0000"; NEXT_STATE<=ST0;
   END CASE;
END PROCESS;
   AL<=DAL; AH<=DAH;
   BL<=DBL; BH<=DBH;
   CL<=DCL; CH<=DCH;
END DATA_BEHAV ;
```

MULX 子模块如下。

```
LIBRARY    IEEE;
USE    IEEE.STD_LOGIC_1164.ALL;
ENTITY  MULX  IS
PORT(
AL : IN STD_LOGIC_VECTOR(3 DOWNTO 0);
AH : IN STD_LOGIC_VECTOR(3 DOWNTO 0);
BL : IN STD_LOGIC_VECTOR(3 DOWNTO 0);
BH : IN STD_LOGIC_VECTOR(3 DOWNTO 0);
CL : IN STD_LOGIC_VECTOR(3 DOWNTO 0);
CH : IN STD_LOGIC_VECTOR(3 DOWNTO 0);
CLK1 : IN STD_LOGIC;
BCD : OUT STD_LOGIC_VECTOR(3 DOWNTO 0);
SEG : OUT STD_LOGIC_VECTOR(5 DOWNTO 0));
END MULX;

ARCHITECTURE MULX_BEHAV OF MULX IS
TYPE STATE IS (ST0,ST1,ST2,ST3,ST4,ST5);
SIGNAL CURRENT_STATE,NEXT_STATE: STATE;
BEGIN
```

```
SS1: PROCESS(CLK1)
BEGIN
    IF(CLK1='1' AND CLK1'EVENT) THEN
        CURRENT_STATE<=NEXT_STATE;
    END IF;
END PROCESS;


SS2: PROCESS(CURRENT_STATE)
BEGIN
    CASE CURRENT_STATE IS
        WHEN ST0 => BCD<=AL;SEG<="011111";NEXT_STATE<=ST1;
        WHEN ST1 => BCD<=AH;SEG<="101111";NEXT_STATE<=ST2;
        WHEN ST2 => BCD<=BL;SEG<="110111";NEXT_STATE<=ST3;
        WHEN ST3 => BCD<=BH;SEG<="111011";NEXT_STATE<=ST4;
        WHEN ST4 => BCD<=CL;SEG<="111101";NEXT_STATE<=ST5;
        WHEN ST5 => BCD<=CH;SEG<="111110";NEXT_STATE<=ST0;
    END CASE;
END PROCESS;
END MULX_BEHAV ;
```

BCD_LED 模块如下。

```
LIBRARY IEEE;
USE  IEEE.STD_LOGIC_1164.ALL;

ENTITY  BCD_LED IS
PORT (   BCD : IN STD_LOGIC_VECTOR(3 DOWNTO 0);
         LED : OUT STD_LOGIC_VECTOR(7 DOWNTO 0));
END BCD_LED;

ARCHITECTURE BCD_LED_BEHV OF BCD_LED IS
BEGIN
 PROCESS(BCD)
 BEGIN
    CASE BCD IS      --Dpgfedcba
        WHEN "0000"  => LED<="00111111";
        WHEN "0001"  => LED<="00000110";
        WHEN "0010"  => LED<="01011011";
        WHEN "0011"  => LED<="01001111";
        WHEN "0100"  => LED<="01100110";
        WHEN "0101"  => LED<="01101101";
        WHEN "0110"  => LED<="01111101";
        WHEN "0111"  => LED<="00000111";
        WHEN "1000"  => LED<="01111111";
        WHEN "1001"  => LED<="01101111";
        WHEN OTHERS  => LED<="00000000";
    END CASE;
END PROCESS;
END BCD_LED_BEHV;
```

③ 用原理图输入方法建立顶层原理图，如图 9.33 所示。

④ 对整个工程编译，仿真，验证逻辑功能，逻辑功能正确，可以添加相应的引脚，如图 9.34

所示。

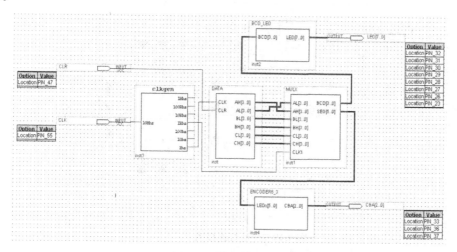

图 9.33　数码管扫描顶层原理图

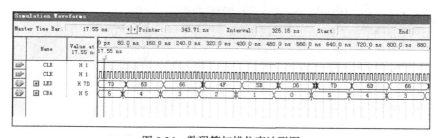

图 9.34　数码管扫描仿真波形图

⑤ 在相应的实验箱开发板上进行下载验证。

9.3.2　交通灯控制器的设计实现

1. 设计目的

学习较复杂的数字系统设计。

2. 设计要求

如图 9.35 所示，设计一个由一条主干道和一条支干道的汇合点形成的十字路口的交通灯控制器。

① 主、支干道各设有一个绿、黄、红指示灯，两个显示数码管。

② 主干道处于长允许通行状态，而支干道有车来时才允许通行。当主干道允许通行亮绿灯时，支干道亮红灯。而支干道允许通行亮绿灯时，主干道亮红灯。

③ 当主干道、支干道均有车时，两者交替允许通行，主干道每次通行 45 秒，支干道每次通行 25 秒，在每次由绿灯向红灯转换的过程中，要亮 5 秒的黄灯作为过渡，并进行减计时显示。

3. 设计规划顶层原理图

交通灯控制器由单片 CPLD/FPGA 来实现，分析设计要求，整个系统由 7 个单元电路组成，顶层原理图如图 9.36 所示，图中的 7 个单元电路如下所示。

① 交通灯控制器单元 JTDKZH：根据主干道、支干道输入信号 SM、SB 及时钟信号 CLK，发出主、支干道指示灯的控制信号，同时向各个定时单元 CNT45S、CNT25S、CNT5S，显示控制单元 XSKZH 发出使能控制信号 EN45、EN25、EN05M、EN05B。

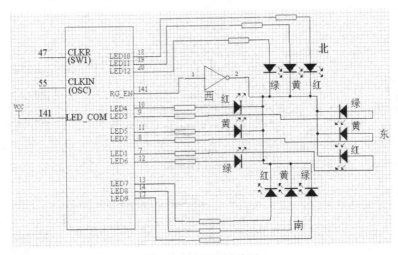

图 9.35　交通灯连接图

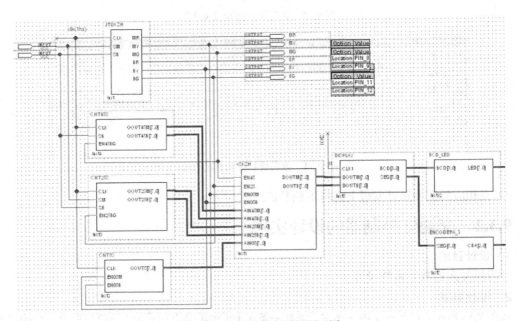

图 9.36　交通灯控制顶层原理图

② 定时单元 CNT45S、CNT25S、CNT5S：分别实现 45 秒、25 秒、5 秒的定时，根据 SM、SB、CLK 及 JTDKZH 单元发出的相关使能控制信号 EN45、EN25、EN05M、EN05B 按要求进行定时，并将其输出传送到显示控制单元 XSKZH。

③ 显示控制单元 XSKZH：根据交通灯控制器单元 JTDKZH 发出的有关使能控制信号 EN45、EN25、EN05M、EN05B 选择定时单元 CNT45S、CNT25S、CNT5S 的输出传送到显示单元 DISPLAY。

④ 显示单元 DISPLAY：根据显示控制单元 XSKZH 发出的数据，把需要显示的数据传送给相应七段数码管的段选和位选信号。段选信号动态扫描相应的数码管，位选信号输出到译码单元 BCD_LED。

⑤ 译码单元 BCD_LED：将显示单元 DISPLAY 发出的位选信号进行七段译码，用于在数码

管上显示正确的数据。

4. 用 VHDL 设计各子模块

交通灯控制单元模块的 VHDL 程序，其余模块略。

```
LIBRARY IEEE;
USE IEEE.STD_LOGIC_1164.ALL;
ENTITY JTDKZH IS
PORT(CLK,SM,SB          : IN STD_LOGIC;    --SM、SB 为主干道、支干道指示灯控制信号
     MR,MY,MG,BR,BY,BG : OUT STD_LOGIC);   --MR:主干道红灯，MY:主干道黄灯
END ENTITY JTDKZH;            --MG:主干道绿灯，BR:从干道红灯，BY:从干道黄灯，BG:从干道绿灯；
ARCHITECTURE BEHV OF JTDKZH IS
    TYPE STATE_TYPE IS(A,B,C,D);
    SIGNAL STATE:STATE_TYPE;
    BEGIN
CNT: PROCESS(CLK) IS
    VARIABLE S    :  INTEGER RANGE 0 TO 45;
    VARIABLE CLR,EN : BIT;
    BEGIN
    IF(CLK'EVENT AND CLK='1') THEN
        IF CLR='0' THEN              --CLR=0 时 S=0
            S:=0;
        ELSIF EN='0' THEN            --CLR=1、EN=0 时 S=S
            S:=S;
        ELSE
            S:=S+1;                  --CLR=1、EN=1 时 S 自加 1
        END IF;
      CASE STATE IS
        WHEN A=>MR<='0';MY<='0';MG<='1';BR<='1';BY<='0';BG<='0';
                                 --A 状态：主干道绿灯亮、从干道红灯亮
            IF(SB AND SM)='1' THEN
                IF S=45 THEN            --判断 S 是否等于 45?
                    STATE<=B;CLR:='0';EN:='0';     --S=45 则跳转到 B 状态
                ELSE
                    STATE<=A;CLR:='1';EN:='1';     --S/=45 保持 A 状态
                                           --CLR=1、EN=1 时 S 自加 1
                END IF;
            ELSIF(SB AND(NOT SM))='1' THEN --SB=1,SM=0 说明
                STATE<=B;CLR:='0';EN:='0';     --B 状态：主干道黄灯亮、从干道红灯亮
            ELSE
                STATE<=A;CLR:='1';EN:='1';
            END IF;
        WHEN B=>MR<='0';MY<='1';MG<='0';BR<='1';BY<='0';BG<='0';
            IF S=5 THEN                        --S=5 则跳转到 C 状态
                STATE<=C;CLR:='0';EN:='0';
            ELSE
                STATE<=B;CLR:='1';EN:='1';        --S/=5 保持 B 状态
            END IF;                        --CLR=1、EN=1 时 S 自加 1
        WHEN C=>MR<='1';MY<='0';MG<='0';BR<='0';BY<='0';BG<='1';
            IF(SM AND SB)='1' THEN                --C 状态：主干道红灯亮、从干道绿灯亮
                IF S=25 THEN
```

```
                STATE<=D;CLR:='0';EN:='0';      --S=25 则跳转到 D 状态
        ELSE
                STATE<=C;CLR:='1';EN:='1';  --S/=25 保持 C 状态
        END IF;                                      --CLR=1、EN=1 时 S 自加 1
    ELSIF SB ='0' THEN
            STATE<=D;CLR:='0';EN:='0';
    ELSE
            STATE<=C;CLR:='1';EN:='1';
    END IF;
WHEN D=>MR<='1';MY<='0';MG<='0';BR<='0';BY<='1';BG<='0';
                             --D 状态：主干道红灯亮、从干道黄灯亮

    IF S=5 THEN
            STATE<=A;CLR:='0';EN:='0';
    ELSE
            STATE<=D;CLR:='1';EN:='1';
    END IF;
  END CASE;
END IF;
END PROCESS CNT;
END ARCHITECTURE BEHV;
```

5. 顶层原理图生成

用原理图输入的方法，将生成的各子模块，画顶层原理图，如图 9.37 所示，进行编译，仿真，生成可下载的文件，在相应的实验箱开发板上验证。

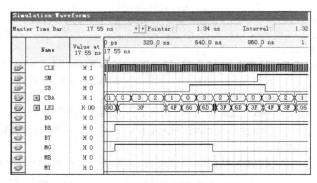

图 9.37　交通灯控制仿真波形图

9.4　小　　结

本章给出了 Quartus II 编辑环境，使用户对于图形输入、VHDL 硬件描述语言输入等设计手段，自顶向下的 EDA 技术设计方法，仿真、综合等 EDA 分析方法有所掌握。本章更像一份实验手册，不仅给出了实例，还给出了思考问题。希望读者在本章指导下，边学边练，熟悉计算机逻辑设计的过程。